存储引擎的设计与实现

林金河 / 著

清華大学出版社
北京

内 容 简 介

本书深入探讨数据库存储引擎内部机制，详细阐述存储引擎在数据管理中的核心作用，包括数据的存储、检索和管理方式。

本书共分为 9 章，内容从基础概念到高级技术，逐步深入，旨在为读者提供全面的理解框架。前两章为读者打下坚实的基础，介绍数据库系统的概览以及操作系统和硬件设备的相关知识。接下来的章节按照自底向上的逻辑顺序，深入探讨存储引擎的关键模块。第 3 章讲解数据在文件系统中的组织和存储方式。第 4 章聚焦于缓冲池的设计和缓存替换算法。作为存储引擎的核心，索引在本书占据了 3 章的篇幅（第 5~7 章），详细介绍哈希表、LSM 树和 B 树家族。第 8 章讨论数据库系统中的故障恢复问题，重点介绍了 ARIES 算法及其应用。第 9 章关注事务的并发控制，包括多种并发控制算法和优化手段，如多版本并发控制（MVCC）。

本书提供了宝贵的理论知识和实践指导，帮助读者掌握构建高性能、高可靠性数据库系统的关键技术。它不仅适合数据库开发者和系统架构师，也适合对存储引擎感兴趣的技术爱好者。

图书在版编目（CIP）数据

数据库内核揭秘 ：存储引擎的设计与实现 / 林金河著.
北京 ：清华大学出版社, 2025. 1. -- ISBN 978-7-302-67936-3
I. TP311. 138
中国国家版本馆 CIP 数据核字第 2025HK3948 号

责任编辑： 赵　军
封面设计： 王　翔
责任校对： 闫秀华
责任印制： 丛怀宇

出版发行： 清华大学出版社
网　　址： https://www.tup.com.cn，https://www.wqxuetang.com
地　　址： 北京清华大学学研大厦 A 座　　**邮　　编：** 100084
社 总 机： 010-83470000　　**邮　　购：** 010-62786544
投稿与读者服务： 010-62776969，c-service@tup.tsinghua.edu.cn
质 量 反 馈： 010-62772015，zhiliang@tup.tsinghua.edu.cn
印 装 者： 河北盛世彩捷印刷有限公司
经　　销： 全国新华书店
开　　本： 185mm×235mm　　**印　张：** 15.5　　**字　　数：** 372 千字
版　　次： 2025 年 3 月第 1 版　　**印　　次：** 2025 年 3 月第 1 次印刷
定　　价： 79.00 元

产品编号：099835-01

前　　言

为什么要写本书

在网络上，打开搜索引擎，我们可以找到大量关于数据库存储引擎的资料和图书，其内容大致可分为两大类。

第一类侧重于架构层面的探讨。这类资料通常从宏观视角出发，强调“大道理”，但在算法细节方面往往较为简略。尽管这类资料通俗易懂，却难以深入存储引擎的精髓，读者在阅读后可能会感到“知其然，然不知其所以然”，缺乏对核心机制的深刻理解。

第二类是源码分析类资料。根据笔者的了解，这类资料存在两个显著问题：首先，源码版本可能较为陈旧，主要受限于开源软件的更新速度和版本差异。虽然这不一定构成严重障碍，但仍需注意。其次，更为关键的问题是，这类资料的入门门槛较高，涉及的细节繁杂，读者很容易在浩如烟海的细节中迷失方向，难以把握整体脉络，进而陷入被局部细节困扰的泥潭，难以自拔。

当然，这两类资料在学习数据库存储引擎研发的过程中都起到了重要作用，为初学者提供了宝贵的知识和经验。然而，笔者深感在宏观架构与源码分析之间，存在一个知识空白，这正是初学者学习曲线陡峭的根源。因此，笔者坚信，需要一种介于这两者之间的第三类资料，它能够平滑初学者的学习曲线，填补这一知识空白。

这正是笔者决定撰写本书的初衷和主要目标：为读者提供一个既不过于抽象，又不过于烦琐的学习资源。本书将结合宏观架构的清晰概述与源码分析的深入细节，但不会让读者陷入细节的泥潭。通过本书，笔者希望帮助初学者更好地理解存储引擎的核心原理，掌握其设计与实现的关键技术，从而在数据库内核研发的道路上稳步前行。

你能从本书学到什么

本书旨在深入剖析存储引擎的内部机制，并揭示其核心知识。本书共分为 9 章，其中第

1 章与第 2 章作为开篇，为读者搭建起理解的基础框架。第 3~9 章，我们将按照自底向上的逻辑顺序，逐一探讨存储引擎内部各关键模块的设计理念与实现细节，引领读者逐步深入掌握这一技术领域的精髓。

第 1 章提供数据库系统的全面概览，聚焦于数据库的使命、数据模型的构建以及功能模块的布局。本章特别强调数据库存储引擎中多个关键模块的作用及其基本工作原理。通过本章的讲解，读者将能够建立对存储引擎内部运作机制的基本理解，为后续章节的学习奠定坚实基础。

第 2 章深入探讨操作系统和硬件设备（如 CPU、内存和硬盘）的基础知识。鉴于数据库系统实质上是一种基础应用软件，操作系统和硬件设备的特性对其设计具有决定性的影响。通过本章的学习，读者将掌握这些关键特性，从而能够在设计存储引擎时，更加高效地利用系统资源，优化性能，进而实现更加精巧和强大的数据库解决方案。

第 3 章深入探讨存储引擎如何在文件系统的基础上组织和存储数据。本章将重点介绍两种常见的实现方式：页式存储和日志式存储。页式存储将数据划分为固定大小的页，而日志式存储则通过追加写的方式记录数据变更。值得注意的是，这两种实现方式并非完全互斥。实际上，采用日志式存储的存储引擎也可以对数据进行分页管理。通过本章的学习，读者将能够理解这两种存储方式的内在联系，以及它们在实际应用中的灵活运用。

第 4 章聚焦于缓冲池的重要性及其设计原则。作为内存与硬盘之间的关键接口，缓冲池的性能直接影响系统的整体效率。一个精心设计的缓冲池能够显著减少硬盘 I/O 操作，从而提升系统的执行速度和响应能力。本章将深入剖析各种缓存替换算法，包括它们的工作原理、优势以及潜在不足。通过对比分析，读者将掌握不同算法在实际应用中的适用场景，为设计高效、稳定的缓冲池提供理论支持和实践指导。

索引作为存储引擎中最关键的数据结构，对提升数据检索效率具有举足轻重的作用。在本书中，我们专门安排了 3 章内容（第 5~8 章），分别详细介绍不同的索引结构。这 3 章将带领读者深入探索各类索引的构建原理、操作机制及优化策略，帮助读者全面理解索引在存储引擎中的核心地位和作用。通过这 3 章的学习，读者将能够根据实际需求选择和设计最合适的索引结构，从而使数据管理和查询在性能上实现质的飞跃。

第 5 章深入探讨哈希表这一简单而高效的索引结构，它是存储引擎中最常见的数据组织方式之一。本章的核心内容围绕哈希冲突的解决策略展开，详细介绍多种处理方法及其优劣。哈希冲突的处理是设计哈希表的关键，因为它直接影响索引的性能和稳定性。此外，本章还涉及在线再哈希扩容这一重要议题，这是确保哈希表在数据增长时仍能保持高效运行的关键技术。然而，哈希表存在一个明显的局限性：不支持范围查询。换句话说，当需要对数据进行范围检索时，哈希表可能不是最佳选择。尽管如此，哈希表在等值查询等场景中仍展现出无可比拟的优势。通过本章的学习，读者将全面掌握哈希表的设计原理和应用技巧，为在实际项目中选择和优化索引结构提供有力支持。

第 6 章聚焦于 LSM 树（Log-Structured Merge-Tree），这是一种近年来备受瞩目的存储引擎通用索引结构。LSM 树的特点是：所有写操作都采用追加写的方式。这种方式确保了硬盘写入的高效性，并通过定期的合并操作整理数据，从而维持良好的读取性能。本章将深入剖析 LSM 树的 4 个核心问题：合并策略的选择与优化、点查询的性能提升方法、范围查询的优化技巧以及键值分离存储的实现原理。通过详细探讨这些问题，读者将全面理解 LSM 树的工作机制，掌握其在实际应用中的配置和调优技巧，为构建高性能存储引擎提供有力支持。

第 7 章回归数据库领域最经典的索引结构——B 树，并扩展至 B 树家族。B 树家族作为数据库中的元老级索引结构，在数据管理和查询性能方面具有深厚的底蕴。B 树的核心挑战在于如何实现高效的并发控制，确保在多线程环境下，每个树节点能够安全地进行分裂与合并操作，同时保持数据的一致性和完整性。本章首先详细阐述 B 树和 B+树在单线程下的基本操作算法，包括插入、删除、查找等，这些算法是理解 B 树家族索引结构的基础。随后将深入探讨并发控制算法的演进，从锁机制到无锁算法，每一种方法都有其独特的优势和适用场景。通过对比分析，读者将能够掌握 B 树家族索引结构的并发控制策略，为在实际数据库系统中实现高效、稳定的索引管理提供理论支持和实践指导。

第 8 章直面数据库系统中不可避免的挑战——故障恢复。在数据库运行过程中，故障会导致正在执行的事务异常中断，并造成内存中状态的丢失。一个合格的存储引擎必须具备在故障发生时保护数据不丢失的能力，并能够将系统恢复到正确的状态。本章将详细介绍 ARIES 算法（Algorithms for Recovery and Isolation Exploiting Semantics，基于语义的恢复与隔离算法），这是一种广泛应用于数据库恢复领域的通用算法。ARIES 算法通过精心设计的日志记录和恢复机制，能够有效地处理系统崩溃和重启带来的问题，确保数据的完整性和一致性。目前，许多数据库系统的恢复逻辑都是基于 ARIES 算法实现的。通过本章的学习，读者将全面理解数据库故障恢复的机制，为构建高可靠性的数据库系统提供有力支持。

第 9 章聚焦数据库系统中的核心议题——事务的并发控制。事务作为数据库操作的逻辑单位，其正确执行对于保证数据的一致性和完整性至关重要。并发控制的作用是确保多个事务能够同时执行，保持“全局正确性”，即事务的隔离性和一致性。本章将详细介绍几种常见的并发控制算法，包括基于锁的并发控制算法、基于时间戳顺序的并发控制算法、乐观并发控制算法以及基于有向串行化图的并发控制算法。这些算法各具特点，适用于不同的应用场景和性能需求。此外，本章还将探讨在这些基础算法上叠加的优化手段，如多版本并发控制（MVCC），它通过为每个数据项维护多个版本，实现高效的读写操作并发执行，从而提升了系统的整体性能。通过本章的学习，读者将全面理解并发控制的核心原理，掌握各种并发控制算法的应用技巧，为设计高效、稳定的数据库系统提供理论支持和实践指导。

资源下载

本书配套示例源码，请读者用自己的微信扫描下边的二维码下载。如果学习本书的过程中发现问题或疑问，可发送邮件至 booksaga@126.com，邮件主题为“数据库内核揭秘：存储引擎的设计与实现”。

勘　误

在撰写本书的过程中，编者始终秉持严谨的态度，力求通过广泛查阅相关资料来确保内容的准确性。特别是在处理可能产生歧义的内容时，编者努力追溯至原始出处，以确保信息的可靠性。然而，由于个人能力有限，书中仍可能存在疏漏。因此，诚挚地欢迎广大读者予以指正和提出宝贵意见。您的反馈对于改进本书的质量至关重要，也是编者不断学习和进步的动力。

编　者

2025 年 1 月

目　录

第1章

概　述

存储引擎作为数据库管理系统（Database Management System，DBMS）的核心组件，承担着数据存储与检索的重任。它不仅要确保数据的持久化存储，还要优化数据的检索效率，同时支持复杂的事务处理，确保数据的一致性与完整性。在数据库管理系统中，存储引擎的地位举足轻重，其性能直接影响整个系统的运行效率。本章将介绍数据库管理系统的基础概念，以及存储引擎的功能模块，为后续章节进行更加深入的技术探讨奠定基础。

1.1 数据库与数据库管理系统

严格来讲，数据库管理系统（比如 MySQL、MongoDB 等软件工具）是数据存储、管理与检索的实际执行者。这些系统不仅定义了数据的结构，还提供了强大的查询语言和接口，使开发者能够高效地操作数据。而数据库是一个有组织且相互关联的数据集合，它往往是现实世界中某些业务的抽象表示，比如电商网站的商品订单和库存、即时通信应用的个人信息和好友关系。

在日常交流与技术文档中，“数据库管理系统”通常被简称为“数据库”，这种用法其实并不严谨。阅读相关文章时，应注意上下文的区别，避免混淆。

1.2 为什么需要数据库管理系统

假设我们要维护一个电商网站的商品订单和库存的数据。如果不使用数据库管理系统，则可以将商品订单和库存数据分别保存在两个独立的 CSV 文件中，如图 1-1 所示。

Orders(order_id, user_id, item_id, count)
"o_123", "u_110", "i_132", 2
"o_123", "u_110", "i_357", 4
"o_250", "u_133", "i_246", 5
Item(item_id, name, price, amount)
"i_132", "衣服A", 100.00, 198
"i_246", "食物B", 19.99, 432
"i_357", "物品C", 48.88, 1024

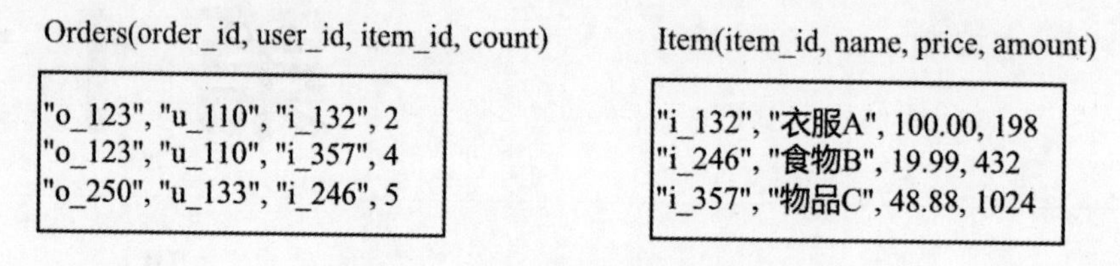

图 1-1　使用 CSV 文件保存数据

若要查询某件商品的库存情况，则需编写代码解析并遍历 CSV 文件，如图 1-2 所示。

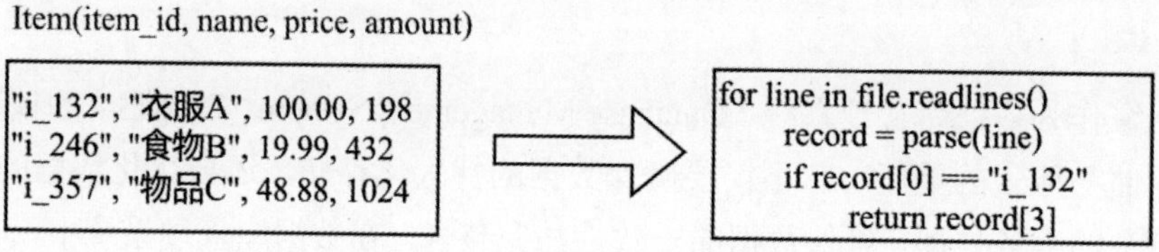

Item(item_id, name, price, amount)
"i_132", "衣服A", 100.00, 198
"i_246", "食物B", 19.99, 432
"i_357", "物品C", 48.88, 1024
for line in file.readlines()
record = parse(line)
if record[0] == "i_132"
return record[3]

图 1-2　遍历 CSV 文件

使用 CSV 文件维护商品订单和库存信息，除需要编写代码解析 CSV 文件外，还需要解决很多问题，例如：

- 如何保证商品订单文件和库存文件的一致性？在 CSV 文件中，确保数据一致性需要编写复杂的逻辑和额外的代码来同步更新两个文件，可能导致代码复杂性增加并且易于出错。
- 如何提高查找效率？CSV 文件不支持索引，查找特定订单或商品时，必须遍历整个文件，这在数据量大的情况下非常耗时。
- 如何解决并发问题？CSV 文件不支持原子操作或锁机制，多个用户同时下单可能导致数据不一致或文件损坏，难以确保并发操作的正确性。
- 如何实现数据共享？若新上线的应用需要共享这些数据，必须确保文件访问的同步性和一致性，往往需要复杂的文件锁定机制或分布式文件系统，从而增加了系统复杂性和维护成本。
- 如何应对机器崩溃的文件更新问题？在 CSV 文件更新过程中，如果机器崩溃，可能会造成文件损坏或数据丢失，恢复数据和确保数据完整性则需要复杂的恢复机制。

- 如何应对文件格式变更？例如增加列或修改数据类型，如何保证兼容性？修改CSV文件的格式可能会影响所有依赖该文件的应用程序，确保兼容性需要手动更新所有相关的逻辑和代码，这既耗时又容易出错。
- 如何实现数据备份和恢复、保障数据安全和进行权限管理？在CSV文件中实现这些功能需要额外的工作，而数据库管理系统通常提供现成的解决方案。

综上所述，一款优秀的数据库管理系统能够高效地解决上述问题，减少重复劳动，从而大幅提升工作效率。

1.3 数据模型

数据模型是数据库系统的核心和基础，现有的数据库系统都是基于某种数据模型创建的。一个优秀的数据模型能够帮助应用开发者更加直观地模拟真实世界。常见的数据模型说明如下：

- 关系（Relational）模型，比如MySQL、PostgreSQL。关系模型是应用广泛的数据模型，适用范围很广。
- 键值（Key-Value）模型，比如Redis、RocksDB。键值模型是一种基础的数据模型，很多数据模型都是在键值模型的基础上建立的。
- 文档/对象（Document/Object）模型，比如MongoDB、Couchbase，Elasticsearch也可视为一种文档模型。
- 图（Graph）模型，如Neo4j、Nebula Graph，主要用于表示一些比较复杂的关系网络，例如社交网站中的好友关系。
- 向量（Array/Matrix/Vectors）模型，如Milvus、pgvector（PostgreSQL的一个扩展），主要应用于人工智能领域。

这些数据模型各具特色，适用于不同的应用场景，为数据管理和处理提供了多样化的解决方案。

1.4 模块化

模块化是软件设计中应用最为广泛的设计模式之一，几乎所有的软件系统都通过模块化来隔离不同的关注点，数据库系统也不例外。如图 1-3 所示，数据库系统在设计上通常可以分为计算引擎和存储引擎两大模块。计算引擎负责处理查询逻辑、优化查询执行计划等任务，而存储引擎则负责数据的存储、检索和管理。由于计算引擎和存储引擎本身也是复杂的系统，因此其内部还会进一步划分为多个不同模块。

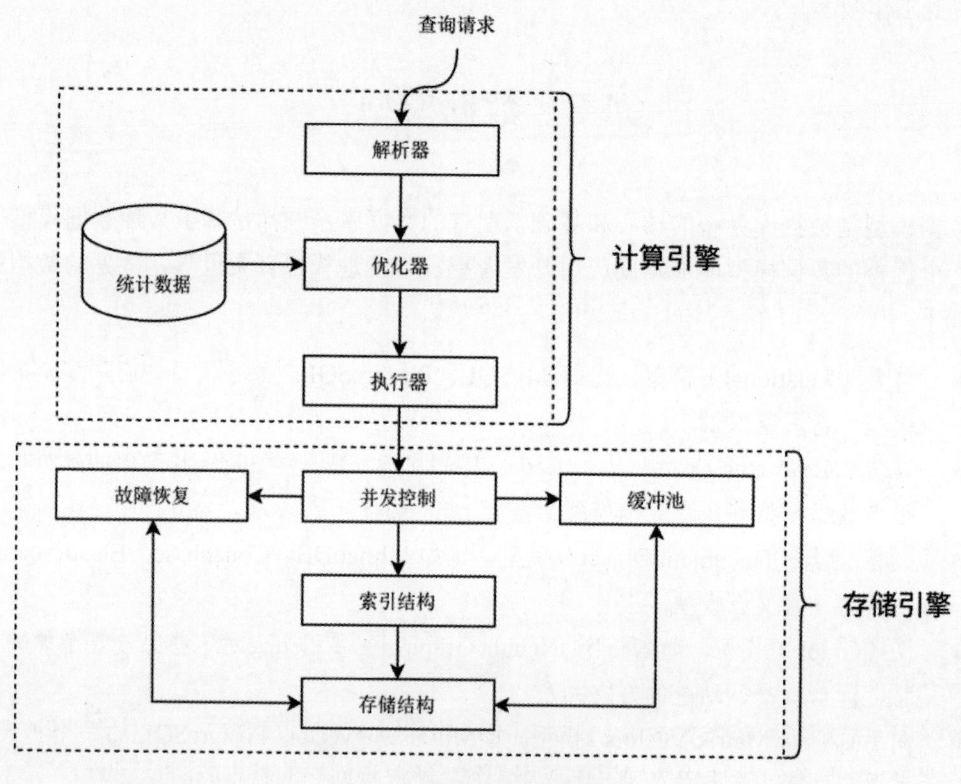

图 1-3　数据库系统的模块化

1.4.1 计算引擎

计算引擎主要由解析器（Parser）、优化器（Optimizer）和执行器（Executor）三部分组成。

- 解析器：负责对请求进行解析，并将其转换为系统能够理解的语法树。这一步是理解用户查询意图的关键，确保后续处理能够正确进行。

- 优化器：负责生成执行计划，并对执行计划进行优化，生成等价且对实际数据效率最高的执行计划。优化器主要分成两大类：基于规则的优化器（Rule-Based Optimizer，RBO）和基于代价的优化器（Cost-Based Optimizer，CBO）。现代优化器基本以CBO为主、RBO为辅。CBO能够根据实际数据分布和系统状态动态调整执行计划，从而提供更优的性能。
- 执行器：负责执行查询计划中的每一步。执行器通过存储引擎提供的接口读写数据，是连接计算引擎和存储引擎的桥梁。

1.4.2 存储引擎

存储引擎主要由并发控制、故障恢复、缓冲池、索引结构和存储结构这5个主要模块组成。

1. 并发控制

并发执行的事务之间可能会相互影响，导致数据不一致。并发控制的作用是确保多个事务在并发执行时不会破坏事务的隔离性和一致性。常见的并发控制算法有：两阶段锁（Two-phase Locking，2PL）、时间戳排序（Timestamp Ordering，TO）和乐观并发控制（Optimistic Concurrency Control，OCC）。此外，现代存储引擎通常会为每条记录维护多个物理版本，并结合两阶段锁、时间戳排序、乐观并发控制实现多版本并发控制（Multi-Version Concurrency Control，MVCC）。多版本并发控制的优点是：写事务不会阻塞读事务，读事务不会阻塞写事务，读请求不会因为冲突而失败或等待。MVCC 技术在大多数现代数据库系统中得到了广泛应用，因为它能够有效地支持高并发的读写操作。

2. 故障恢复

数据库系统随时可能发生故障，例如掉电或软件错误，导致进程异常退出，使内存中的事务状态丢失，最终可能造成数据丢失或不一致。解决该问题的基本方法是采用预写式日志（Write-ahead Logging，WAL）。日志是一个追加写的文件，以一种安全的方式记录数据库变更的历史。所有的数据库修改在提交之前都要先写入日志文件。每条日志记录记载着某个事务已执行的操作。在系统崩溃之后，可使用日志记录将数据库恢复到一致的状态。同时，为了避免在恢复时要追溯到很久以前的日志，数据库系统需要定期清理已持久化数据的日志清理掉，此相关流程称为检查点（Checkpoint）。

3. 缓冲池

通常情况下，数据都保存在硬盘上的文件中。为了操作文件中的数据，需要先将数据加载到内存中。因此，数据库系统必须能高效地管理数据在内存和硬盘之间的传输，这项工作通常由存储引擎的缓冲池完成。

由于内存和硬盘之间存在巨大的性能差距，如何充分利用有限的内存空间提高缓冲池的效率，是缓冲池系统的重中之重。当缓冲池“满”时，常见的替换策略有最近最少使用（Least Recently Used，LRU）、最近最不常用（Least Frequently Used，LFU）、先进先出（First In First Out，FIFO）等。除选择合适的替换策略外，在一些场景中，利用缓冲池进行预取（Prefetching）和扫描共享（Scan Sharing）也是有效的优化方法。

4. 索引结构

索引在数据库系统中有两个重要作用：一是支持快速查找；二是实现一些约束，例如唯一索引约束一般会以相关的列为键（key）建立一个索引结构。常见的索引数据结构有哈希表、B 树/B+树和 LSM 树等。另外，还有一些特殊场景的索引，如搜索引擎的核心索引结构——倒排索引（Inverted Index），也称为反向索引。不同的索引结构会显著影响数据库系统在不同工作负载下的性能表现。

5. 存储结构

数据库系统管理的数据会被保存到一个或多个文件中，而存储结构指的是这些数据组织成文件的方式。存储结构的设计深受存储引擎更新操作实现方式的影响，常见的实现方式有两种：原地更新（Update-in-place）和追加写（Append-only）。

采用原地更新的存储引擎通常在文件上使用页式存储结构组织数据；而采用追加写方式的存储引擎则多使用日志式存储结构。当然，有些存储引擎虽然对文件进行分页管理，但在上层依然采用追加写来实现更新。存储结构和更新操作的实现方式会显著影响 MVCC 和索引结构的设计与实现。

存储引擎的这 5 个核心模块之间的紧密协作是数据库系统高效、可靠存储与管理数据的基石。

第2章 软件和硬件基础

软件和硬件是计算机系统的两个基本组成部分。硬件是计算机系统的基础，没有硬件，软件无法运行。核心的计算机硬件包括 CPU、内存和硬盘。软件则是计算机系统的灵魂，没有软件，硬件就无法发挥作用。操作系统是计算机系统的核心软件，负责管理计算机系统的硬件资源，提供用户界面和应用程序接口。本章介绍的软件主要是指 Linux 操作系统。了解硬件的基本特性和操作系统的内部原理，有助于我们更好地设计和编写高质量的软件。

2.1 多处理器架构

多处理器架构是一种在计算机系统中使用多个处理器以提高性能的架构。在多处理器架构中，处理器可以共享内存，也可以各自拥有独立的本地内存。根据处理器之间的协作方式，多处理器架构可分为对称多处理器架构和非对称多处理器架构。

2.1.1 对称多处理器架构

对称多处理器（Symmetric Multi-Processing，SMP）架构是现代计算机中常用的一种架构，如图 2-1 所示。

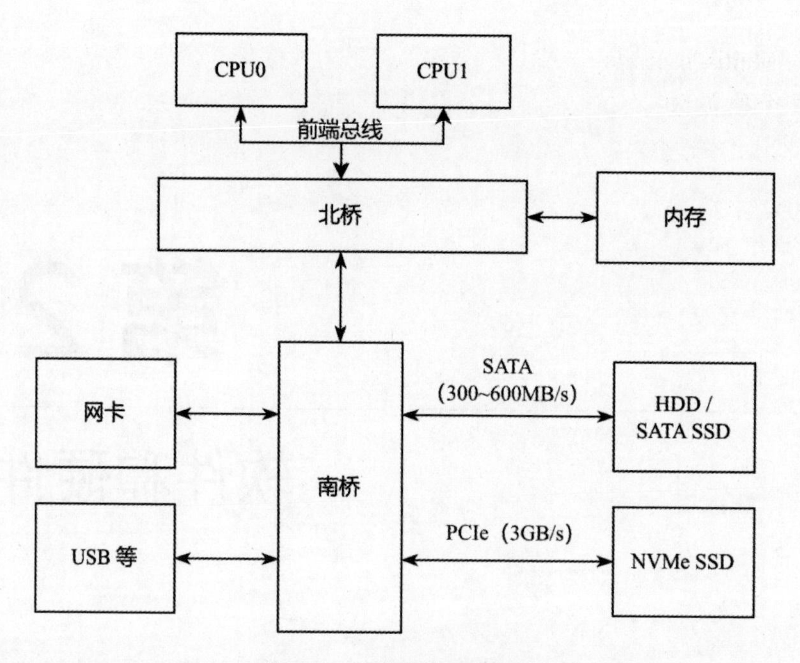

图 2-1 对称多处理器架构

在对称多处理器架构中：

- 所有 CPU 通过前端总线（Front Side Bus）连接北桥。
- 高速设备（如内存）通过北桥与 CPU 连接。
- 低速设备（如网卡、HDD 和 SSD）通过南桥连接北桥，再与 CPU 连接。

对称多处理器架构的特点是所有 CPU 核心均以相同的方式连接到所有内存。因此，对称多处理器架构也被称为统一内存访问（Uniform Memory Access，UMA）架构。对称多处理器架构保证了 CPU 访问所有内存的延迟一致，无须考虑不同内存地址间的差异。然而，CPU 和内存之间的通信均需通过前端总线进行，因此提高性能的唯一方式是不断提高 CPU、前端总线和内存的频率。

后面的故事大部分读者应该都听说过：由于物理条件的限制，单纯依靠提高频率来发展的路径已经走到了尽头。CPU 性能的提升开始从提高频率转向增加 CPU 数量（多核、多 CPU），而越来越多的 CPU 对前端总线的争用使前端总线成为瓶颈。

2.1.2 非对称多处理器架构

为了解决对称多处理器架构扩展性不足的问题，处理器厂商推出了非对称多处理器

（Asymmetric Multi-Processing，AMP）架构。在非对称多处理器架构下，每个物理 CPU 内部会集成了一个独立的内存控制器。每个物理 CPU 独立连接到一部分内存，这部分 CPU 直连的内存被称为“本地内存”，例如，在图 2-2 中，CPU0 直连内存 0。不同 CPU 之间通过 QPI（Quick Path Interconnect，快速通道互联）总线相连，从而可以通过 QPI 总线访问非直连的“远程内存”。

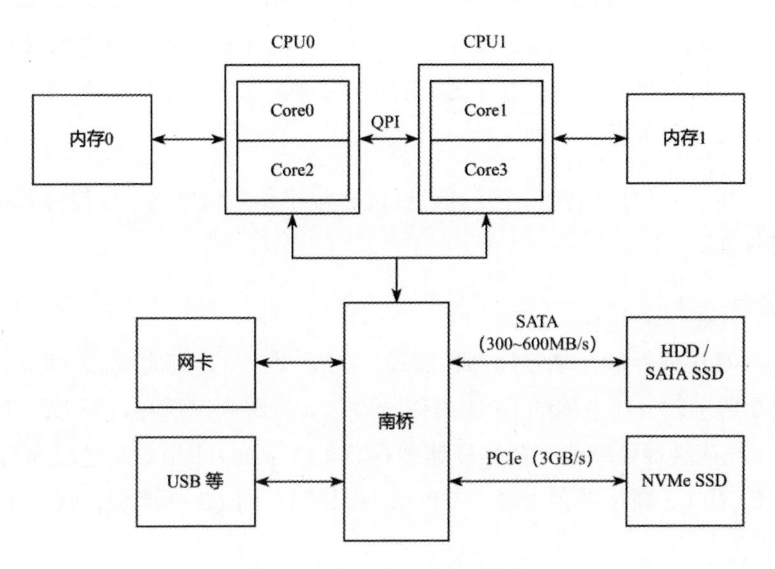

图 2-2　非对称多处理器架构

与对称多处理器架构不同，在非对称多处理器架构中，内存访问存在本地和远程的区别：访问远程内存的延迟明显高于访问本地内存。因此，非对称多处理器架构也被称为非统一内存访问（Non-Uniform Memory Access，NUMA）架构。

2.2　CPU

2.1 节介绍了多处理器的两种不同架构，本节将讨论 CPU 内部的一些重要设计，包括高速缓存、流水线和 SIMD。

2.2.1　高速缓存

1. 局部性原理

局部性原理是缓存机制能够有效运作的关键因素。正常情况下，一个设计良好的程序会展现出高度的局部性。局部性主要体现为以下两种形式。

（1）时间局部性（Temporal Locality）：如果某个内存位置最近被访问过，那么它在不久的将来很可能会再次被访问。通过缓存这些可能被频繁访问的数据，可以减少对内存的访问次数，从而提高程序的执行效率。

（2）空间局部性（Spatial Locality）：如果某个内存位置已被访问，那么与其相邻的内存区域很可能在随后的操作中被访问。这是因为许多程序在处理数据时会按顺序访问内存（如数组遍历），从而产生对连续内存区域的访问。利用空间局部性，缓存可以预取并存储相邻的数据块，减少对内存的访问次数。

通过充分利用这两种局部性，开发者可以优化程序和系统结构，以提升数据访问的效率和系统的整体性能。

2. 多级缓存

为了提高内存访问性能，基于局部性原理，CPU 在寄存器和内存之间设计了多级高速缓存。如图 2-3 所示，目前主流的 CPU 内部一般包含三级高速缓存，即 L1、L2 和 L3 高速缓存。其中，L1 高速缓存还细分为数据高速缓存（L1 dCache）和指令高速缓存（L1 iCache）。通常情况下，L1 和 L2 高速缓存为每个 CPU 核心独享，而 L3 高速缓存则由多个 CPU 核心共享。

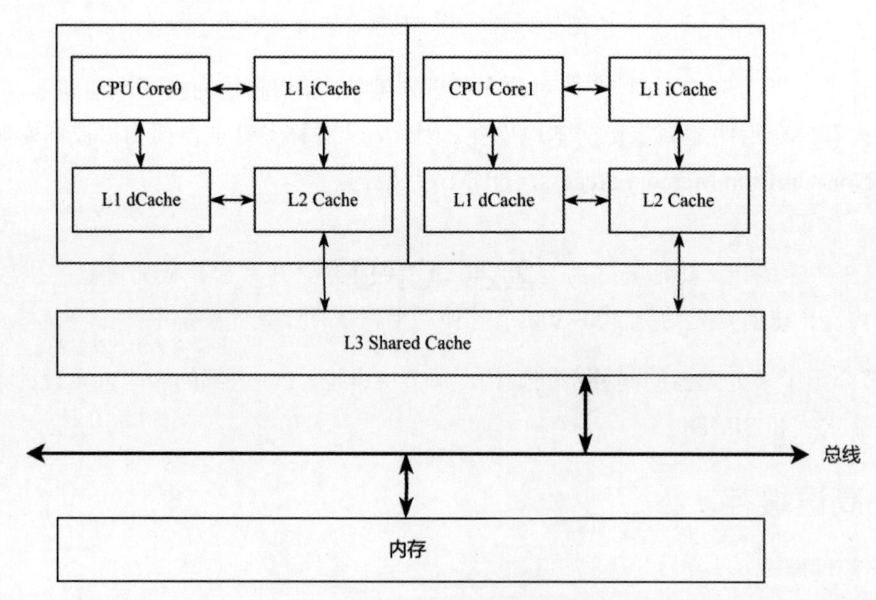

图 2-3　多级缓存架构

在计算机体系结构中，存储器的层次结构设计旨在平衡速度、容量和成本。通常，存储器层次结构遵循以下原则：

- 离 CPU 越近的存储器速度越快，但容量越小，制造成本也越高，包括 CPU 寄存器和各级高速缓存。
- 离 CPU 越远的存储器速度越慢，但容量越大，制造成本也越低，主要指内存和外部存储设备。

图 2-4 展示了各级存储器的延迟对比情况。

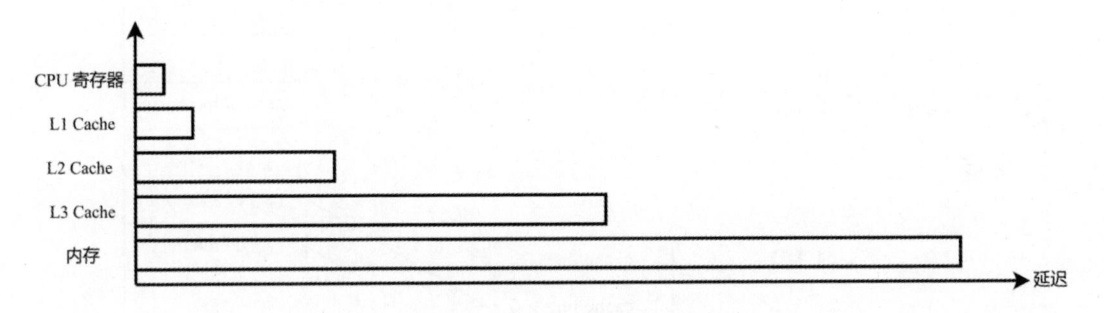

图 2-4　多级存储的延迟对比

根据经验，各级存储器的典型延迟如下。

- CPU 寄存器：访问延迟约为 1 个时钟周期，CPU 内部最快的存储器（或称为存储单元），用于存储当前指令执行所需的数据和地址。
- L1 高速缓存：访问延迟约为 2~4 个时钟周期，分为数据高速缓存和指令高速缓存。
- L2 高速缓存：访问延迟约为 10 个时钟周期，容量比 L1 高速缓存大，但访问速度稍慢。
- L3 高速缓存：访问延迟约为 30~40 个时钟周期，通常由多核处理器共享。
- 内存：访问延迟约为 200~300 个时钟周期，作为计算机系统中的主存储器，用于存储运行中的程序和数据。由于内存的物理距离和电气特性，它的访问速度远低于高速缓存。

这种层次化的存储器结构使得 CPU 能够快速访问最常用的数据，同时将系统的整体制造成本控制在可接受的范围内。通过这种设计，计算机系统在性能和成本之间达成平衡，从而实现高性价比的计算能力。

3. 高速缓存行

当 CPU 需要访问某个内存地址时，首先会在它的高速缓存中查找。若所需数据已存在于高速缓存中，即发生缓存命中；若数据不在高速缓存中，则 CPU 将不得不访问内存，并将相关程序指令和数据加载至高速缓存。如图 2-5 所示，虽然内存支持按字节为单位进行寻址，但在内存与 CPU 高速缓存之间，数据传输的基本单位是高速缓存行（Cache Line），而非单字节。通常，一个高速缓存行的大小设定为 64 字节。这种设计不仅优化了数据传输效率，还充分利用了空间局部性原理，从而提升了系统性能。

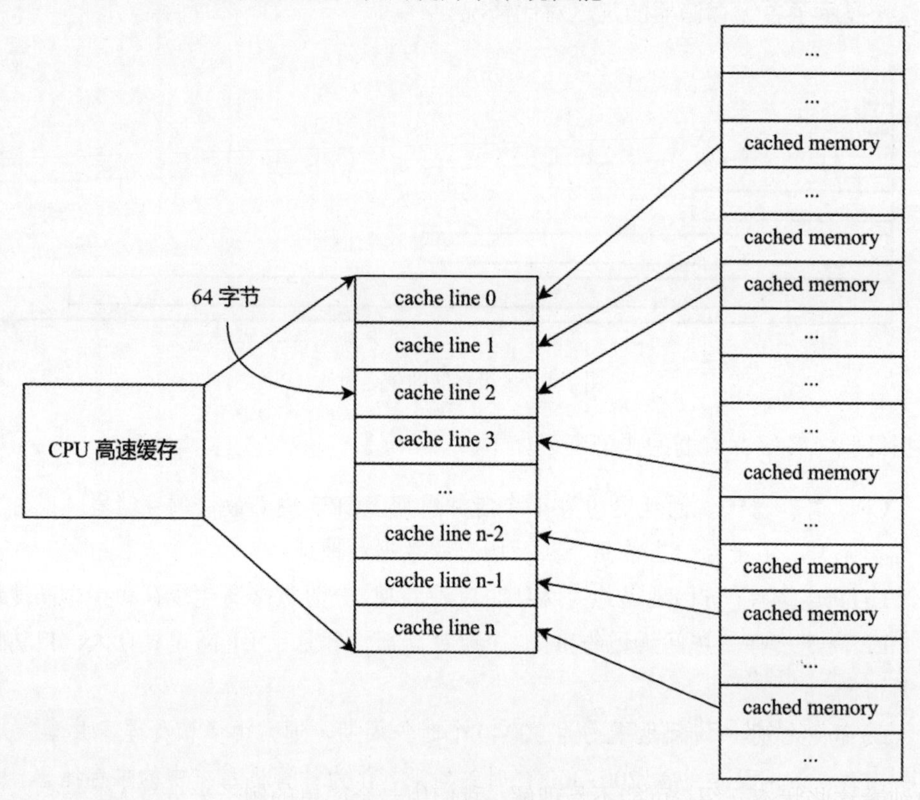

图 2-5 高速缓存行

4. 多核缓存的一致性

每个 CPU 核心都拥有一个独占的 L1 高速缓存，因此一个多核 CPU 会拥有多个 L1 高速缓存。这就引入了一个问题：如何确保不同 CPU 核心之间的 L1 高速缓存的一致性呢？

现代 CPU 基本都是通过高速缓存一致性协议（如 MESI 协议）来保证不同 CPU 核心缓存的一致性。MESI 协议是一种基于“失效”的缓存一致性协议，它实际上是一个状态机。

在 MESI 协议之下，高速缓存行会在已修改（M）、独占（E）、共享（S）和无效（I）这 4 种状态之间进行转换。

1）已修改 Modified（M）

- 高速缓存行的数据被当前所属的 CPU 核心修改了，此时高速缓存行的数据和内存中的数据不一致。
- 当高速缓存行从其他状态变成已修改（M），如果其他 CPU 核心的高速缓存也有该高速缓存行的副本，则需要发送信号使其失效。
- 如果其他 CPU 核心需要读取这块数据，该缓存行必须把修改过的数据写回到内存中，而后状态变为共享（S）。

2）独占 Exclusive（E）

- 高速缓存行只存在于当前 CPU 核心的高速缓存中，不存在于其他 CPU 核心的高速缓存中，并且与内存中的数据一致，此时可以随时覆盖或丢弃高速缓存行中的数据，无需把这些数据再写回内存。
- 当其他 CPU 核心需要读取该数据时，状态变为共享（S）。
- 当前 CPU 核心写入数据时，高速缓存行变为已修改（M）状态。

3）共享 Shared（S）

- 高速缓存行可能存在于多个核心的缓存中，且数据是“干净的”，可以随时丢弃。
- 其他 CPU 核心的高速缓存中可能也有该高速缓存行，且数据和内存中的数据一致，可以随时被覆盖或丢弃。

4）无效 Invalid（I）

- 缓存行无效，不能使用。

单纯看这些状态介绍，可能不易理解。我们用一个简单的例子来分析 MESI 协议的工作原理，如图 2-6 所示。

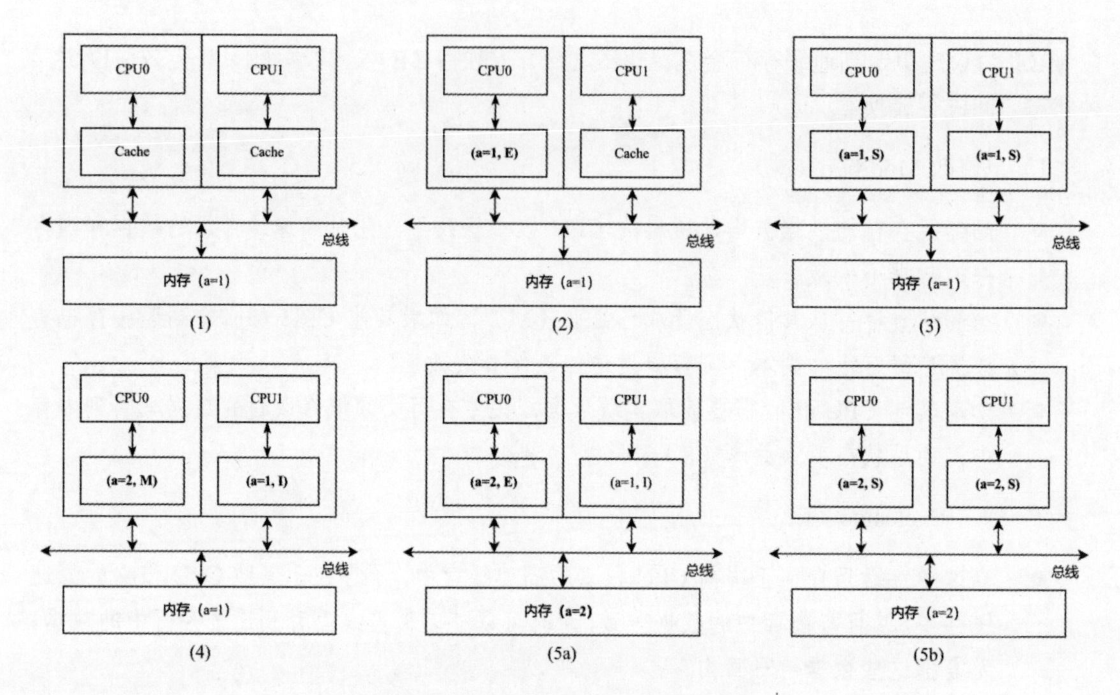

图 2-6　MESI 协议的工作原理示意图

（1）初始化状态：内存中的变量 a 的值为 1，两个 CPU 核心的高速缓存均为空。

（2）CPU0 读取变量 a：CPU0 将内存中的变量 a 加载到自己的缓存中，并将缓存行的状态标记为 E（独占）。

（3）CPU1 也读取变量 a：此时，CPU0 通过总线嗅探到 CPU1 的读取操作，将自身缓存行的状态标记为 S（共享）；CPU1 也将它的缓存行的状态标记为 S。

（4）CPU0 修改变量 a：CPU0 对变量 a 进行了修改，将缓存行的状态改为 M（已修改）。CPU1 通过总线嗅探到 CPU0 的修改操作，将自身对应的缓存行标记为 I（无效）。

（5）CPU1 再次读取变量 a：

① 由于 CPU0 的缓存行状态为 M，缓存数据和内存不一致，因此需要等 CPU0 将修改后的数据同步到内存：CPU0 将变量 a 写回内存，并将自身状态标记为 E（独占）。

② 类似步骤（3）：CPU1 读取变量 a，将自身缓存行的状态标记为 S（共享）。CPU0 的缓存行的状态也标记为 S。

5. 小结

由于 CPU 高速缓存的存在，编写程序时需要注意以下几点：

（1）关注代码的局部性，提高缓存的命中率。例如，在遍历二维数组时，按行遍历的局部性通常优于按列遍历。这种做法有助于减少缓存未命中的情况，从而提升程序性能。

（2）优化多线程中的变量布局，避免频繁同步高速缓存行，特别是要警惕"伪共享（False Sharing）"现象。伪共享发生在高速缓存行中包含多个变量时，其中一些变量被频繁修改，而其他变量则很少或从不修改。在这种情况下，即使只访问那些不常修改的变量，也可能导致高速缓存行频繁同步，程序的执行不得不经常等待高速缓存行完成同步操作，造成程序运行变慢。在多线程环境中，应根据变量访问规律优化变量的布局。被频繁修改的变量应尽可能放置在独立的高速缓存行中，以减少同步开销。可以使用 C++的 alignas[1]关键字显式对变量或结构体进行缓存行对齐。

通过这些策略，可以有效提升程序的缓存利用率，减少不必要的内存访问和同步操作，从而显著提高程序的整体性能。

2.2.2　流水线

在单核 CPU 内部，流水线技术被广泛应用于并行执行指令，以提高处理效率。抽象且简化地看，CPU 指令的执行过程可以细分为 4 个关键阶段：取指、译码、执行和写回。这 4 个阶段分别由 4 个独立的物理执行单元完成。在这种情况下，如果指令之间没有依赖关系，后一条指令不需要等到前一条指令完全执行完成才开始执行，而是可以在前一条指令完成取指之后，后一条指令便可开始执行取指操作。

如图 2-7 所示，在理想情况下，如果执行的指令之间无依赖关系，则可以使流水线完全充满，达到并行度最大化。然而，一旦遇到指令依赖的情况，流水线就会停顿。

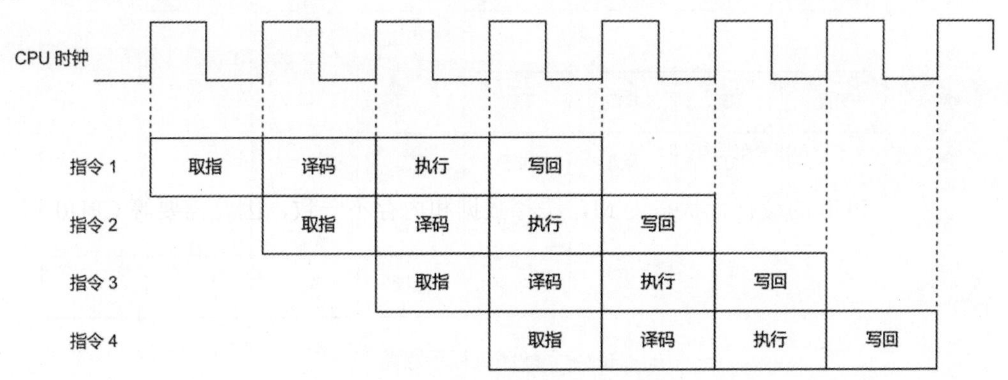

图 2-7　理想的流水线示例

[1] https://en.cppreference.com/w/cpp/language/alignas

在代码 2-1 中，指令 2 依赖指令 1 的执行结果。如图 2-8 所示，在指令 1 执行完成之前，指令 2 无法开始执行，这会让流水线的执行效率显著降低。

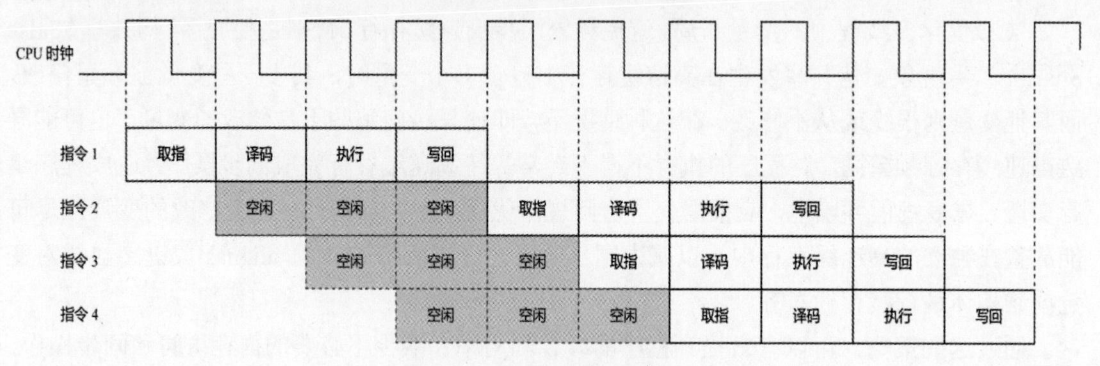

图 2-8　流水线停顿示意图

代码 2-1　指令依赖示例

```
指令 1:  Load R3 <= R1(0)      # 把数据从内存加载到 R3 寄存器
指令 2:  Add  R3 <= R3, R1     # 加法，依赖指令 1 的执行结果
指令 3:  Sub  R1 <= R6, R7     # 减法
指令 4:  Add  R4 <= R6, R8     # 加法
```

由于代码 2-1 中的指令 3 和指令 4 对其他指令没有依赖关系，可以考虑将这两条指令“乱序”到指令 2 之前执行，这样可以使流水线的执行单元尽可能处于工作状态。如图 2-9 所示，经过乱序执行后，流水线的执行接近理想状态。

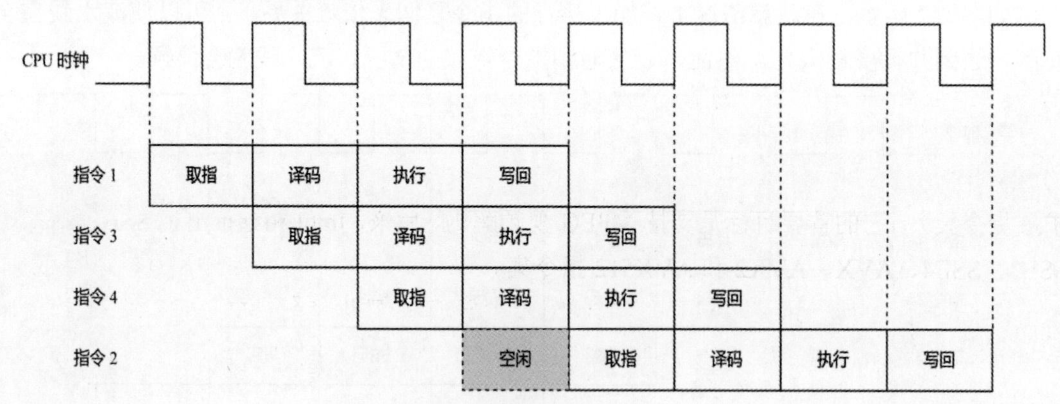

图 2-9　乱序执行示意图

总的来说，CPU 具备在不改变程序语义的前提下，动态调整指令执行顺序的能力。这一机制使得指令执行尽可能地并行化，从而显著提升流水线的运行效率。通过这种灵活的调

度策略，CPU 能够更高效地利用其内部资源，确保在各种计算场景下都能实现最佳的性能表现。

2.2.3 SIMD

为了进一步提升 CPU 的数据处理能力，处理器厂商引入了 SIMD（Single Instruction Multiple Data）指令集。这项技术允许多个数据元素在单一指令的控制下同时进行操作，从而实现数据处理的并行化。SIMD 指令使得 CPU 在处理大规模数据集或进行复杂计算时更加高效。因此，SIMD 指令已成为现代处理器设计中的重要组成部分，广泛应用于图形处理、数据分析、多媒体处理等领域。

如图 2-10 所示，普通的加法指令属于单指令单数据（Single Instruction Single Data，SISD），一次只能对两个数执行一个加法操作。而 SIMD 加法指令可以一次对两个数组（向量）执行加法操作。

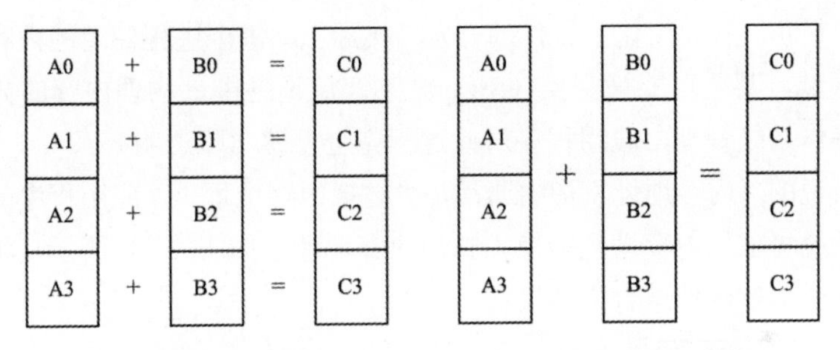

图 2-10　两种加法指令对比

经过多年的发展，CPU 支持的 SIMD 指令集种类繁多，不同的 CPU 架构也提供了各自的 SIMD 指令集。例如，Intel 的初代 SIMD 指令集是 MMX（Multi-Media Extension，多媒体扩展指令集），它的首要目标是支持 MPEG 视频解码。后来，Intel 相继推出了 SSE、SSE2、SSE3、SSE4、AVX、AVX2 和 AVX512 指令集。

在一些简单的场景中，编译器可以自动将目标代码向量化（Auto Vectorization）。使用 GCC 的-s 参数可以输出中间的汇编文件，以检查是否已自动将代码向量化。然而，依赖编译器自动向量化往往带有不确定性。我们还可以通过编译器扩展的向量支持功能[1]或 Intel 提供的 SIMD 指令封装[2]来实现向量化。考虑到易用性和可移植性，还可以使用一些开源的向

[1] https://gcc.gnu.org/onlinedocs/gcc/Vector-Extensions.html

[2] https://www.intel.com/content/www/us/en/docs/intrinsics-guide/index.html

量化库，比如 Eigen[1]和 highway[2]。SIMD 技术在分析型列式存储数据库中发挥着至关重要的作用。

2.3 内存管理

内存（DRAM）是一种易失性存储器，即断电后数据会丢失。它直接与 CPU 相连，用于存储正在运行的程序和数据。内存是影响系统性能的重要因素，因此操作系统对内存资源的管理效率尤为关键。接下来，我们将介绍操作系统内存管理的一些基本原理。

2.3.1 虚拟内存

虚拟内存是计算机领域一个非常重要的概念。虚拟内存为每个进程提供了巨大的、线性的、独立的地址空间，从而简化了软件的开发。实际上，每个进程使用的内存可能分散在物理内存的不同区域，甚至可能被交换（Swap）到存储设备中。物理内存的分配、回收、换入和换出都由操作系统管理，应用程序对此过程完全无感（即透明）。

我们日常所说的“内存地址”指的通常是“虚拟内存地址”。应用程序的所有内存访问需要通过操作系统将虚拟内存地址转换为物理内存地址。如图 2-11 所示，将虚拟地址转换为物理地址是一个“软硬件结合”的过程。

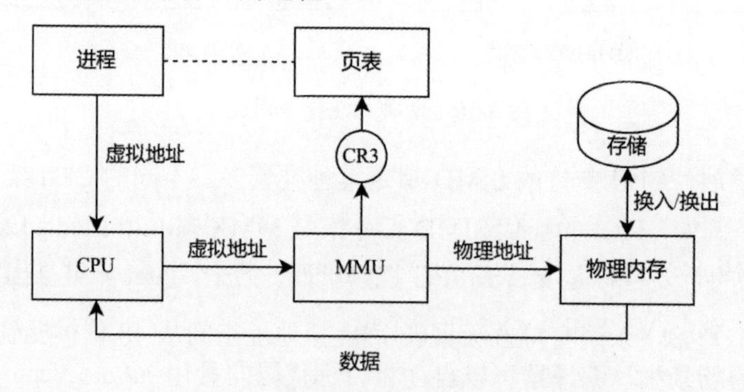

图 2-11　虚拟地址和物理地址的转换原理

（1）每个进程都有一套自己的页表，页表中保存着虚拟地址和物理地址的映射关系。

---

[1] https://eigen.tuxfamily.org/index.php?title=Main_Page

[2] https://github.com/google/highway

在 Linux 中，页表的地址保存在相关进程的 task_struct 对象的 mm_struct 成员的 mm 成员中。

（2）在进程切换时，操作系统会把新进程的页表地址加载到 CPU 的 CR3 寄存器，供内存管理单元（Memory Management Unit，MMU）使用。

（3）当进程要访问内存时，内存管理单元会根据虚拟地址在页表中找到对应的物理地址。

2.3.2　页表

在 Linux 系统中，虚拟内存和物理内存都采用分页管理，默认内存页的大小为 4KB。页表是专门设计用于将虚拟地址映射到物理地址的哈希表。如图 2-12 所示，Linux 的 64 位系统采用四级页表——将 48 位的虚拟地址（最多支持 256TB 的地址空间）分成 5 部分。

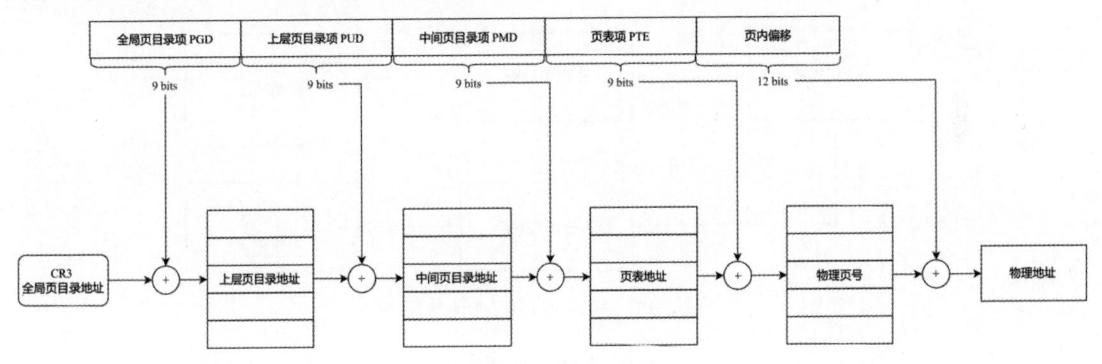

图 2-12　四级页表

（1）全局页目录项（Page Global Directory，PGD）：9 位。

（2）上层页目录项（Page Upper Directory，PUD）：9 位。

（3）中间页目录项（Page Middle Directory，PMD）：9 位。

（4）页表项（Page Table Entry，PTE）：9 位。

（5）页内偏移（Offset）：12 位，对应 4KB 的页大小。

从 Linux 4.11 开始，系统支持五级页表[1]，虚拟地址空间从 48 位扩展到 57 位（最多支持 128PB 的地址空间）。在新的 5 级结构中，内核在 PGD 和 PUD 之间增加了一个名为“页 4 级目录（Page 4 Directory，P4D）”的层次。

多级页表的设计带来显著的内存节省，不必在进程启动时就建立完整的页表。通常在运行过程中，进程实际使用的虚拟地址空间只占整个地址空间的一小部分。因此，大多数虚拟

[1] https://lwn.net/Articles/717293/

地址不需要建立和物理地址之间的映射关系。进程启动时只需创建顶级页表项，当应用程序需要申请内存时，再逐步建立具体的页表映射并返回相应的虚拟地址。

2.3.3 缺页

缺页中断（Page Fault）包括次缺页中断（Minor Page Fault）、主缺页中断（Major Page Fault）和非法缺页中断（Invalid Page Fault）三种情况，如图 2-13 所示。

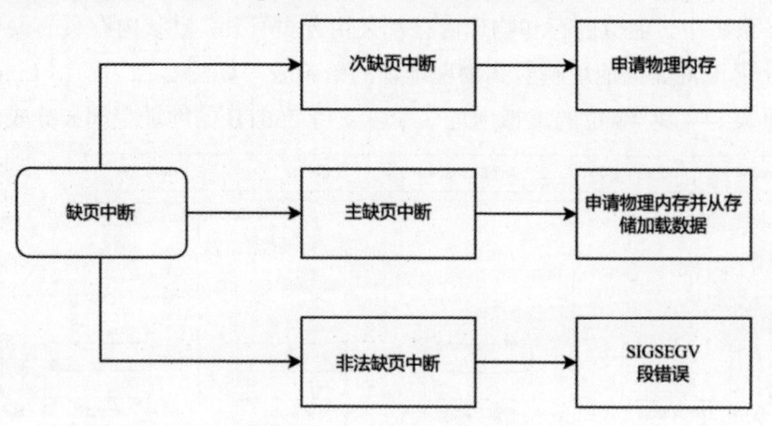

图 2-13 缺页中断的三种情况

在 Linux 中，用户进程的内存由虚拟内存空间（Virtual Memory Area，VMA）结构管理。在虚拟地址到物理地址的转换过程中会进行一系列检查：

（1）由于内核采用惰性（Lazy）机制，对于新申请的内存，内核只建立页表而不进行真实的物理内存映射。此时页表中的权限是 R，访问时会触发缺页（Page Fault）中断。在缺页中断回调时，内核会申请一页物理内存，并把页表权限设置为 R+W。这种不会触发 I/O 操作的缺页中断被称为次缺页（Minor Page Fault）中断。

（2）当用户访问非法内存时，MMU 会触发缺页中断。在回调中，内核检查到当前进程并没有对应的虚拟内存地址的 VMA，于是向进程发送 SIGSEGV 信号，报告段错误（Segmentation Fault）并终止进程。注：段错误简称段错，是一种在操作系统中常见的内存访问错误。当程序试图访问非法内存区域时，操作系统会捕捉到这个错误，并向程序发出 SIGSEGV，导致程序崩溃或终止。

（3）代码段（Text）在 VMA 中的权限为 R+X 时。如果程序中存在野指针并试图在此区域写入，MMU 将触发缺页中断，导致进程收到 SIGSEGV 信号。同理，如果 VMA 中的权限为 R+W，而进程的 PC 指针跳到此区域执行操作，同样会发生段错误。

（4）在代码段区域执行操作时，如果触发缺页中断，通常表明这段代码数据尚未从硬盘加载。在这种情况下，内核会申请一页物理内存，并从硬盘读取相应的代码段，从而引发 I/O 操作。这种会引发 I/O 操作的缺页中断被称为主缺页（Major Page Fault）中断。

（5）当对应的内存页已被交换到硬盘，或通过 mmap 映射的文件数据未加载到内存中时，也会触发主缺页中断。

总体而言，缺页中断，特别是主缺页中断，耗时较长，是影响程序性能的一个关键因素。

2.3.4 TLB

多级页表的优点是节省内存，但这也导致每次虚拟地址到物理地址的转换需要多次访问内存。例如，四级页表需要进行 4 次内存访问才能完成虚拟地址到物理地址的转换。而地址转换作为一种超高频操作，无疑对性能产生了较大的影响。为了提升虚拟地址到物理地址的转换性能，CPU 内部增加了一个页表缓存，称为 TLB（Translation Lookaside Buffer，快表），如图 2-14 所示。TLB 中缓存了最近一些虚拟地址到物理地址的映射关系，每次地址转换时，CPU 会先从 TLB 中查找映射关系，若未找到，则再访问页表。

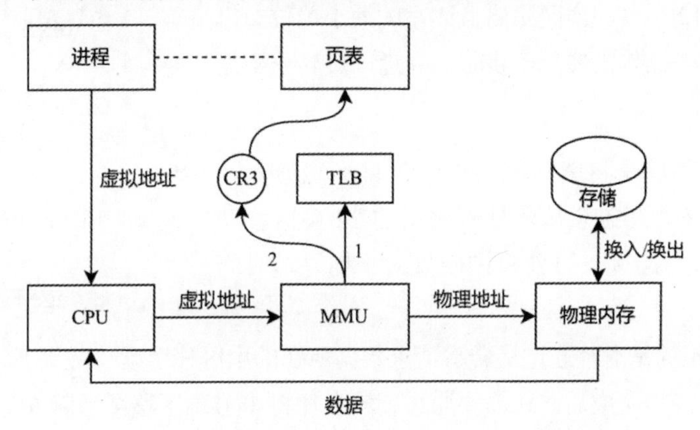

图 2-14　虚拟地址通过 TLB 转换成物理地址

2.4 存储设备

存储设备是专门用于存储数据的硬件设备，在现代计算环境中扮演着至关重要的角色。根据存储介质和技术的不同，主流存储设备主要分为两大类：机械硬盘（Hard Disk Drive，HDD）和固态硬盘（Solid-State Drive，SSD）。

机械硬盘依赖于旋转的磁盘和移动的读写头来存储和检索数据，而固态硬盘则使用闪存技术，无须物理移动部件即可实现高速数据存取。这两种类型的存储设备各有其优势和局限性。例如，机械硬盘通常提供更大的存储容量，但速度较慢；而固态硬盘则以速度快著称，但成本相对较高。

总的来说，存储设备的选择和设计对整个存储引擎的性能、可靠性和成本有着深远的影响。

2.4.1 机械硬盘

机械硬盘是常见的性价比较高的大容量存储设备，其内部的主要部件包括磁盘盘片、传动手臂、读写磁头和主轴马达。实际数据存储在盘片上，读写操作主要是通过传动手臂上的读写磁头完成。在实际运行时，主轴驱动磁盘盘片旋转，传动手臂可移动伸缩，使得读写磁头能够在盘片上进行数据读写操作。

如图 2-15 所示，盘片被分为多个磁道（图中一个圆环代表一个磁道），每个磁道进一步分成多个扇形区域，每个区域被称为一个扇区（图中一个数字代表一个扇区）。每个扇区的大小固定为 512 字节。扇区是磁盘读写的最小单位。机械硬盘完成一次 I/O 操作需要三个步骤：寻道→旋转→数据传输。

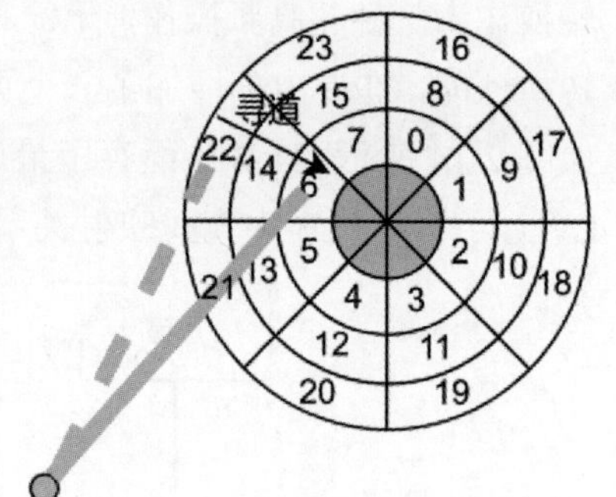

图 2-15 机械硬盘结构示意图

（1）寻道：指的是将读写磁头移动到目标磁道上。如图 2-15 所示，将读写磁头从最外圈磁道的 22 扇区移动到最内圈磁道的 6 号扇区。目前机械硬盘的平均寻道时间一般在 3~15 毫秒。

（2）旋转：指的是盘片通过旋转将请求数据所在的扇区移至读写磁头下方。如果要读取 1 号扇区的数据，在寻道完成后，还需要通过旋转盘片将 1 号扇区移至当前 6 号扇区的位置。旋转延迟取决于机械硬盘的转速，平均需要转 1/2 周。常见的 7200rpm 机械硬盘的平均旋转延迟约为 4.17 毫秒，而转速为 15000rpm 的机械硬盘的平均旋转延迟约为 2 毫秒。

（3）数据传输：指的是读写磁头在内存和盘片之间完成传输所请求的数据。机械硬盘常用的 SATA 接口的传输速度一般可达 300~500MB/s。对于 KB 级别的小数据块，数据传输的时间远小于前两部分消耗的时间，因此数据传输的时间基本可以忽略。

由于机械硬盘的机械特性，在随机读写时，读写磁头和盘片需要不停地移动，时间主要消耗在寻址（寻道+旋转）上，因此随机读写的性能较低。根据机械硬盘执行随机 I/O 操作的过程，我们可以简单推算出 IOPS=1000ms/（寻道时间+旋转延迟+数据传输时间）：

- 机械硬盘的平均寻道时间一般在 3~15 毫秒，取中间值为 9 毫秒。
- 对于转速为 15000rpm 的机械硬盘，平均旋转延迟为 2 毫秒。
- 随机 I/O 主要针对小 I/O 操作，数据传输时间可以忽略不计。
- 因此，IOPS=1000ms/(9ms+2ms) ≈ 91。

由于机械硬盘的随机读写性能较差，且随着固态硬盘的成本不断下降，固态硬盘目前已在大多数存储场景中得到广泛应用，而机械硬盘则主要用于低成本冷数据存储。

2.4.2 固态硬盘

机械硬盘的机械结构决定了它的 IOPS 很难实质提升。固态硬盘则具有与机械硬盘截然不同的性能特性。固态硬盘由半导体存储器（闪存）构成，没有机械部件，执行读写请求时不需要寻道，也不需要旋转，因此它的随机访问读写要比机械硬盘的随机访问读写快很多。

如图 2-16 所示，固态硬盘由闪存翻译层（Flash Translation Layer，FTL）和多个闪存芯片组成。固态硬盘读写操作的基本单位是页（Page）。页的大小与具体的硬件相关，其容量通常为 2~16KB。

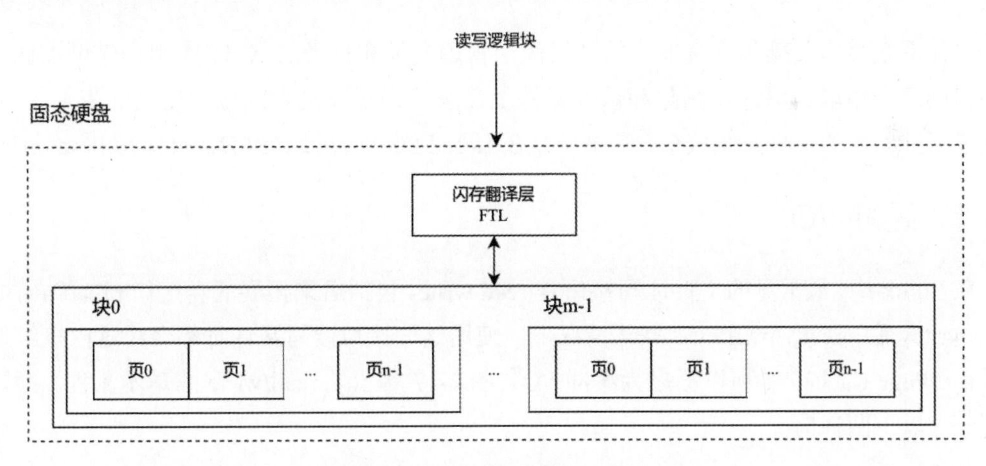

图 2-16　固态硬盘结构示意图

和机械硬盘不同，固态硬盘不支持覆盖写入。如果一个请求只修改了一个页中的一部分，固态硬盘内部需要执行 Read-Modify-Write（读-改-写）操作，也就是将对应的页读出，更新相关数据，最后写入另一个空闲的页中。由于固态硬盘内部不支持原地更新，因此需要通过闪存翻译层（FTL）将外部访问固态硬盘的逻辑块地址（Logical Block Addresses，LBA）

转换成固态硬盘内部的物理块地址（Physical Block Addresses，PBA）。

过期的页需要先被擦除才能再次写入。固态硬盘进行擦除的基本单位是块（Block）。一个块的大小一般为128或256页，也就是256KB~4MB。对于固态硬盘来说，每个块的写入/擦除的次数（P/E Cycle）是有限的，所以写入的数据量会影响固态硬盘的寿命。闪存翻译层中的均衡磨损（Wear Leveling）逻辑会尽可能保证块之间的磨损是均衡的，从而最大化每个块的寿命。

除管理地址映射和确保块之间的均衡磨损之外，闪存翻译层的另一个重要功能是垃圾回收。垃圾回收的主要作用有两个：

- 擦除过期的页（Stale Page），以便后续的写入。
- 整理碎片数据，提升性能。

由于擦除的单位是块，而读写的单位是页，在垃圾回收过程中，可能需要对数据进行腾挪，因此固态硬盘内部会产生读写流量而影响固态硬盘的延迟和吞吐量。

2.5 文件系统接口

文件系统接口是操作系统提供的一组用于管理文件和目录的API。应用程序可以通过这些接口创建、读取、写入、删除和修改文件及目录。为了满足不同应用场景的需求，Linux提供了三种不同的文件系统接口：缓冲I/O（Buffered I/O）、直接I/O（Direct I/O）和io_uring。

2.5.1 缓冲I/O

在Linux中，最常见的文件读写接口是read/write，包括后来拓展的新接口pread/pwrite、readv/writev和preadv/pwritev。默认情况下，使用这些接口读写文件时都会经过内核维护的页缓存（Page Cache），所以称之为缓冲I/O。图2-17展示了read/write的基本流程。读写操作可分为以下两种情况。

（1）命中页缓存：数据已存在于页缓存中，直接从页缓存进行读写。

（2）不命中页缓存：数据不在页缓存中，需要将数据从存储设备加载到页缓存中，再进行读写。一般情况下，存储设备的速度相对较慢，此时线程会被阻塞，并发生上下文切换。

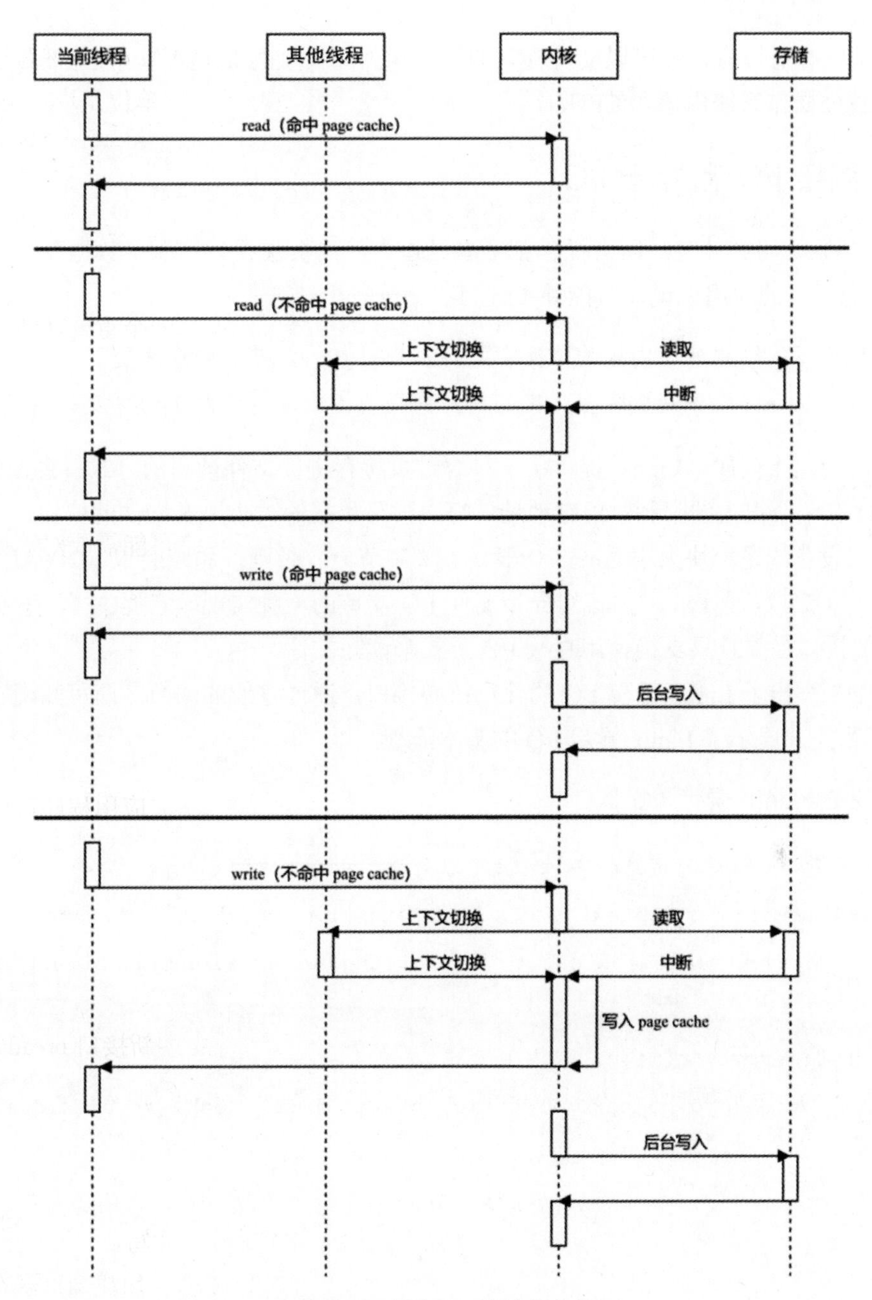

图 2-17　缓冲 I/O 的基本流程

缓冲 I/O 的调用通常是同步的。在机械硬盘作为主流存储的时代，存储设备的延迟较高、随机读写性能较差，对数据库而言，存储设备是系统性能的主要瓶颈。然而，随着固态硬盘技术的发展，存储设备已经可以支持极低的延迟和高频大量的 I/O 操作，性能瓶颈逐渐从存储设备转移到操作系统内核和 CPU。

2.5.2 直接 I/O 和异步 I/O

缓冲 I/O 访问文件时，所有操作都需要经过内核的页缓存。这对于数据库这种自缓存（Self-Caching）的应用来说，可能并不理想：

- 数据库的缓冲池和内核的页缓存实际上是重复的，导致内存浪费。
- 数据从存储设备到页缓存，再到用户内存的传输，需要两次内存复制。

为了解决这个问题，Linux 提供了一种绕过页缓存进行文件读写的方式：直接 I/O。使用直接 I/O 有一个很大的限制：内存地址、每次读写数据的大小以及文件的偏移，这三者都必须与底层设备的逻辑块大小对齐（一般是 512 字节）。否则，系统会报 EINVAL 错误。

Linux 异步 I/O 是 Linux 内核对异步文件 I/O 支持的一种实现。它提供了一套支持文件异步 I/O 的接口，并且只支持使用直接 I/O 方式来读写文件。

代码 2-2 列出了 Linux 异步 I/O 的几个核心接口，通过它们的函数名即可知晓它们各自的作用。图 2-18 展示了 Linux 异步 I/O 的基本流程。

代码 2-2 Linux 异步 I/O 接口

```
    int io_setup(unsigned nr_events, aio_context_t *ctx_idp);
    int io_submit(aio_context_t ctx_id, long nr, struct iocb **iocbpp);
    int io_getevents(aio_context_t ctx_id, long min_nr, long nr, struct io_event
*events,
    struct timespec *timeout);
    int io_cancel(aio_context_t ctx_id, struct iocb *iocb, struct io_event
*result);
    int io_destroy(aio_context_t ctx_id);
```

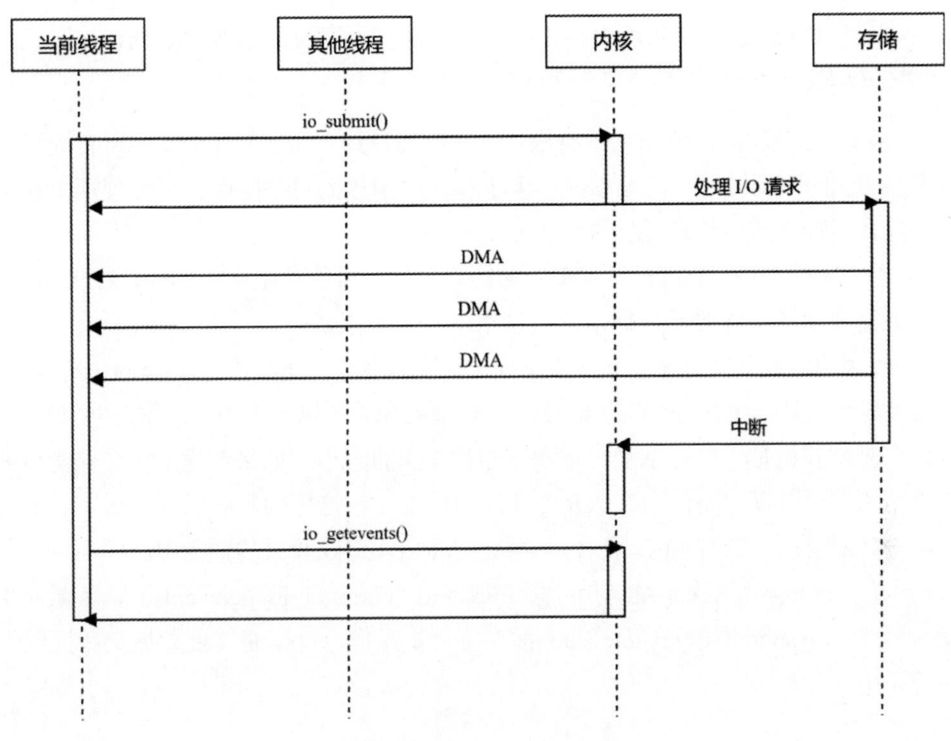

图 2-18 异步 I/O 的基本流程

正常情况下，Linux 异步 I/O 的流程如下：

（1）调用 io_setup 创建一个最多能同时支持 nr_event 个 I/O 操作的异步 I/O context，用于提交和收割 I/O 请求。

（2）根据需求创建 I/O 请求，并调用 io_submit 提交请求。提交请求时，用户可以通过设置 iocb. aio_resfd 为每个 I/O 请求指定一个 event_fd。如果 I/O 请求完成了，就会向对应的 event_fd 发送通知。

（3）将 event_fd 注册到一个 epoll 实例上，监听 I/O 请求是否完成。

（4）如果发现某个已提交的 I/O 请求不再需要，可以调用 io_cancel 将其取消。

（5）内核完成 I/O 请求，通过 DMA（Direct Memory Access，直接内存访问）直接将数据传输到用户提供的缓冲区中。

（6）用户线程通过 epoll 监听到 I/O 请求完成的事件，调用 io_getevents 收割已完成的 I/O 请求。

（7）重新执行第（2）步，或者确认不需要继续执行异步 I/O，调用 io_destroy 销毁 I/O 上下文（context）。

Linux 异步 I/O 在设计和实现上存在很多不彻底、不完整的问题。以现在的眼光来看，Linux 异步 I/O 是一个妥协的异步文件 I/O 解决方案。

（1）只支持直接 I/O，使用场景有限。这意味着使用 Linux 异步 I/O 的所有读写操作都要受到直接 I/O 的限制：内存地址、内存大小和文件偏移的对齐限制；无法使用页缓存，如果影响性能，只能在应用层自己实现缓冲池。

（2）不完备的异步，Linux 异步 I/O 的接口仍然有可能被阻塞。例如，在 Ext4 文件系统中，如果需要读取文件的元数据，此时调用可能会被阻塞。

（3）较大的参数复制开销。每个 I/O 提交需要复制一个 64 字节的 struct iocb 对象，每个 I/O 完成需要复制一个 32 字节的 struct io_event 对象，所以一个 I/O 请求总共需要复制 96 字节。这个复制开销是否可以承受，取决于单次 I/O 的大小：如果单次 I/O 本身就很大，相较之下，这点消耗可以忽略；而在大量小 I/O 的场景下，这样的复制影响较大。

（4）多线程提交或收割 I/O 请求会对 io_context_t 造成较大的锁竞争。

（5）每个 I/O 需要两次系统调用才能完成（io_submit 和 io_getevents），大量小 I/O 难以接受。不过，io_submit 和 io_getevents 都支持批量操作，可以通过批量提交和批量收割来减少系统调用。

2.5.3 io_uring

1. 基本原理

io_uring[1]是 2019 年发布的 Linux 5.1 中引入的一个重大特性——全新的统一异步 I/O 模型。io_uring 实现异步 I/O 的方式实际上是两个生产者-消费者模型的结合：

（1）用户进程生产 I/O 请求，放入提交队列（Submission Queue）。

（2）内核消费提交队列中的 I/O 请求，完成后将结果放入完成队列（Completion Queue）。

（3）用户进程从完成队列中收割 I/O 结果。

提交队列和完成队列是在内核初始化 io_uring 实例时创建的。为了减少系统调用以及减少用户进程与内核之间的数据复制，io_uring 使用内存映射的方式让用户进程和内核共享提交队列和完成队列的内存空间。

为了给应用程序提供足够高的灵活性，提交队列保存的其实是一个数组索引（数据类型为 uint32），真正的提交队列条目（Submission Queue Entry）保存在一个独立的提交队列条

[1] https://lwn.net/Articles/810414/

目数组（Submission Queue Array）中。因此，要提交一个 I/O 请求，需先在提交队列数组中找到一个空闲的条目，设置好之后，再将其数组索引放到提交队列中。应用程序、内核、提交队列、完成队列和提交队列条目数组之间的基本关系如图 2-19 所示。

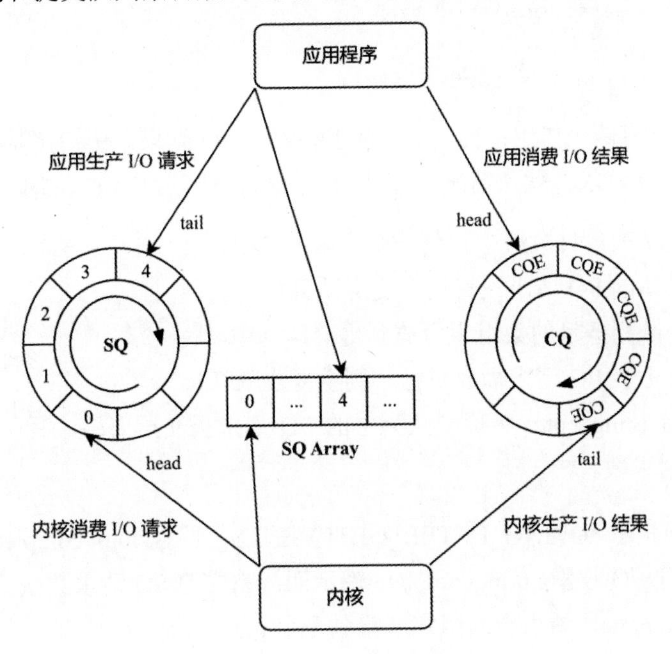

图 2-19　io_uring 的基本原理

Linux 内核提供的与 io_uring 相关的系统调用主要有三个：io_uring_setup、io_uring_enter 和 io_uring_register。

1）io_uring_setup

代码 2-3　io_uring_setup

```
int io_uring_setup(int entries, struct io_uring_params *params);
```

io_uring_setup 用于初始化一个 io_uring 实例。其返回值是一个文件描述符，暂且称为 ring_fd，用于后续的内存映射和其他相关系统调用的参数。io_uring_setup 会创建提交队列、完成队列和提交队列条目数组，entries 参数表示提交队列和条目数组的大小，完成队列的大小默认是 entries 的两倍。params 参数既是输入参数，也是输出参数。输入参数主要用于设置 io_uring 的一些高级特性；而输出参数的核心是提交队列、完成队列、提交队列条目数组以及相关控制参数的信息，后续需要将这些队列、数组的内存地址映射到用户空间。

2）io_uring_enter

代码 2-4　io_uring_enter

```
    int io_uring_enter(unsigned int fd, unsigned int to_submit, unsigned int
min_complete,
    unsigned int flags, sigset_t sig);
```

io_uring_enter 有两个作用：提交 I/O 请求和收割 I/O 结果。初始化完成之后，我们需要向 io_uring 提交 I/O 请求。默认情况下，使用 io_uring 提交 I/O 请求的步骤如下：

（1）从提交队列条目数组中找到一个空闲的条目。

（2）根据具体的 I/O 请求设置这个提交队列条目。

（3）将提交队列条目的数组索引放到提交队列中。

（4）如果有更多 I/O 请求需要执行，则重复步骤（1）~（3）。

（5）调用 io_uring_enter 将提交队列中的 I/O 请求提交给内核，其中 to_submit 参数表示要提交的 I/O 请求数。

如果 flags 设置了 IORING_ENTER_GETEVENTS，并且 min_complete>0，那么这个系统调用会同时处理 I/O 收割。min_complete 表示期待完成的 I/O 请求数量。如果已完成的 I/O 数量小于 min_complete，请求会被阻塞，直到至少 min_complete 个 I/O 请求完成。

2. 轮询模式

上述 io_uring_enter 提交和收割 I/O 的过程，虽然可以通过批量提交和批量收割来减少系统调用，但在极端情况下，一个 I/O 请求最多仍然需要两次系统调用（一次提交和一次收割）。为了将系统调用降到最低，io_uring 提供了轮询模式，使得 I/O 请求的提交和收割完全不需要经过系统调用。

调用 io_uring_setup 时，可以通过在 params.flags 上设置 IORING_SETUP_SQPOLL 的标志位来开启 io_uring 的轮询模式，简称 SQPOLL。在 SQPOLL 模式下，内核会额外启动一个内核线程，称作 SQ 线程。SQ 线程可以运行在某个指定的 CPU 核心上（通过 IORING_SETUP_SQ_AFF 标志位和 params.sq_thread_cpu 设置）。这个内核线程会不停地轮询提交队列，除非在一段时间内没有轮询到任何请求（通过 sq_thread_idle 配置）才会被挂起。

当程序在用户态设置完提交队列条目，并通过修改提交队列的 tail 完成一次插入后，如果此时 SQ 线程处于唤醒状态，那么内核可以立刻捕获到这次提交，这样就避免了用户程序调用 io_uring_enter 这个系统调用。如果 SQ 线程处于休眠状态，则需要通过调用 io_uring_enter，并使用 IORING_SQ_NEED_WAKEUP 标志位来唤醒 SQ 线程。用户态可以通过提交队列的 flags 变量获取 SQ 线程的状态。

在 SQPOLL 模式下，I/O 收割也不需要系统调用的参与。由于内核和用户态共享内存，因此在收割时只需要遍历完成队列的[head, tail)区间并进行处理，最后移动 head 指针到 tail，I/O 收割就完成了。由于提交和收割时需要访问共享内存的 head 和 tail 指针，因此需要使用内存屏障操作确保时序。在最理想的情况下，I/O 提交和收割都完全不需要使用系统调用。

与 io_uring 轮询模式相关的参数还有一个：IORING_SETUP_IOPOLL，简称 IOPOLL。默认情况下，内核的通用块设备层在 I/O 任务完成后，会通过中断通知文件系统层。开启 IOPOLL 之后，io_uring 会使用轮询的方式执行所有操作。内核也需要通过轮询的方式从通用块设备层收割 I/O 结果。不过，IOPOLL 模式目前只支持直接 I/O。

总的来说，默认情况下，io_uring 通过 io_uring_enter 提交和收割 I/O 请求，并且收割请求时，如果请求未完成，则会阻塞。开启 SQPOLL 之后，内核线程会轮询提交队列上的 I/O 请求，用户线程通过轮询完成队列收割 I/O。开启 IOPOLL 之后，内核线程会通过轮询设备驱动队列来收割 I/O 结果。

3）io_uring_register

代码 2-5　io_uring_register

```
int io_uring_register(unsigned int fd, unsigned int opcode, void *arg,
unsigned int nr_args);
```

io_uring_register 可以将一个文件描述符数组和 iovec 数组注册到某个 io_uring 实例，从而提升 I/O 操作的性能。

每次提交 I/O 请求时，内核需要增加文件 fd 对应文件的引用计数。每次 I/O 完成之后，内核需要减少该引用计数。引用计数的修改是原子的，在高 IOPS 场景下可能会严重影响性能。为了减少这部分开销，io_uring 提供了 IORING_REGISTER_FILES 功能。用户进程可以先将文件 fd 数组注册到 io_uring，注册时内核会将这些文件的引用计数加一，只有当取消注册或 io_uring 销毁时，引用计数才会减一。提交 I/O 请求时，用户进程可以将提交队列条目的 flags 设置为 IOSQE_FIXED_FILE，并将 fd 参数设置为注册到 io_uring 的 fd 数组的索引。这样可以避免每次 I/O 操作都导致引用计数的以原子操作方式增加和减少，从而减少开销。

对于直接 I/O 操作，提交 I/O 操作时，内核需要将用户进程的内存映射到内核；完成 I/O 操作后，需要取消该内存映射。在高 IOPS 情况下，频繁地建立和取消内存映射会产生较大的开销。为了减少这部分开销，用户进程可以通过 io_uring_register 的 IORING_REGISTER_

BUFFERS 操作码提前将 iovec 数组注册到某个 io_uring 实例，建立相关的内存映射，只有当主动取消注册或销毁 io_uring 实例时，内存映射才会取消。之后，提交 I/O 请求时，可以使用 IORING_OP_READ_FIXED、IORING_OP_WRITE_FIXED 来使用这些已注册的缓冲区（将 io_uring_sqe.addr 指向 iovec 数组相关的缓冲区）完成 I/O 操作。

2.5.4 小结

缓冲 I/O 是 Linux 默认的 I/O 操作模式。在这种模式下，当应用程序尝试读取或写入文件时，数据首先会被存储在内核的页缓存中。对于读操作，如果数据已经在页缓存中，那么可以直接从缓存中将数据返回给应用程序。对于写操作，数据首先被写入页缓存，然后根据配置决定何时将数据实际写入硬盘。缓冲 I/O 的优点在于减少了 I/O 操作次数，提高了性能。但是，对于某些自带缓存机制的应用程序（如数据库）或需要直接控制硬盘访问的场景，缓存 I/O 可能不是最佳选择。

直接 I/O 允许应用程序绕过页缓存直接对文件进行读写。这种模式的优点在于减少了内核与用户空间之间的数据复制次数。为了避免 I/O 阻塞，直接 I/O 通常与异步 I/O 一起使用。直接 I/O 适用于需要精确控制 I/O 请求或需要绕过页缓存的场景。

io_uring 是 Linux 原生的新一代统一异步 I/O 模型，相比传统的 Linux AIO 更加先进。io_uring 通过共享内存和轮询机制完全避免了系统调用，相较于一些内核旁路的方案（如 SPDK[1]），这种内核原生的方式在使用和部署上显然更为友好。Linux 内核提供的 io_uring 接口暴露了不少实现细节，需要手动 mmap 来建立提交队列、完成队列和提交队列条目数组的内存映射，因此使用起来略显复杂，建议读者参考 io_uring 作者的文章：*Efficient IO with io_uring*[2]。在实际使用中，可以使用 liburing[3]或其他编程语言的封装来避免直接使用这些系统调用。

总的来说，缓冲 I/O、直接 I/O 和 io_uring 是 Linux 中处理文件 I/O 操作的三种不同方式，它们各自具有不同的特点和适用场景。在选择合适的 I/O 模式时，需要根据应用程序的具体需求进行权衡和选择。

[1] https://spdk.io/

[2] https://kernel.dk/io_uring.pdf

[3] https://github.com/axboe/liburing

第3章

存储结构

数据库系统中的数据最终需要保存到硬盘上。考虑表结构：Users（id, name, time, resume），我们应如何在硬盘上保存该表的数据？

数据库系统的主要处理对象是记录（Record）。通常，数据库系统将数据记录及其他相关数据存储为硬盘上的一个或多个文件。数据的存储结构指的是数据记录及其他相关数据组成文件的方式，以及文件和记录之间的关系。数据的存储结构需考虑写操作、读操作和故障恢复的需求：写操作涉及存储空间的扩展与回收；读操作需要快速定位特定数据和进行大批量数据扫描；故障恢复则要求数据的持久性和一致性。

不同的需求决定了不同的数据存储结构。数据库系统常见的存储结构包括页式存储（Page Storage）和日志式存储（Log-Structured Storage）两种。

3.1 页式存储

在页式存储的设计中，数据库系统将文件看成是页（Page）的集合。所有的数据（包括记录、元数据、索引和日志）都保存到页中，不过一般不会把不同类型的数据存储在同一个页上。

页是一个固定大小的数据块，同时也是数据库系统内部进行I/O的基本单位。因此，页的大小的选择存在一些权衡。大的页读写粒度太粗，不利于随机读写，并且容易产生内部碎片[1]，同时还需要更多操作来保证读写操作的正确性。因为一般情况下，硬件和操作系统只保证对 4KB 大小的页的读写的原子性。使用较小的页，读写同样的数据量需要更多的 I/O 请求，不利于提升硬盘的读写吞吐量，并且需要更多的内存来维护页的元数据。综合来看，大部分数据库系统的默认页大小在 4~32KB，比如 SQLite 和 Oracle 的默认页大小为 4KB，SQL Server 和 PostgreSQL 的默认页大小为 8KB，MySQL（InnoDB）的默认页大小为 16KB，MongoDB 的默认页大小为 32KB。

在页式存储下，记录与文件之间的关系可以被分成两个问题进行解答：一是如何管理文件中的页；二是如何管理页中的记录。

3.1.1 如何管理文件中的页

在页式存储中，每个页会被赋予一个唯一的 ID，记为 PageID。数据库系统可以通过 PageID 定位到具体的物理地址。不同的需求需要不同的算法来管理文件中的页，常见的方式有以下两种。

- 堆文件（Heap File）：无序的文件组织。
- 有序文件（Sequential/Sorted File）：有序的文件组织。

1. 堆文件

堆文件将文件视为一个无序的页集合。记录可以按任意顺序存储在任意文件的任意页中，记录的存储是无序的。如果堆文件只有一个文件，那么通过 PageID 找到页的物理地址的算法非常简单：Offset=PageID*PageSize。但是，在实际情况中，为了提高读写操作的性能，我们可能需要多个文件来增加读写操作的并发度。同时，记录的更新和删除涉及文件空间的扩展和回收。因此，堆文件需要一个页管理模块来记录多个文件中的页信息，以及每个页面空闲空间的情况。实现页管理模块的基本方法有两种：链表法和页目录法（Page Directory）。

如图 3-1 所示，在链表法中，所有页面根据是否有空闲空间被组织成两个链表——“已满页面（Full pages）链表”和“未满页面（Pages with free space）链表”。当需要申请空间写入时，系统遍历未满页面的链表，找到空闲空间大小符合要求的页面。如果未满页面链表中没有符合要求的页面，则从文件系统中分配新的页面并将它加入链表中。当页面的空闲空间被写满时，需要将页面移动到已满页面链表中。最坏情况下，链表法需要遍历未满页面链表中的每个页面才能找到符合要求的空闲页面，性能较差。

[1] https://en.wikipedia.org/wiki/Fragmentation_(computing)#Internal_fragmentation

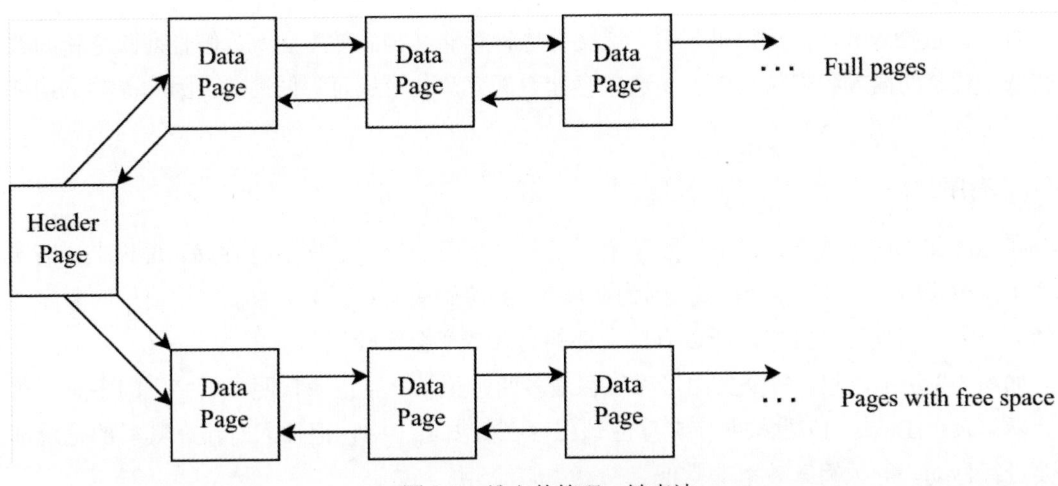

图 3-1 堆文件管理：链表法

相对而言，页目录法更加实用。如图 3-2 所示，页目录法将页面分成两大类：目录页和数据页。目录页保存数据页的 PageID 及其剩余空闲空间的信息。当需要申请空间写入时，系统只需要遍历目录页，根据剩余空闲空间找到符合要求的数据页。在实际应用中，为了提高查找效率，页目录一般不是简单的线性结构，而是组织成树状结构，甚至是更加复杂的数据结构。

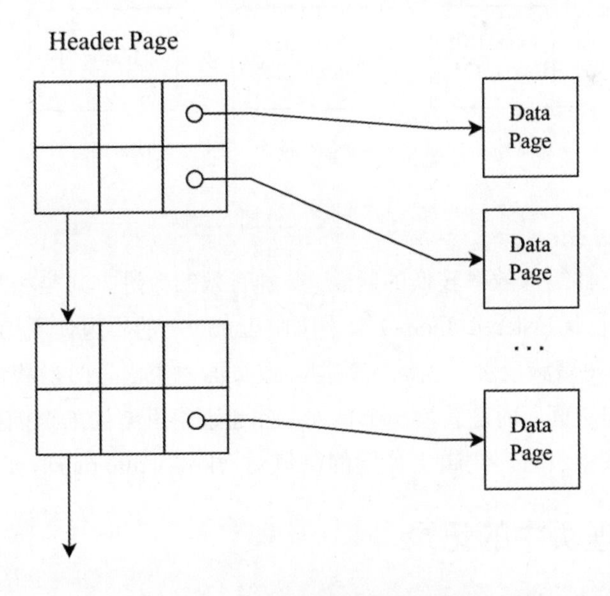

图 3-2 堆文件管理：页目录法

对于大量插入和无序遍历的场景，堆文件这种存储结构的效率更高，但查询和更新的效率较低，频繁的插入和删除操作容易造成存储空间碎片化，从而降低性能，因此需要定期重新组织数据。

2. 有序文件

在有序文件的模式下，记录按照某个或某几个字段的值的顺序进行存储。理论上，根据排序字段检索时，检索速度会提高。因为在插入、删除和更新记录时，为了维护记录的顺序，可能需要大规模地移动数据，所以有序文件的写入效率会比较低。

如图 3-3 所示，假设每个页面可以保存最多两条记录，且记录按照“名字”的字典序排序。新记录“[Davis, 17]”按照字典序应该保存在数据页 1 中，但插入时排在其后的记录都需要进行移动，导致写入效率非常低。

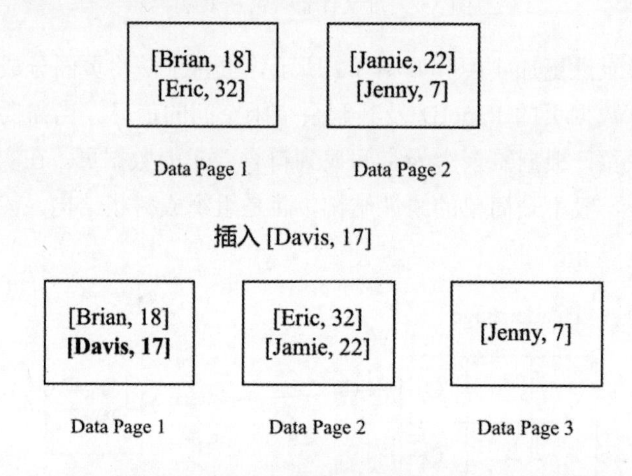

图 3-3　有序文件插入数据

为了解决有序文件写入效率较低的问题，一种有效的改进方式是将数据存储和索引实现结合，形成聚簇索引（Clustered Index）。例如，InnoDB 的实现使用 B+树来组织和管理数据页，构成一个 B+树聚簇索引。当插入数据导致页面“溢出”时，我们不需要通过移动后面的数据来为其腾出空间，而是新增一个页面，并通过索引结构来维护页面的逻辑顺序。也就是说，在实现聚簇索引时，逻辑上连续的键值对（key-value pair）在物理上不一定连续。

3.1.2　如何管理页中的记录

如图 3-4 所示，一个页面通常会有一个头部用于保存一些元数据，如校验和、数据库版本、事务可见性、压缩信息、记录的数量、剩余空间大小等。记录则以某种组织形式存储在页面头部以外的其他空间。记录的具体含义一般由上层的模块进行解释。因此，这里我们并不关心记录的具体内容，而是简单将其视为一个可变长度的字节序列。

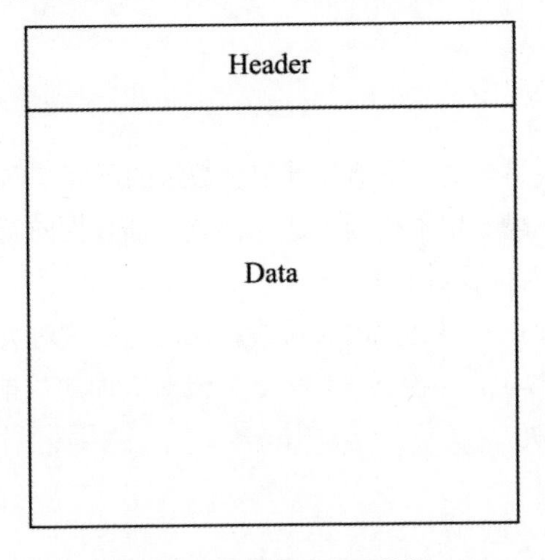

图 3-4　页面的头部和数据

如图 3-5 所示，为了管理变长记录，我们在头部后面增加一个槽数组（Slot Array）。每个槽保存了对应记录在页内的起始地址。由于一个页面可以保存的记录数量是不确定的，因此槽数组从头部之后开始，向后增长，而记录则从页末尾开始向前增长。当槽数组和记录数组相遇时，说明页面已经满了。

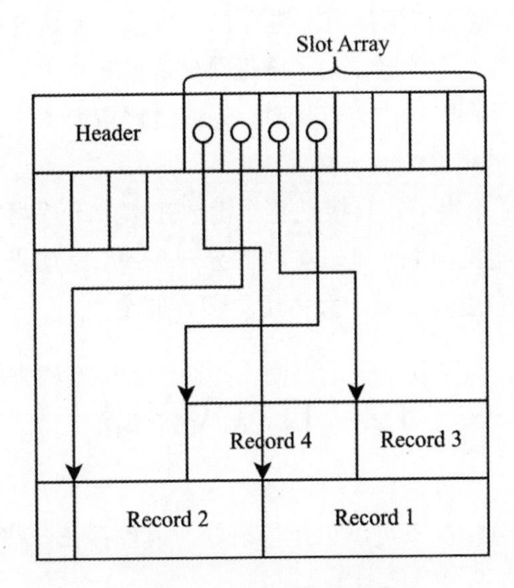

图 3-5　变长记录的管理

为了提高页内记录的查找效率，我们需要保证槽指向的记录按照键的字典序排序，这样就可以在槽数组上使用二分查找。下面将从插入、删除、更新和查询 4 个方面来讨论如何管理页内的记录。

1. 如何插入记录

（1）以追加写的方式将新的记录追加到记录数组的尾部（向前增长）。

（2）通过二分查找在槽数组中找到合适的位置，插入指向新的记录的起始地址的槽。这个过程可能需要移动插入位置后的多个槽。

（3）如果剩余的连续空间不足以插入新的记录，则尝试对页面的数据进行整理，清空被删除的记录，并更新槽数组，再次尝试插入。如果对页面的数据进行整理后，空间依然不够，应该由上层逻辑来解决。

2. 如何删除记录

将对应的槽标记为删除即可。

3. 如何更新记录

删除原来的记录，然后插入新的记录即可。

4. 如何查找记录

（1）最简单的做法是直接在槽数组上进行二分查找。但这样每次访问槽时都需要跳转到对应的记录，并解析出键进行比较。为了降低跳转和解析的开销，可以在写入时提取每条记录的键的前 4 字节，并保存在槽中。查找时，先通过比较前 4 字节的字典顺序来缩小查询的范围，在必要时再解析出完整的键。

（2）为什么只提取前 4 字节，直接把整个键放在槽中不行吗？原因主要有两个：一是键可能是变长的，不利于随机存取，难以实现二分查找；二是如果整个键保存到槽中，键太长，可能会影响槽的查找和更新效率，并占用更多存储空间。

3.2 日志式存储

页式存储结构在大部分情况下可以工作得很好，但也存在一些天然的劣势：

- 碎片化：删除记录后，页面中会留下空白空间。

- 浪费硬盘 I/O：无论记录多小，都需要读取整个页面；所有写操作都需要先将页面读取到内存中。
- 随机硬盘 I/O：更新 10 条记录，最多可能需要更新 10 个页面，产生 10 次随机 I/O，这可能非常慢。

与页式存储结构不同，日志式存储结构将数据库系统视为一个只进行追加写的“日志结构”。所有更新和删除操作都不会原地覆盖原有的记录，而是直接追加写入新的记录。日志式存储的典型代表是 LSM 树存储引擎，比如 LevelDB 和 RocksDB。

如图 3-6 所示，日志式存储结构主要分成内存结构和硬盘结构两大部分。正常情况下，内存结构是一个有序的数据结构，称为内存表（MemTable）。最新写入的数据保存到可变内存表（Mutable MemTable），达到阈值后，切换成不可变内存表（Immutable MemTable）。后台线程负责将不可变内存表刷新到硬盘上成为 SST（Sorted String Table，排序字符串表）。SST 按需进行合并（Compaction），删除过期数据，并生成新的 SST。

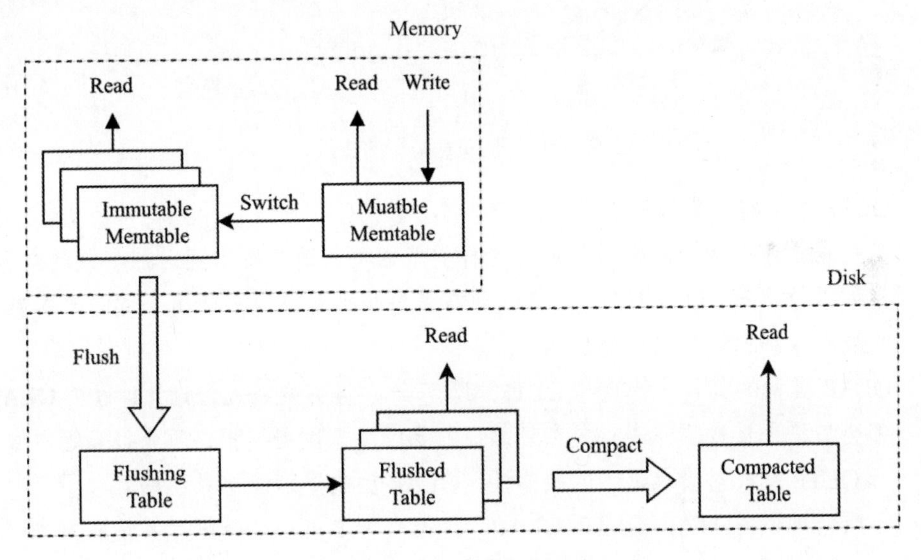

图 3-6　日志式存储结构

写操作只需生成一条新的记录，写入可变内存表即可。读取记录时，从最新的数据向最旧的数据读取，直到命中目标记录或记录不存在。关于 LSM 树的具体设计和实现，后面第 5 章会详细介绍。

3.3 行式存储和列式存储

数据库的负载类型大体可以分成联机事务处理（On-Line Transaction Processing，OLTP）、联机分析处理（On-Line Analytical Processing，OLAP）和混合事务分析处理（Hybrid Transaction and Analytical Processing，HTAP）三大类，如图 3-7 所示。

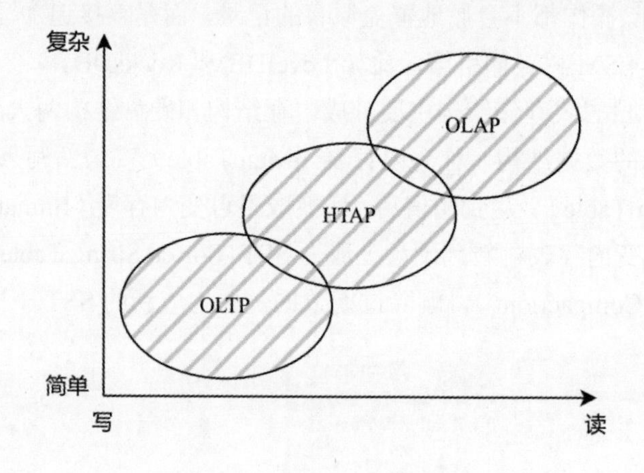

图 3-7 不同负载类型的特点

- OLTP 类型的负载的特点是"高并发、小查询"。通常每个查询只会更新或查询少量数据，速度较快（毫秒级）。这种类型的负载通常要求实时强一致的数据访问，例如银行交易。OLTP 类型的负载通常需要根据业务需求使用合适的索引或其他优化技术来加速数据的访问。
- OLAP 类型的负载的特点和 OLTP 相反——"低并发、大查询"。每个 OLAP 查询都会扫描大量数据并进行复杂计算，主要应用于数据挖掘、商业报表等领域。相比于 OLTP 负载对请求延迟的敏感性，OLAP 负载更加注重系统的吞吐量。
- 不严谨地说，HTAP=OLTP+OLAP。这相当于要求一个数据库系统同时支持 OLTP 和 OLAP 两种工作负载，对数据库系统提出了更高的要求。

3.3.1 行式存储

如图 3-8 所示，在前面介绍页式存储时，默认记录都是按行存储的，即同一条记录的所有字段连续存储在一起，这种结构也叫 NSM（N-ary Storage Model）。行式存储对 OLTP 类型的负载比较友好，因为 OLTP 负载大多倾向于增删改查一整行记录。

id	name	age	gender	city
1	Brian	18	M	London
2	Eric	32	M	New York
3	Jamie	22	M	Paris
4	Jenny	17	F	Berlin

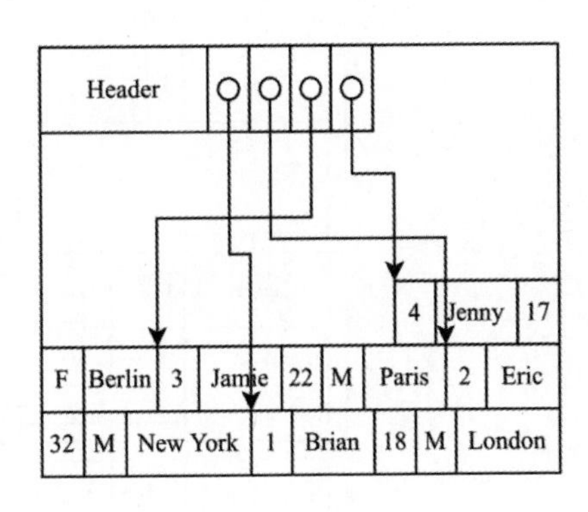

图 3-8 行式存储

3.3.2 列式存储

对于 OLAP 类型的负载来说，一个查询往往需要遍历整个表，然后进行分组、排序、聚合等操作，并且 OLAP 查询通常不会用到所有的列。如图 3-9 所示，查询语句实际只需要用到 city 这一列，但在行式存储下，记录中那些无关的列（id、name、age、gender）也会被一起读取，浪费大量的 CPU 算力和 I/O 资源。列式存储，也叫 DSM（Decomposition Storage Model），就是为 OLAP 负载这种需求设计的。如图 3-10 所示，在列式存储下，同一列的数据按顺序紧密存放在一起，表的每列构成一个数组。列式存储的页面根据列的长度是否可变，分成定长页面（Fixed-length Page）和变长页面（Variable-length Page）两种。在定长页面中，槽数组可以简化为一个位图，表示对应列数据是否有效。

SELECT COUNT(DISTINCT(city)) FROM user

id	name	age	gender	city
1	Brian	18	M	London
2	Eric	32	M	New York
3	Jamie	22	M	Paris
4	Jenny	17	F	Berlin

浪费的 I/O

图 3-9 NSM 与 OLAP 查询

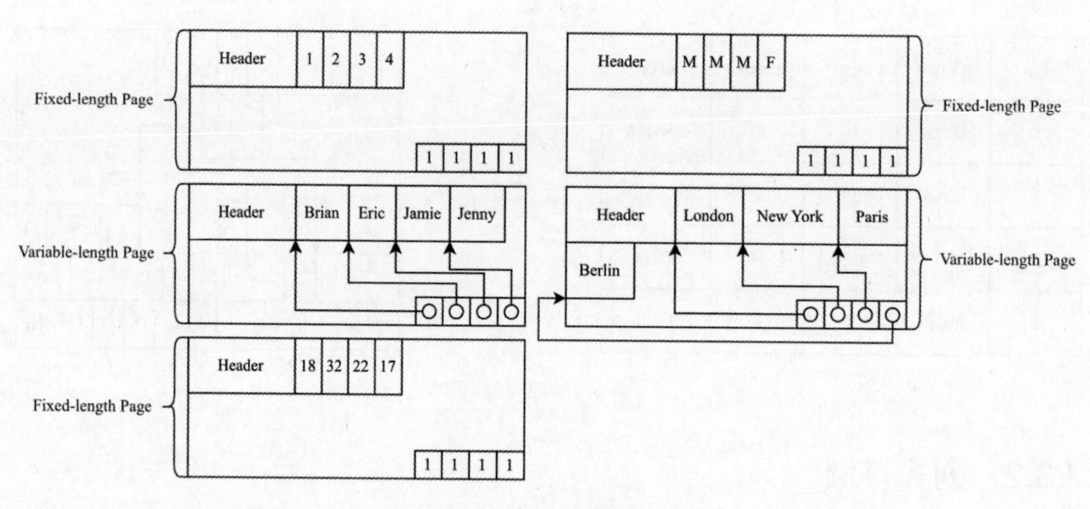

图 3-10 列式存储

显然，列式存储对于 OLTP 负载不友好——读写完整的一行数据涉及多个页面，需要多次随机 I/O 操作。但在 OLAP 场景中，列式存储具有很大优势：

- 当查询语句只涉及部分列时，只需读取相关列的页面。
- 每一列的数据都是相同类型的，彼此间相关性较强，理论上对列数据的压缩效率比行数据更高。
- 同类型的数据组成的数组有利于使用向量化指令进行性能优化。

3.3.3 行列混合存储

从前面的分析可知，行式存储和列式存储在不同的负载下各自优劣。PAX（Partition Attributes Across，跨属性分区）是一种行列混合存储方式，旨在融合行式存储和列式存储的优点，以使存储结构可以同时支持 OLTP 和 OLAP 负载。

如图 3-11 所示，PAX 的页面将记录的不同列的数据切分到不同的 minipage，并在每个页的头部保存每个 minipage 的偏移量（offset）等信息。假设记录有 N 列数据，PAX 会将一个页面分成 N 个 minipage，然后将第一列的数据放在第一个 minipage，第二列的数据放在第二个 minipage，以此类推。

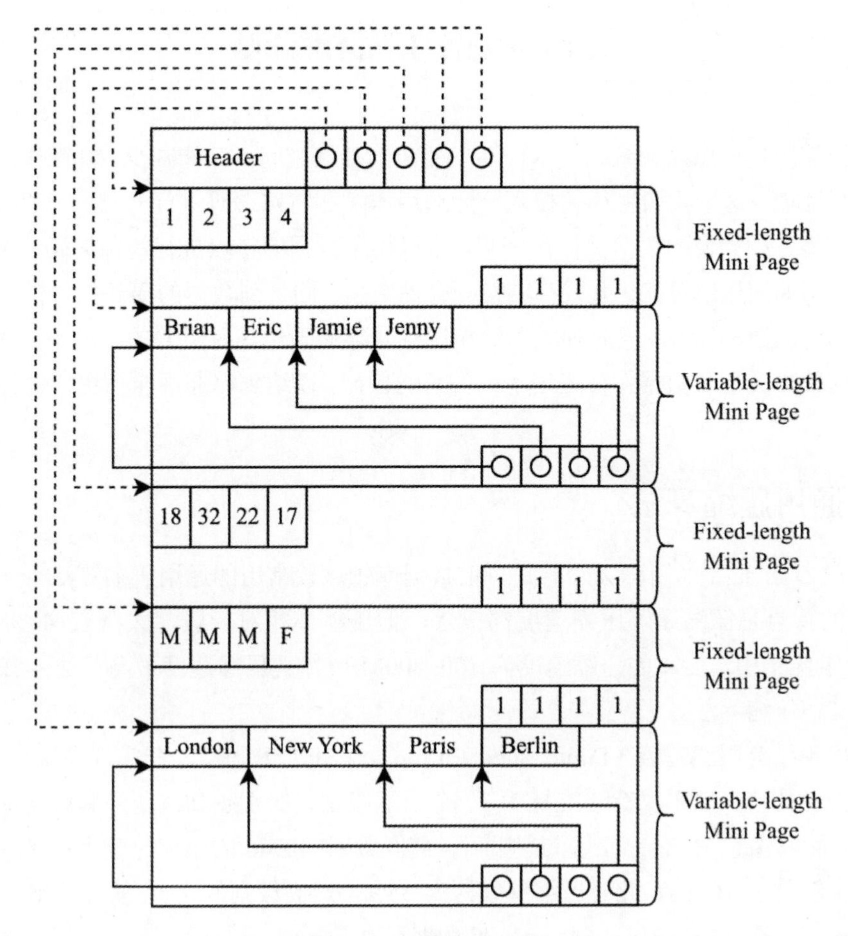

图 3-11　行列混合存储

根据列的数据类型，我们将 minipage 分成两大类：定长 minipage 和变长 minipage。和列式存储类似，定长 minipage 用于保存定长数据类型，如整数类型、时间类型。变长 minipage 则保存变长的数据类型，如 VARCHAR、TEXT。

可以看出，PAX 的格式其实是行式存储和列式存储的一种折中方式。当只需要扫描某一列的数据时，可以方便地在 minipage 中顺序扫描，充分利用 CPU 缓存。对于需要访问完整记录的场景，只需在同一个页面中的 minipage 之间读取相关的数据。不过，PAX 本质上仍然接近于按行存储，无法实现只读取相关列，因此对于重度分析型查询，依然会导致浪费大量的 I/O 资源。

3.4 数据压缩和编码

合理地使用数据压缩和编码技术，不仅能节约存储空间，还能减少 I/O 操作，从而提高系统的读写性能。这里我们将相关技术分为通用压缩和特殊编码进行介绍。一般情况下，行式存储由于将各种类型的数据保存在一起，难以利用数据的特点进行特殊编码，因此行式存储更适合采用通用压缩算法。列式存储按列存储数据，同一列数据的局部相似性一般高于不同的列之间的局部相似性，因此列式存储相比行式存储天然具有更好的压缩率，并且可以针对不同列的数据类型和数据特征采用不同的特殊编码，以达到比通用压缩更优的性能和压缩率。

3.4.1 通用压缩算法

LZ4[1]和 Zstandard[2]（简称 Zstd）是目前数据库领域较常用的通用压缩算法。

LZ4 的特点是压缩和解压缩速度都很快，但压缩率相对一般，大概在 40%~50%。在 lzbench[3]基准测试中，LZ4 的压缩速度为 700~800MB/s，解压缩速度最高可达 4GB/s 以上，明显快于其他压缩算法。

Zstd 采用了有限状态熵（Finite State Entropy，FSE）编码器，在实现高压缩率的同时，解压性能仍保持较高水平。Zstd 支持 1~22 个压缩级别，级别越高，压缩和解压缩的速度越慢，但是压缩率越高。在 lzbench 基准测试中，最低级别的 Zstd 的压缩速度大约是 480MB/s，解压缩速度超过了 1GB/s，此时压缩率大约为 35%；最高级别的 Zstd 的压缩率可达 25%，但是压缩速度只有 2.28MB/s，难以满足在线业务的需求。

3.4.2 游程编码

游程编码（Run-Length Encoding，RLE）利用数据连续重复出现的特点进行压缩编码，使用二元组<value, count>代替连续重复出现的值。如图 3-12 所示，原始数据 AAACCEEEE 使用 RLE 压缩后，结果为<A, 3><C, 2><E, 4>。游程编码要求连续重复的数据尽可能集中在一起，通常需要对数据进行排序才能获得更好的效果。

---

[1] https://lz4.org/

[2] https://facebook.github.io/zstd/

[3] https://github.com/inikep/lzbench#benchmarks

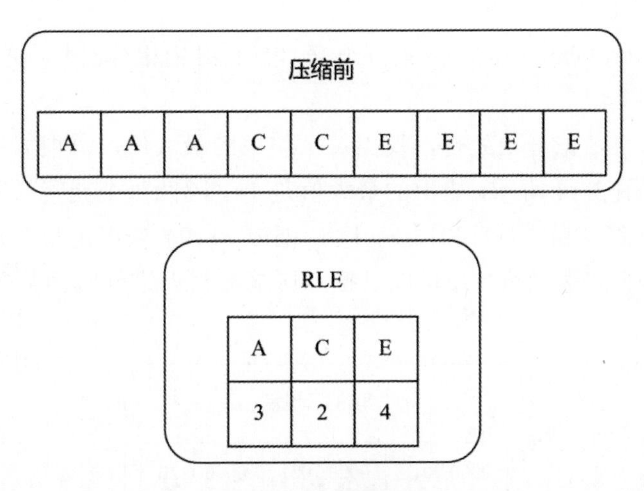

图 3-12　游程编码示例

游程编码的一个特例是当一个列块中的所有值都相同时，压缩过程中只需要保存一个即可。这种特殊情况称为常量编码（Constant Encoding），如图 3-13 所示。另一种近似情况是列块中的大部分值都相同。针对这种情况，我们可以将出现频率最高的值视为"常量"，然后只记录所有不等于这个常量的"异常值"及其位置。

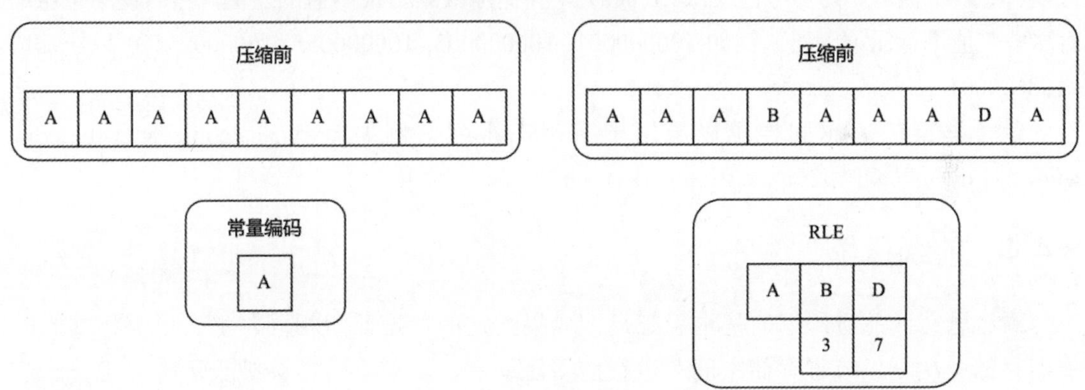

图 3-13　常量编码示例

3.4.3　位压缩和参考框架

一般情况下，业务很少会用到非常大的整数。位压缩（Bit Packing）利用这一特点将整数前面的 0 压缩掉。位压缩的实现通常有两种方式：变长和定长。

变长实现（如 Protobuf 中的 varints[1]）压缩和解压开销相对较大，通常不会在数据库中使用。

定长实现通常将数据分块处理，找出每个块中的最大值，再根据最大值所需的比特位数进行压缩。如图 3-14 所示，块中的最大值是 14，因此每个元素只需要占用 4 比特：将 3 压缩成 0011，将 9 压缩成 1001，将 14 压缩成 1110。采用定长编码实现的好处是压缩和解压缩的开销低、速度快，还可以直接在压缩数据上进行时间复杂度为 O(1)的随机访问。

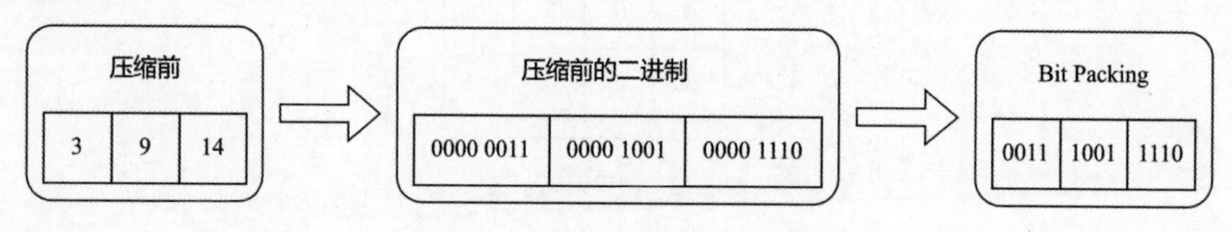

图 3-14 位压缩（Bit Packing）示例

位压缩（Bit Packing）可以视为参考框架（Frame of Reference）的一个特例，适用于较小的整数。如果数值较大，位压缩的压缩效果会大打折扣。如果数值的分布比较集中，我们可以将“最小值”作为参考值（Reference），存储原数据与最小值的差值，然后使用位压缩对这些差值进行压缩编码。例如[100000001, 100000003, 100000055, 100000255]可以压缩成<100000001, [0, 2, 54, 254]>。

参考框架的思想同样可以应用于字符串压缩。例如[www.aaa.com, www.bb.com, www.c.com]可以编码成<www.*.com, [aaa, bb, c]>。

3.4.4 前缀压缩

顾名思义，前缀压缩的基本思想是：如果给定的数据前缀相同，那么只需将共同的前缀存储一次，以节省存储空间。进行前缀压缩后，当前字符串会被表示为与上一个字符串重复部分的长度加上不重复的剩余部分。如图 3-15 所示，4 个字符串的共同前缀是 use，长度为 3。

[1] https://protobuf.dev/programming-guides/encoding/#varints

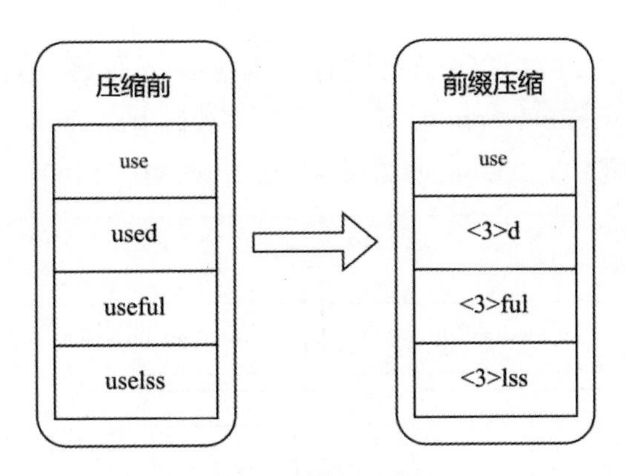

图 3-15　前缀压缩示例

3.4.5　字典编码

字典编码（Dictionary Encoding）适用于基数（Cardinality）较小的字符串压缩，如图 3-16 所示。其基本原理是将不同的字符串提取出来，形成一个字典（字符串数组）。在压缩过程中，用字符串在字典中对应的下标代替字符串。解压缩过程则相反，用下标从字典中找到对应的字符串。通常情况下，我们还希望字典编码后的数据具有保序性，即经过字典映射后，原字符串和编码相对顺序不变，这样可以方便地在压缩数据上进行范围查询优化。

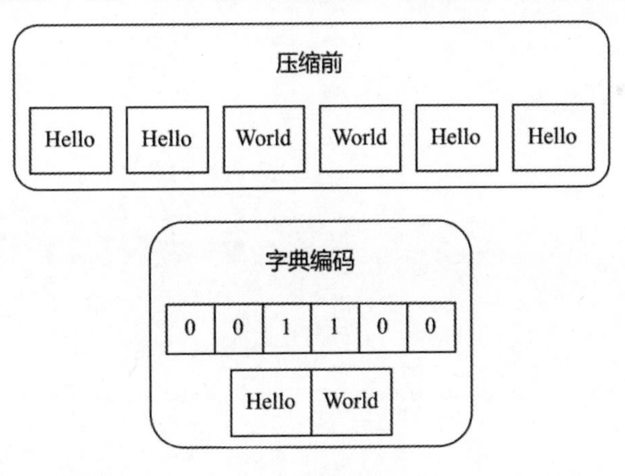

图 3-16　字典编码示例

3.4.6　快速静态符号表

快速静态符号表（Fast Static Symbol Table，FSST）是字典编码的一种扩展。对于某些字符串数据集，如 url，它们的重复度较低，但包含许多重复的子串。FSST 的做法是先将字符串切分成多个子串，再对这些子串进行字典编码。如图 3-17 所示，原始字符串www.google.com 和 www.github.com 被切分成子串字典[www., .com, google, github]，然后用子串的下标组合原始字符串，编码后的结果为[<0, 2, 1>, <0, 3, 1>]。

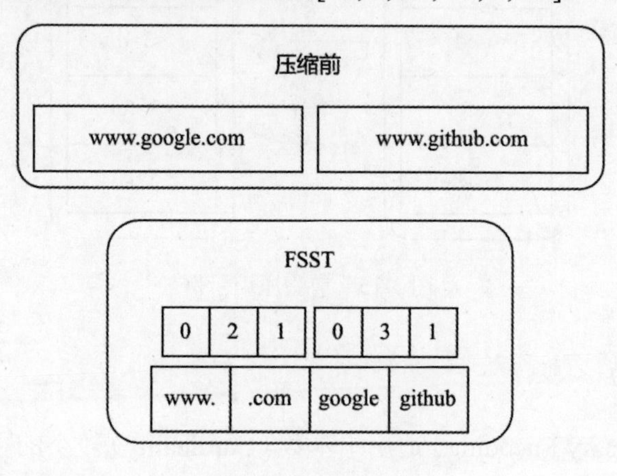

图 3-17 FSST 示例

第 4 章 缓冲池

虽然随着硬件技术的发展，单机的内存容量越来越大，但内存和硬盘的容量与价格差距依然存在一到两个数量级。因此，时至今日，大部分数据库系统仍然选择将数据存储在硬盘上。另一方面，内存和硬盘之间存在巨大的性能鸿沟。如果所有操作都在硬盘上进行，显然效率会很低。为了解决硬盘速度慢和内存容量有限的问题，数据库通常会引入一个缓冲池（Buffer Pool）模块，用于管理内存和控制数据块在硬盘和内存之间的移动，尽可能减少硬盘 I/O 操作，从而提高数据库的执行效率。

4.1 内存映射

内存映射（Memory-mapped，mmap）是操作系统提供的一种文件 I/O 机制。它将保存在硬盘上的文件映射到用户进程的地址空间，使进程可以像读写内存一样读写文件。

4.1.1 接口和原理

代码 4-1 列出了与内存映射相关的部分系统调用。Linux 中与内存映射相关的系统调用还有不少，具体可以参考相关的 Linux 参考手册。

代码 4-1 内存映射的部分系统调用

```
void *mmap(void *addr, size_t length, int prot, int flags, int fd, off_t offset);
int munmap(void *addr, size_t length);
int madvise(void *addr, size_t length, int advice);
int msync(void *addr, size_t length, int flags);
int mlock(const void *addr, size_t len);
```

```
int munlock(const void *addr, size_t len);
```

- mmap：建立内存映射，将文件映射到进程的地址空间中。映射成功后，进程可以像访问内存一样访问文件。
- munmap：作用与 mmap 相反，用于解除内存映射。
- madvise：给操作系统的内存使用建议，常用的有三个：MADV_NORMAL、MADV_RANDOM 和 MADV_SEQUENTIAL。
- mlock：将指定的内存地址空间“钉（pin）”在内存中，避免这部分内存中的内容被换出到硬盘上。
- msync：将内存中的数据持久化到对应的文件中，类似于 fsync。
- munlock：作用与 mlock 相反，解锁之前被“钉”内存的地址空间。解锁后，这些内存页面中的内容可以被操作系统交换到硬盘上，从而释放这块物理内存。

使用内存映射访问文件的内部过程如下：

（1）进程调用 mmap 接口，获得一个内存指针。这个指针指向的内存地址空间与文件建立了映射关系。此时，操作系统只是为这块内存分配了虚拟地址空间，文件数据尚未加载到内存，且对应的物理内存也未分配。

（2）当进程通过指针访问文件数据时，操作系统发现对应的文件页不在内存中，于是触发主缺页中断，为其分配物理内存，并将对应的数据加载到内存中。

（3）成功分配内存和加载数据之后，操作系统会更新进程的页表和当前 CPU 的 TLB。

（4）如果内存不足，操作系统的内核线程会开始逐出内存中的文件页，并刷新进程的页表和当前 CPU 的 TLB。为了保证其他 CPU 的 TLB 的一致性，操作系统还会向其他 CPU 发起 TLB 刷新操作，这一过程被称为 TLB shootdown。注：TLB shootdown 一般是指当一个处理器核心修改了页表，导致其他处理器核心的 TLB 中的某些条目变得无效时，系统需要通知其他核心将这些无效条目从它们的 TLB 中移除。这个过程就被称为 TLB shootdown。

4.1.2 内存映射与缓冲池

使用内存映射将缓冲池功能直接托管给操作系统，简化了数据库系统在文件 I/O 和缓存管理方面的逻辑，减少了如 read/write 等文件操作接口的调用。同时，通过内存映射直接读写指向页缓存的指针，避免了数据从内核空间到用户空间的复制，消除了在内核空间和用户空间可能同时存在两份数据的问题。这个过程对数据库系统是透明的，具有很大的吸引力。

事实上，一些数据库系统确实采用了内存映射代替传统的缓冲池，如 LMDB[1]和早期的 MongoDB[2]。然而，使用内存映射代替缓冲池也会给数据库系统的实现带来一些问题：

（1）事务安全较难保证。操作系统可能随时将脏页持久化，而无论该脏页所对应的事务是否已经提交。这使得采用原地更新（in-place update）的存储引擎基本无法实现，通常需要配合写时复制（Copy-on-Write）或影子分页（Shadow Paging）技术来解决。

（2）容易出现 I/O 失速（Stalls）。I/O 失速的主要原因是无法确定对应的页面是否在内存中。如果数据库采用存储与计算分离的架构，且使用远程文件，这一问题会更加严重。虽然可以使用 mlock 将页面固定在内存中，但这会增加更多的系统调用，同时需要管理这些页面在内存中的生命周期，从而增加实现的复杂度并降低系统的性能。

（3）不支持异步 I/O。虽然可以通过异步线程模拟异步 I/O，但无法支持性能更优的解决方案，比如 io_uring。

（4）使用内存映射读取的数据很难进行数据校验。从硬盘读取数据块后，一般需要进行数据校验以确保数据的正确性和完整性。理论上，每次通过内存映射读取数据时，都应进行数据校验，因为页面随时可能被操作系统换出。

（5）指针使用错误可能导致页面的数据损坏。在使用像 C++这样的非内存安全语言时，错误使用指针可能导致页面数据损坏，而操作系统随时可能将该脏数据持久化。如果使用缓冲池，至少可以在持久化之前进行一次数据完整性检查。

（6）指针使用错误可能导致数据损坏。在数据量远大于内存的情况下，内存映射的性能会比较差。因为这种情况会导致大量页面的换入换出，进而产生大量的页表更新和 TLB 刷新（TLB shootdown），严重影响虚拟地址到物理地址的转换性能。

（7）频繁的页面换入换出操作可能导致阻塞。一般情况下，操作系统为每个 NUMA 结点分配一个 kswapd 线程来负责页面的换出。如果页面的换入换出操作过于频繁，容易导致读写阻塞。

总结一下：对于数据可以全部加载到内存中的非关键场景，可以考虑使用内存映射来简化程序逻辑。但在数据完整性和正确性至关重要的场景下，不建议使用内存映射代替文件 I/O 和缓冲池。

论文 *Are You Sure You Want to Use MMAP in Your Database Management System* 详细分析了在数据库系统中使用内存映射时可能遇到的问题，感兴趣的读者可以参考该文。

---

[1] https://www.symas.com/lmdb

[2] https://www.mongodb.com/docs/v4.0/core/mmapv1/

4.2 缓冲池结构

缓冲池其实是用于缓存最近读写过的数据的内存区域。如前文所述，数据库系统通常以页为单位对数据进行管理。因此，缓冲池也将内存划分为相同大小的页进行管理。

如图 4-1 所示，缓冲池可以简单地看成一个缓存页数组。当数据库需要访问一个不在缓冲池中的数据页时，首先需要从缓冲池申请一个空闲的缓存页，然后将对应的数据页复制到缓存页中。如果缓冲池中的页面被修改了，这些经修改的缓存页被称为脏页。正常情况下，脏页不会立即写回硬盘，而是继续保留在缓冲池中。这样，一段时间内对同一页面的修改可以合并在一起再批量写入硬盘。

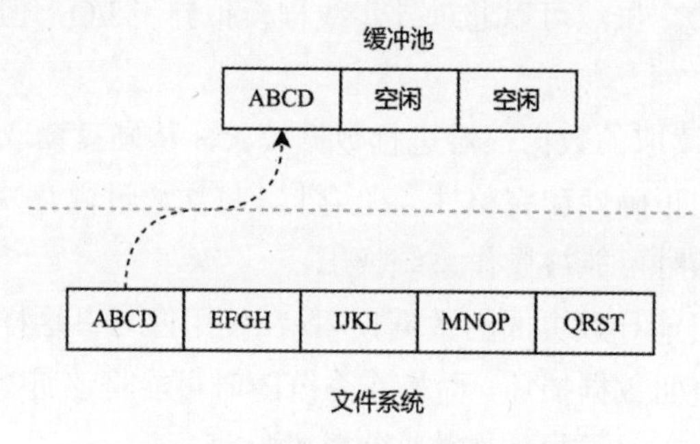

图 4-1　缓冲池与数据页的映射

另外，如果缓存页正被使用，我们需要根据需求对其进行上锁或增加引用计数。因此，为了管理缓冲池中的缓存页，需要为每个缓存页创建一个控制块，如图 4-2 所示。控制块维护的信息主要包括：页号、页面状态、脏页标志、引用计数、锁状态等。

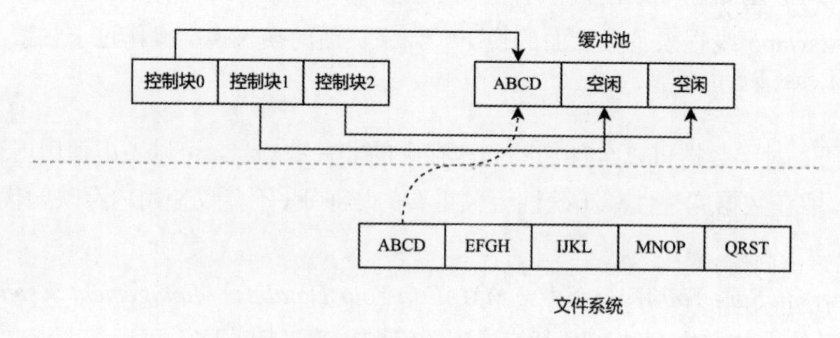

图 4-2　缓冲池的控制块

当数据库运行一段时间后，缓冲池中这片连续内存空间中的缓存页就会分为空闲页和已使用页。为了能够快速找到空闲的缓存页，我们可以使用链表将空闲缓存页的控制块串联起来，形成一个“空闲链表”。每当需要将数据页从硬盘加载到缓冲池时，可以直接从空闲链表中弹出一个空闲的缓存页。

前文讲过，修改过的缓存页不会立即写入硬盘，而只是标记为脏页，由后台线程异步写回硬盘。为了快速识别哪些缓存页是脏页，类似于空闲链表，我们可以使用链表将所有脏页串联起来，这个链表被称为“脏页链表”。这样，后台写回线程只需遍历脏页链表，将数据写入硬盘即可。

4.3 缓存替换算法

缓冲池的大小是有限的，一般情况下，缓冲池的大小要远小于数据量的大小。因此，当缓冲池满时，数据库会面临一个问题：应该释放掉哪些缓存页，以便为新的页面腾出空间？解决这一问题的算法称为缓存替换算法（Cache Replacement Policy）。缓存替换算法的目标是尽量减少对硬盘的访问——在理想情况下，应该释放掉缓冲池中未来最不可能被访问的页面。因此，缓存替换算法的核心问题是：如何预测未来最不可能被访问的页面。

1966 年，Laszlo A.Belady 提出了一个最优的缓存替换算法，称为 Belady 最优算法[1]。这个算法在已知未来所有访问记录的前提下，每次替换未来不会再被访问或最早被访问的数据，以获得理论上的最优解。然而，由于需要提前知道未来所有的访问记录，因此这一算法并不具备实际可行性。在工程实现中，我们一般通过结合负载的特点，预测未来大概率不会被访问的页面，从而实现缓存替换的次优算法。

4.3.1 LRU 算法

LRU（Least Recently Used，最近最少使用）算法是最常见的缓存替换算法。LRU 算法的基本思想是：最近没被访问的页面，未来也大概率不会被访问。因此，当需要释放缓存页时，LRU 会选择淘汰最久没被访问的页面。

如图 4-3 所示，LRU 算法的实现通常使用一个队列，将缓存页按最近一次被访问的时间排序。当需要访问缓冲池中的页面时，首先检查该页面是否在缓冲池中。如果页面已存在，则将该页面从队列中取出，并重新加入队列尾部。如果页面不在缓冲池中，则需要将对应页面的数据从硬盘上加载到缓存池中。如果此时缓冲池已满，则淘汰队首的缓存页，再从硬盘

[1] A study of replacement algorithms for a virtual-storage computer

加载新页面，然后将新的缓存页加入队列尾部。

接下来我们用一个简单的示例来说明 LRU 缓存替换算法的运行原理，如图 4-4 所示。

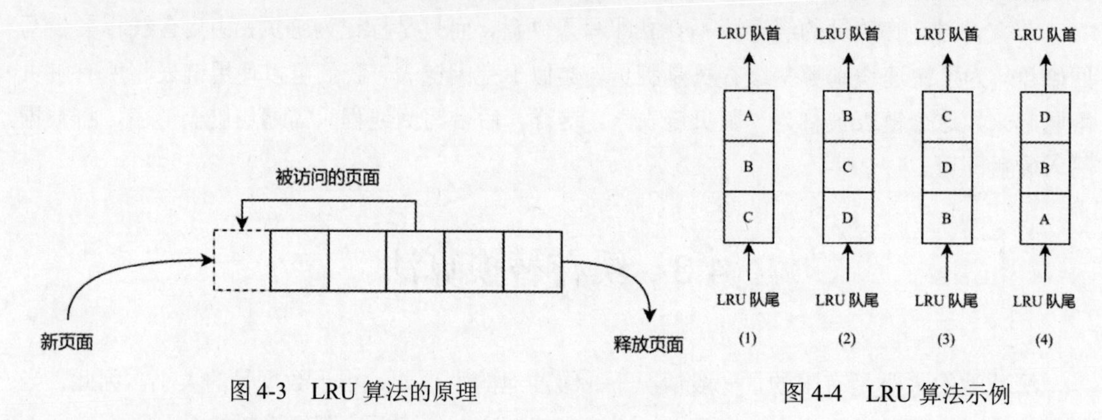

图 4-3　LRU 算法的原理

图 4-4　LRU 算法示例

（1）假设缓冲池的大小为三个页面。如图 4-4 的（1）所示，一开始依次访问 A、B、C 三个页面，此时缓冲池中尚有空闲页面，因此不需要淘汰其他页面。

（2）如图 4-4 的（2）所示，访问页面 D，由于缓冲池已满，根据 LRU 算法，需要释放最久未被访问的页面，即 LRU 队列的队首 A，以腾出空间加载页面 D。

（3）如图 4-4 的（3）所示，访问页面 B 时，由于页面 B 已在缓冲池中，仅需将页面 B 移至 LRU 队列的队尾。

（4）如图 4-4 的（4）所示，访问页面 A 时，由于缓存池已满，根据 LRU 算法，释放 LRU 队列的队首页面 C，为页面 A 腾出空间。

4.3.2　FIFO 算法和 Clock 算法

FIFO（First In First Out，先进先出）算法，顾名思义，按照页面进入缓冲池的顺序淘汰缓存页。

如图 4-5 所示，当缓存页第一次被访问时，它会被加入队列的队尾。当缓冲池空间不够时，从队首淘汰缓存页。FIFO 算法的实现很简单。除第一次访问外，后续访问不需要更新队列。但无法根据数据的使用频次、访问时间等维度进行优化，可能导致缓存命中率较低。

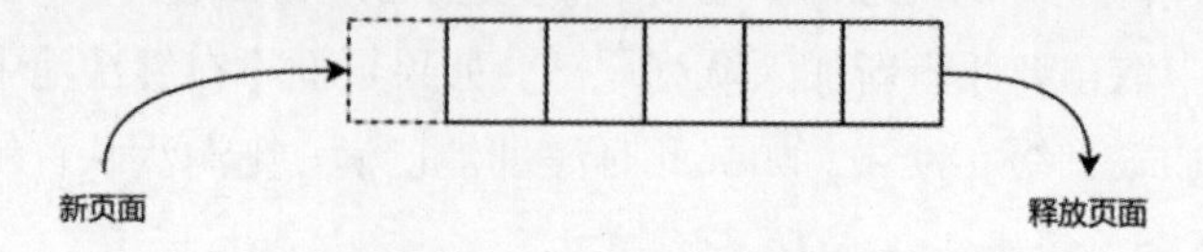

图 4-5　FIFO 算法的原理

在使用 FIFO 算法作为缓存淘汰算法时，可能会出现缓冲池总容量增加后，缓存命中率反而降低的现象。这种现象被称为 Belady 现象（Belady Anomaly）[1]。如图 4-6 所示，采用 FIFO 淘汰算法的缓冲池在相同的访问顺序下，当缓冲池大小为 3 时，缓存命中率为 3/12。将缓冲池大小扩大到 4 时，缓存命中率反而下降到 2/12。

缓冲池大小为 3，缓存命中率：3/12

访问顺序	1	2	3	4	1	2	5	1	2	3	4	5
FIFO 队列尾部	1	2	3	4	1	2	5	5	5	3	4	4
		1	2	3	4	1	2	2	2	5	3	3
FIFO 队列头部			1	2	3	4	1	1	1	2	5	5
是否命中缓存	否	否	否	否	否	否	否	是	是	否	否	是

缓冲池大小为 4，缓存命中率：2/12

访问顺序	1	2	3	4	1	2	5	1	2	3	4	5
FIFO 队列尾部	1	2	3	4	4	4	5	1	2	3	4	5
		1	2	3	3	3	4	5	1	2	3	4
			1	2	2	2	3	4	5	1	2	3
FIFO 队列头部				1	1	1	2	3	4	5	1	2
是否命中缓存	否	否	否	否	是	是	否	否	否	否	否	否

图 4-6 Belady 现象

FIFO 算法会产生 Belady 现象的原因是：① FIFO 算法过于简单，它淘汰的页面不一定是未来访问概率较低的页面；② FIFO 算法无法保证较小缓冲池中的数据是较大缓冲池数据的子集，所以无法保证增加内存容量后缓存命中率一定提高。

如果能够保证小缓冲池缓存的数据是大缓冲池缓存数据的子集，则这种算法被称为栈式算法（Stack Algorithm）。栈式算法不会出现 Belady 现象。前面介绍的 LRU 就是一种栈式算法。

对 FIFO 算法的一种简单改进是，给缓冲池中的每个缓存页第二次保留在缓冲池中的机会（Second-Chance）：

（1）为每个缓存页额外维护一个布尔变量 ref。

（2）当缓存页第一次进入缓冲池时，将 ref 设置为 false。

[1] https://en.wikipedia.org/wiki/B%C3%A9l%C3%A1dy%27s_anomaly

（3）后续如果有请求访问缓存页，将 ref 设置为 true。

（4）淘汰缓存页时，从队首出队并检查页面的 ref 值。

① 如果 ref 为 true，则将 ref 设置为 false，并将该页面插入队尾。

② 如果 ref 为 false，则淘汰该缓存页。

在实现上，一种优化 FIFO with Second Chance 算法执行效率的方法是将队列视为一个循环列表，并维护一个迭代器，该迭代器指向下一次检查的起始位置。在需要淘汰缓存页时，如果页面的 ref 值为 true，直接将 ref 设置为 false，避免重复的出入队操作。循环列表就像时钟的刻度，迭代器就像时钟的指针，因此，这种算法也被称为 Clock 算法或时钟置换算法。

（1）如图 4-7 所示，初始状态 A、B、C、D 四个缓存页的 ref 值均为 0，时钟指针指向页面 A，所以释放页面的检查顺序将从页面 A 开始，按顺时针方向依次检查。

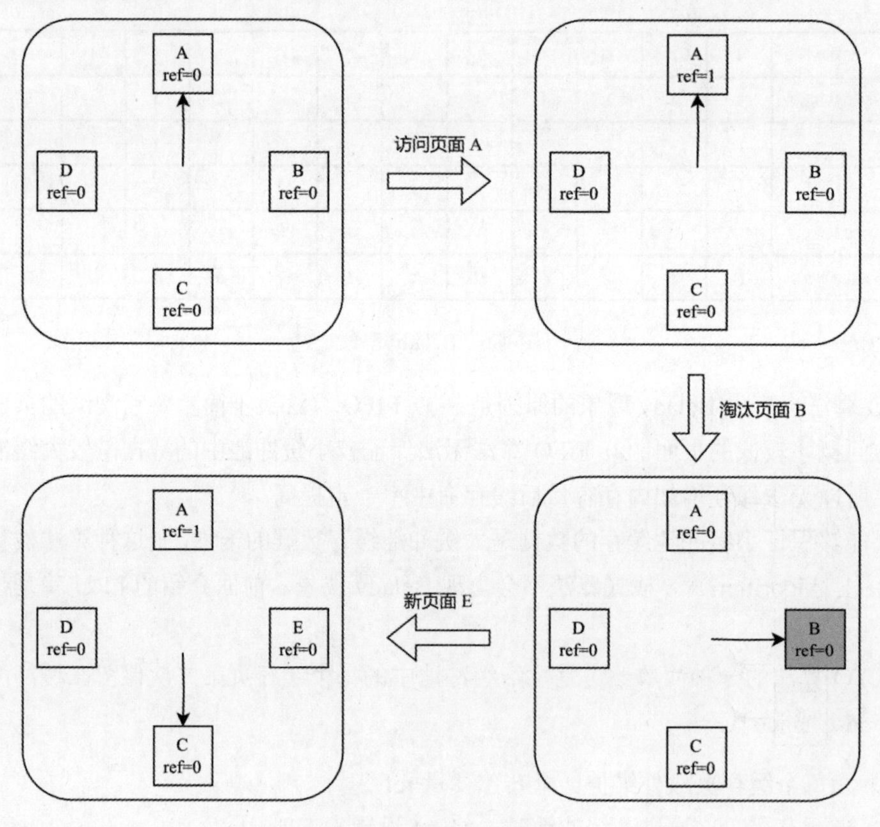

图 4-7 Clock 算法示例

（2）访问缓存页 A，将 A 的 ref 值设置为 1，时钟指针保持不变。

（3）访问页面 E，需要先释放一个页面。按照时钟指针的位置，首先检查页面 A，它的 ref 值为 1，因此将其设置为 0，然后将时钟指针前进一步，指向页面 B。检查页面 B，它的 ref 值为 0，可以释放。

（4）释放页面 B 后，时钟指针前进一步，指向页面 C。最后将新页面 E 加载到缓冲池中。

4.3.3 LFU 算法

缓存污染是指系统将不常用的数据页保存到缓冲池中，导致其他常用数据页被挤出，从而降低了缓存效率。前面介绍的 LRU、FIFO 和 Clock 算法都容易受到大数据量顺序扫描的影响，进而导致缓存污染：一个遍历大量数据的查询请求会将不常用的数据页保存到缓冲池中，导致常用数据页被挤出，进而显著降低了其他查询的缓存命中率。

解决缓存污染的问题比较直观的方法是替换访问频率最低的缓存页，这种缓存替换算法被称为 LFU（Least Frequently Used，最不常用）算法。LFU 算法的核心思想是：访问次数很少的页面，未来被访问的概率也会较低。

LFU 算法需要为每个页面维护一个访问频率的计数器，并按访问频率对缓存页进行排序。每次访问缓存页后，将缓存页的访问频率加一，并调整其位置。当缓冲池空间不足时，释放访问频率最低的缓存页。

缓冲池的初始状态如图 4-8 的（1）所示，A、B、C、D 和 E 五个页面按照访问频率从高到低排序。

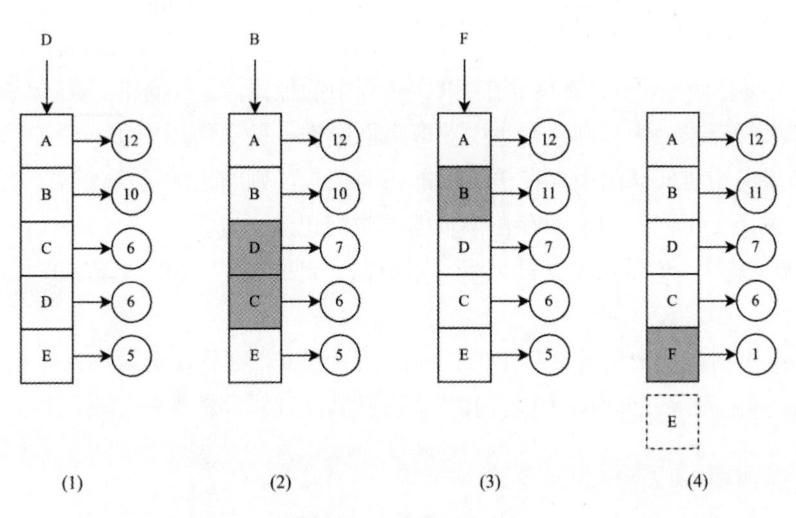

图 4-8 LFU 算法示例

页面 D 被访问后，其访问频率计数器加 1，变成 7，高于 C 的访问频率计数器，因此如图 4-8 的（2）所示，调整 C 和 D 的顺序。

如图 4-8 的（3）所示，页面 B 被访问后，访问频率计数器加 1，变成 11，但它的位置不需要调整。

最后，如图 4-8 的（4）所示，访问页面 F，由于缓冲池已满，需先淘汰访问频率最低的页面 E，然后将页面 F 加载到缓冲池中。

虽然LFU可以避免周期性或偶发性的数据遍历操作导致缓存命中率下降的问题，但LFU算法完全基于访问频率，对新加入的缓存不够友好——新缓存页面很容易被淘汰，即使后续可能会被频繁访问。同时，对于历史访问频率很高的旧缓存页面，即使将来不再被访问，也很难将它淘汰出缓冲池。

4.3.4 LRU-K 算法

LRU-K 算法是对 LRU 算法的优化，其中 K 代表最近缓存页面被访问的次数。从某种意义上讲，LRU 算法可以理解为 K 为 1 的 LRU-K 算法。引入 K 值的目的是解决缓存污染问题。LRU-K 算法的核心理念从“如果数据最近被访问过一次，那么未来被访问的概率更高”转变为“如果数据最近被访问过 K 次，那么将来被访问的概率更高”。

如图 4-9 所示，LRU-K 算法相比 LRU 算法多维护了一个历史访问队列，用于保存页面的历史访问信息（历史访问队列中的页面数据不一定缓存在内存中）。当页面在历史访问队列中的访问次数达到 K 时，才将该页面放入 LRU 缓存队列中。采用 LRU-K 算法的查询过程如下：

（1）如果缓存命中，则调整页面在 LRU 队列中的位置。这一步和 LRU 算法完全一致。

（2）如果缓存未命中，则从硬盘中获取页面数据，并更新历史访问队列。

（3）如果历史访问队列中存在该页面的访问记录，则将它的访问次数加 1。

（4）如果历史访问队列中不存在该页面的访问记录，则插入一个新的访问记录，并将访问次数初始化为 1。如果历史队列已满，则根据一定的策略（LRU、FIFO、LFU 等）淘汰页面。

（5）如果页面在历史访问队列中的访问次数达到 K，则将该页面加入 LRU 队列中，并从历史访问队列中删除。此时，如果 LRU 队列已满，则需要根据规则淘汰掉其他页面。

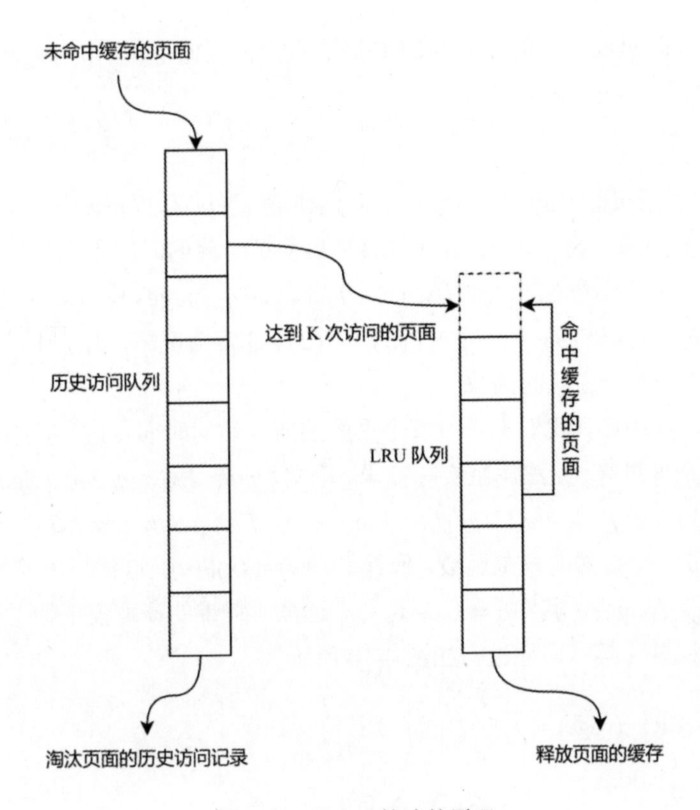

图 4-9 LRU-K 算法的原理

理论上，LRU-K 的命中率比 LRU 高，但由于需要维护一个历史队列，因此它的内存消耗也高于 LRU。在实际应用中，LRU-2 综合各方面的因素，因而通常是较优的选择，LRU-3 或更大的 K 值，虽然命中率会更高，但适应性较差，需要大量数据访问才能清除历史访问记录。

4.3.5 LRFU 算法

LRFU（Least Recently-Frequently Used）算法尝试通过结合 LRU 和 LFU 的优点来解决它们各自的缺点。与 LFU 算法类似，LRFU 算法需要为缓冲池中的每个页面维护一个访问频率计数器。但与 LFU 算法不同的是，LRFU 算法通过一个权重函数来兼顾最近访问时间（Recently）和访问频率（Frequently）这两个特性。缓冲池中的每个页面都通过权重函数计算得到一个 CRF（Combined Recency and Frequency）值，表示页面在未来被继续访问的可能性。同时，该算法维护一个以 CRF 值排序的最小堆，根结点具有最小的 CRF 值。在需要替换页面时，选择 CRF 值最小的页面（即堆的根结点）进行替换，随后根据 CRF 值重新排序新插入的页面。计算页面在时间点 t 的 CRF 值的理论模型如下：

$$CRE_{t_k}(page) = \sum_{i=1}^{k} F(t_k - t_i)$$

$CRF_{t_k}(page)$表示页面 page 在时间点 t_k 的 CRF 值。F(x)是权重函数，x 是过去每次访问页面与当前时间的间隔。因此，{t_1, t_2,⋯, t_k}是页面被访问的时间点。例如，当前时间点是 10，页面在过去的时间点 1、2、5、8 被访问过。因此，$CRF_{10}(page) = F(10-1) + F(10-2) + F(10-5) + F(10-8) = F(9) + F(8) + F(5) + F(2)$。通常情况下，为了让最近访问的页面权重较高，F(x)是一个单调递减的函数。

然而，在实际应用中，我们无法对每个页面的所有访问时间点进行记录，因为这样会导致空间和时间复杂度过高，无法满足实际需求。论文 *On the Existence of a Spectrum of Policies that Subsumes the Least Recently Used (LRU) and Least Frequently Used (LFU) Policies* 中提出了解决方案：选取一个特殊的权重函数，使得 F(x+y)=F(x)F(y)，这样可以使得$CRF_{t_k}(page) = F(0) + F(\delta)CRF_{t_{k-1}}(page)$，其中$\delta = t_k - t_{k-1}$。这样，权重的计算仅依赖上一个访问页面的时间点和当时的权重。具体推导过程如图 4-10 所示。

$$\begin{aligned}
CRF_{t_k}(page) &= \sum_{i=1}^{k} F(t_k - t_i) \\
&= F(t_k - t_k) + \sum_{i=1}^{k-1} F(t_k - t_i) \\
&= F(0) + \sum_{i=1}^{k-1} F(t_k - t_i) \\
&= F(0) + \sum_{i=1}^{k-1} F(\delta + t_{k-1} - t_i),\text{其中}\delta = t_k - t_{k-1} \\
&= F(0) + \sum_{i=1}^{k-1} F(\delta)F(t_{k-1} - t_i),\text{因为}F(x+y) = F(x)F(y) \\
&= F(0) + F(\delta)\sum_{i=1}^{k-1} F(t_{k-1} - t_i) \\
&= F(0) + F(\delta)CRF_{t_{k-1}}(page)
\end{aligned}$$

图 4-10　简化 LRFU 算法的权重计算的推导过程

函数$F(x) = (\frac{1}{p})^{\lambda x}, p \geqslant 2$，刚好满足 F(x+y)=F(x)F(y)的要求，因此 LRFU 算法可以选择它作为权重函数。参数 λ 是一个可调参数。在极端情况下，当 λ 为 0 时，LRFU 算法的表现和 LFU 算法一致；当 λ 为 1 时，LRFU 算法的表现和 LRU 算法一致。

4.3.6 LIRS 算法

LIRS（Low Inter-Reference Recency Set，低访问间距最近使用集合）算法继承了 LRU 算法根据时间近期性 R（Recency）来预测页面的冷热特性，并引入了 IRR（Inter-Reference Recency，访问间距最近使用）以提高对冷热数据的预测准确性，避免缓存污染。R 和 IRR 是 LIRS 算法用来衡量页面冷热的重要指标，其含义如下。

- R：一个页面最近一次访问的当前时间内，访问其他页面的非重复个数。
- IRR：最近连续访问同一个页面之间，访问其他页面的非重复个数。可以看出，IRR 的值等于最近一次访问页面之前的 R 值。

如图 4-11 所示，页面 1 在最近连续两次访问之间访问了页面<2，3，4，3>，共有三个不同页面，因此它的 IRR 值为 3，即最近一次访问页面 1 之前，页面 1 的 R 值为 3。而最近一次访问页面 1 到当前时间之间访问了页面<5，6，5>，共有两个不同页面，因此 R 值为 2。

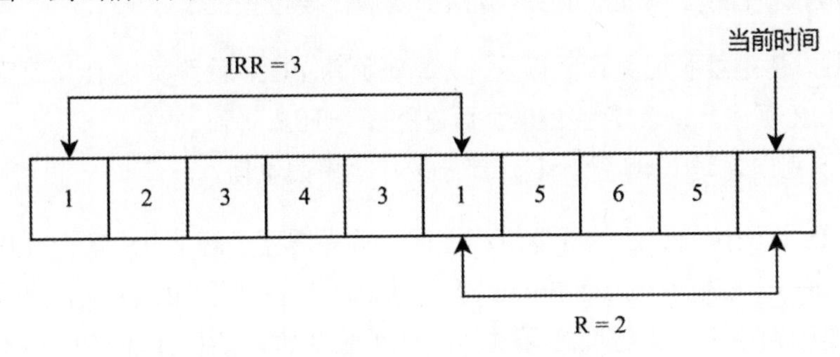

图 4-11 LIRS 算法的 R 值和 IRR 值

IRR 实际上代表的是页面被重复访问的间隔。LIRS 算法的基本思想是：保留低 IRR 的页面，淘汰高 IRR 的页面。根据 IRR 的大小，LIRS 算法将所有页面分成 LIR 和 HIR 两个集合。

- LIR（Low IRR）页面集合：具有低 IRR 的页面集合。IRR 低说明某段时间内的访问频次高，可以简单理解为“热数据”。如图 4-12 所示，LIR 集合的页面都驻留在缓冲池中，这部分缓冲池被称为 L_{lirs}。
- HIR（High IRR）页面集合：具有较高 IRR 的页面集合。和 LIR 相反，可以简单理解为“冷数据”。如图 4-12 所示，HIR 集合的主要作用是记录页面访问的一些历史信息，其中的页面可能不在缓冲池中，保存 HIR 集合的页面的这部分缓冲池被称为 L_{hirs}。通常情况下，L_{lirs} 要远大于 L_{hirs}。

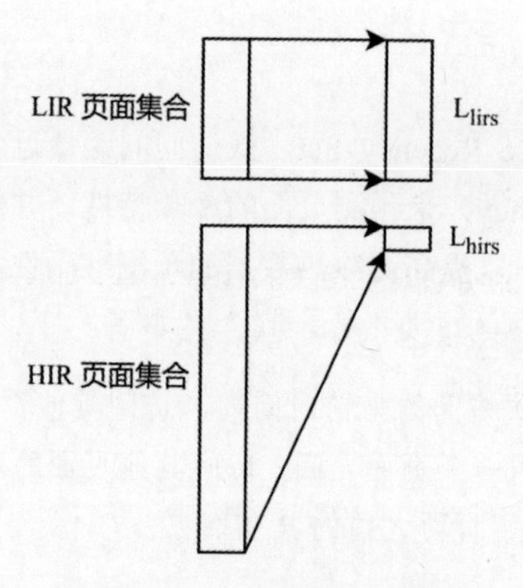

图 4-12　LIR 和 HIR 页面集合

简单来说，L_{hirs} 这部分缓冲池采用 LRU 算法进行维护，L_{lirs} 这部分缓冲池则根据 IRR 来决定页面是否应该被替换。因此，LIRS 算法的实现需要维护：

- IRR 栈，用于维护历史访问记录，计算页面的 IRR，最终决定 HIR 页面是否应该升级为 LIR 页面，以及哪些 LIR 页面应降级为 HIR 页面。
- LRU 队列：通过 LRU 维护 L_{hirs} 部分缓冲池中的页面。

在介绍 LIRS 算法访问页面的具体流程之前，首先需要了解 LIRS 算法为 IRR 栈定义的一个特殊操作——栈底裁剪（Stack Pruning）：从栈底开始删除 HIR 页面，直到栈底是一个 LIR 页面。这是因为距离栈底越近的页面，它的 R 值越大，所以在栈底的 LIR 页面之下的 HIR 页面完全没有机会变成 LIR 页面，此时可以将这些 HIR 页面裁剪掉，保持栈底始终是当前 R 值最大的 LIR 页面，从而简化 HIR 页面升级为 LIR 页面的操作。

LIRS 算法访问页面的具体流程如下：

（1）访问 LIR 页面：如果访问的是 LIR 页面，则该页面一定在 L_{lirs} 缓冲池中，将该页面移动到 IRR 栈顶。如果该页面此前位于栈底，则需执行栈底裁剪操作。

（2）访问 HIR 页面：

- 如果该页面不在 L_{hirs} 缓冲池中，则从 L_{hirs} 的 LRU 队列中替换一个页面。
- 如果该页面不在 IRR 栈中，则将其压入 IRR 栈顶。
- 如果该页面在 IRR 栈中，将其标记为 LIR 并移动到 IRR 栈顶，同时从 LRU 队列中删除该页面。接着，将 IRR 栈底的 LIR 页面标记为 HIR，并移入 LRU 队列中，再进行栈底裁剪。

如果访问的页面不在 IRR 栈中：

- 如果缓冲池的 L_{lirs} 部分尚未满，则将该页面标记为 LIR，并将它压入 IRR 栈顶。
- 否则，将它标记成 HIR 页面，并按照上述访问 HIR 页面的流程进行处理。

下面通过一个具体示例来说明 LIRS 算法的执行流程，如图 4-13 所示。假设现有 A、B、C、D 和 E 五个页面，缓冲池的大小为 3，其中 L_{lirs}=2、L_{hirs}=1。页面的访问顺序为 A、D、B、C、B、A、D、A、E。

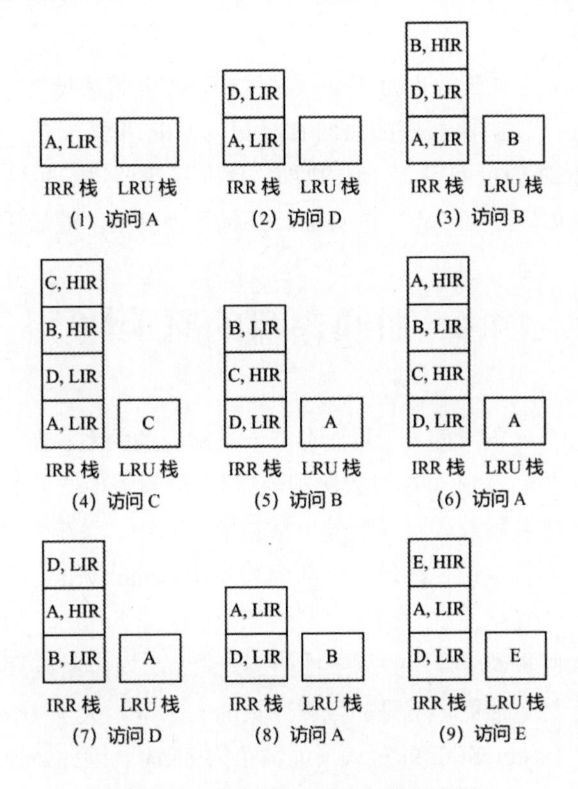

图 4-13 LIRS 算法的执行流程示例

具体情况如下：

第（1）步和第（2）步，由于 L_{lirs} 缓冲池尚未未满，直接将页面 A 和页面 D 标记为 LIR 并压入 IRR 栈。

第（3）步，由于 L_{lirs} 缓冲池已满，将页面 B 加载到 L_{hirs} 缓冲池，并将页面 B 标记为 HIR，然后压入 IRR 栈。

第（4）步，L_{lirs} 和 L_{hirs} 缓冲池都已满，因此替换 L_{hirs} 中的页面，将页面 C 标记为 HIR，

并压入 IRR 栈。

第（5）步，页面 B 是 HIR 页面且不在缓冲池中，因此替换掉 L_{hirs} 中的页面，将页面 B 标记为 LIR 并移至 IRR 栈顶。将栈底的页面 A 标记为 HIR 并移动到 L_{hris} 的 LRU 栈中，并修剪栈底（移除页面 A 后，栈底的页面 D 是 LIR 页面，所以不需要修剪）。

第（6）步，页面 A 恰好命中 L_{hirs} 的 LRU 缓冲池，且页面 A 不在 IRR 栈中，因此将它标记为 HIR 并压入 IRR 栈。

第（7）步，页面 D 是 LIR 页面，将其移动到栈顶，并修剪栈底（删除栈底的 HIR 页面 C）。

第（8）步，页面 A 是 HIR 页面且不在缓冲池中，因此替换掉 L_{hirs} 中的页面，将页面 A 标记为 LIR 并移至 IRR 栈顶。将栈底的页面 B 标记为 HIR 并移入 L_{hirs} 的 LRU 栈，并修剪栈底（移除页面 B 后，栈底的页面 D 是 LIR 页面，因此不需要进一步修剪）。

第（9）步，页面 E 替换掉 L_{hirs} 中的页面，并标记为 HIR，随后压入 IRR 栈。

4.4 脏页落盘的原子性

缓冲池的页面和硬盘上的（部分）页面存在一一对应的关系。当对缓冲池中的数据页进行更新后，页面会变成脏页。在脏页被持久化到硬盘时，会覆盖掉原来的数据（即原地更新）。想象这样一个场景：在脏页写入硬盘并覆盖旧数据的过程中，系统突然宕机，此时脏页可能只写入了一部分数据，也就是说，出现了“部分写入（Partial Write）”的问题。重启后，数据会出现异常吗？

“部分写入”其实脏页“落盘”的原子性问题。通常，操作系统只能保证每次写入 4KB 大小的页面时具有原子性。然而，常见的数据库页面大小基本大于 4KB，比如 MySQL 的默认页面大小为 16KB[1]；PostgreSQL 的默认页面大小为 8KB[2]。因此，直接将脏页写入硬盘无法保证脏页落盘的原子性。如果发生意外宕机，页面可能会出现部分新数据和部分旧数据的情况。注：“落盘”是指将数据从内存写入硬盘或其他持久存储介质的过程。通常，“落盘”用于描述将内存中的“脏页”（即被修改但尚未写入磁盘的内存页）同步到磁盘的操作。

---

[1] https://dev.mysql.com/doc/refman/8.0/en/innodb-parameters.html#sysvar_innodb_page_size

[2] https://www.postgresql.org/docs/current/runtime-config-preset.html#GUC-BLOCK-SIZE

4.4.1 MySQL 的双写机制

为了解决“部分写入”的问题，MySQL 引入了双写（Double Write）机制。在进行批量刷脏页时，MySQL 首先将要落盘的脏页批量写入内存中的双写缓冲区，再将双写缓冲区中的数据一次性写入系统表空间的指定位置。在双写缓冲区写入成功后，才开始将对应的脏页落盘。

如果在双写缓冲区落盘的过程中发生宕机，此时没有相关的脏页正在写盘，因此不会出现数据不一致的问题。如果在脏页写盘过程中发生宕机，双写缓冲区中的这些脏页已完整写入，只需通过数据校验发现数据异常的页面，并从双写缓冲区中找到一个完整且正确的页面副本进行覆盖。

虽然 MySQL 的脏页落盘需要写两次，但是双写机制并不会导致两倍的 I/O 开销。因为双写缓冲区的默认大小为 2MB，通常对应硬盘上共享表空间中连续的 128 个页。批量写入这 128 个页面的开销，均摊到 128 个脏页的离散随机落盘的开销中，因此占比相对较小。

4.4.2 PostgreSQL 的整页写入机制

PostgreSQL 解决“部分写入”问题的机制被称为“整页写入（Full Page Write）”。什么是整页写入呢？简而言之，整页写入是指的是，PostgreSQL 在检查点（Checkpoint）之后对页面第一次写时会将整个页面写入日志中。当发生宕机重启时，系统通过数据校验发现被部分写入的页面，并用日志中保存的完整页面覆盖当前的异常页面，然后继续重放日志以恢复整个数据库的状态。换个角度来看，整页写入其实是另一种形式的双写，只不过写入的时机和位置有所不同。

4.5 优 化

一个高效的缓冲池能够显著提升数据库系统的响应速度与整体性能。因此，在确保基本功能完善的同时，对缓冲池进行深度优化显得尤为关键。总体而言，缓冲池的优化策略需要全面权衡数据库系统的独特特性、访问模式、硬件配置以及业务需求等多重因素。本节将着重探讨几个较为通用的缓冲池优化设计方案，以期为提升数据库系统的性能提供有力支撑。

4.5.1 多缓冲池优化

如果全局共享一个缓冲池，那么该缓冲池极有可能成为锁争用的热点，从而制约在多核环境下的扩展性能。为缓解这一问题，可采取一种简便的策略：引入多个缓冲池。具体实施方式包括：

- 按照页面 ID 将页面均匀地分布在多个缓冲池中。
- 为一组相关联的表配置专属的缓冲池。

尽管多缓冲池机制能够有效减少锁争用现象，但也衍生出了其他挑战，如多个缓冲池间的内存分配比例协调、数据倾斜问题等。因此，在实施过程中需要全面考虑，以确保系统整体性能的优化。

4.5.2 预读取

缓冲池可以根据当前的数据读取模式（例如全表扫描）预测查询即将访问的页面，并预先将这些页面加载到缓冲池内，从而减少后续读取过程中的 I/O 等待时间。为了实现更为精准的预读取，可以让缓冲池深入感知执行计划的具体需求，但这样做会增加模块之间的耦合度。因此，在追求预读取效率与系统复杂度之间，需权衡好利弊。

4.5.3 缓冲池旁路

在 4.3 节，我们深入探讨了多种缓存替换算法，其中不少改进措施旨在规避大范围查询引发的缓存污染问题，尽管这些改进措施在一定程度上增加了系统开销。如果缓冲池能够预先识别出大范围查询，理论上可以选择性地不将这些查询读取的页面纳入缓冲池，从而有效降低因处理缓存污染而产生的额外开销。

4.5.4 隔离缓存污染

在前面我们探讨缓存替换算法时，主要从全局视角出发：一个查询可能会替换掉其他查询的缓存页面，进而污染整个缓冲池。为了最大限度地降低每个查询对缓冲池的污染影响，在进行缓存替换时，可以优先考虑选择同一查询的缓存页面进行替换。当然，这一策略的实施要求数据库系统能够追踪并记录每个查询所访问的页面，这无疑会带来额外的系统开销。

4.5.5 扫描共享

扫描共享（Scan Sharing）的核心原理是：当多个并发查询需读取同一页面时，它们可以共享一次读取操作的结果，从而避免重复读取，提升效率。严格来说，扫描共享属于一种针对多并发表扫描场景的优化技术，与缓冲池并无直接关联。尽管如此，扫描共享在提升查询性能方面发挥着重要作用，特别是在并发表扫描的环境下，它的优势更加明显。

第5章

索引结构：哈希表

思考一下，数据库系统要如何实现下面这个简单的查询：

```
SELECT * FROM t WHERE a = 10;
```

一种比较直接的实现方式是：每次查询时遍历整个表t，找出列a的值为10的记录。这种实现的查询时间复杂度是O(n)，在性能上显然无法接受。另一种思路是在列a上创建索引，索引能够加速对一个或多个列中特定值的查询。具体来说，索引是这样一种数据结构：它以一个或多个字段的值为输入，并能快速找出具有该值的记录。索引使得数据库系统只需查看所有可能记录中的一小部分就能找到所需的记录，而代价是需要额外的写操作来维护索引信息，同时索引也会占用一些存储空间。

建立索引的字段称为索引键或查找键，简称键（Key）。索引结构大多可以视为键值（Key-Value）模型的数据结构，其核心是如何根据键高效地组织数据或对数据进行排序。因此，为了方便，通常用键来表示对应的键值对。常见的索引数据结构包括哈希表、B树和LSM树等。本章将主要介绍哈希表的设计与实现原理，后续章节会介绍B树和LSM树等其他类型的索引结构。

5.1 基本原理

哈希表（Hash Table或Hash Map）也叫散列表，是一种非常常用的数据结构，主流编程语言的标准库都提供了哈希表的实现，例如 C++的 unordered_map[1]/unordered_set[2]和 Go 的 map[3]。

如图 5-1 所示，哈希表的核心是哈希函数 h 和一个长度为 N 的桶数组 buckets。哈希函数以键为参数，计算出一个[0, N)之间的整数。这个整数就是桶数组的一个下标，对应的桶就是哈希表保存对应键值对的地方。

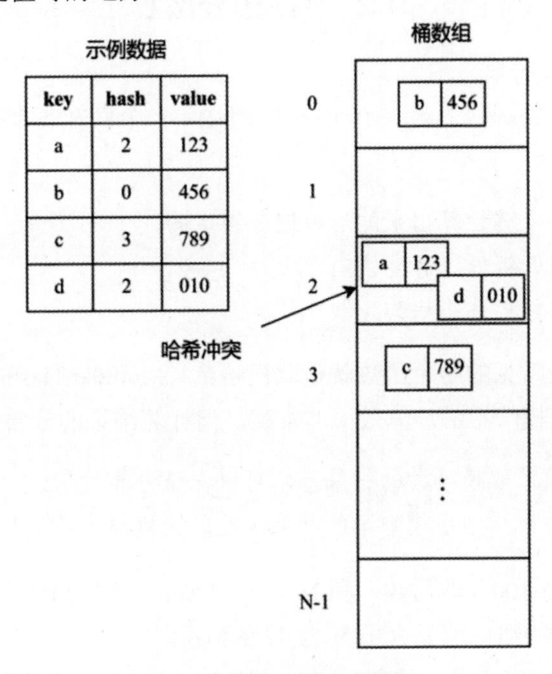

图 5-1　哈希表的基本原理

最理想的情况是，不同的键被哈希函数映射到不同的数组下标。即对于任意两个不同的键 k1 和 k2，h(k1)!=h(k2)，这种情况被称为完美哈希（Perfect Hashing）。然而，对于动态数据，很难做到完美哈希。

当两个不同的键通过哈希函数被映射到同一个数组下标时，这种情况被称为哈希冲突（Hash Collision）。在图 5-1 中，a 和 d 都被映射到下标为 2 的桶，因此发生了哈希冲突。哈希冲突的处理是哈希表设计的一个重点，常见的处理方法有：链接法（Chaining）和开放寻址法（Open Addressing）。

---

1 https://en.cppreference.com/w/cpp/container/unordered_map

2 https://en.cppreference.com/w/cpp/container/unordered_set

3 https://go.dev/blog/maps

随着数据不断插入，哈希表中的数据会越来越多，发生哈希冲突的概率也会越来越高，导致哈希表的性能下降，这时，需要对哈希表进行扩容。反之，如果数据不断被删除，哈希表中的数据会越来越少，为了节省内存，需要对哈希表进行缩容。

5.2 哈希函数

哈希函数的作用是将键映射为一个桶数组的下标。一个良好的哈希函数需要满足以下三个基本要求。

- 一致性：同一个键计算出来的哈希值是固定的。
- 高效性：计算开销低、速度快。
- 均匀性：计算结果分布均匀。

如果键是整数，最常见的哈希函数就是取模哈希（Modular Hashing）：key % N，其中N是桶数组的长度。取模哈希的计算效率非常高，但计算结果的分布情况较为依赖N的值：

- 如果N是质数，取模哈希的结果基本可以保证分布均匀。
- 如果N不是质数，则取模哈希的结果往往较大概率分布不均匀。

图5-2展示了N为100（非质数）和N为97（质数）时的取模哈希值的比较，可以看出，N为100的哈希冲突概率明显大于N为97的情况。

key	510	423	650	317	907	507	304	772	857	501	900	606	701	418	601
hash(N=100)	10	23	50	17	7	7	4	72	57	1	0	6	1	18	1
hash(N=97)	25	35	68	26	34	22	13	93	81	16	27	24	22	30	19

图5-2 取模哈希比较

如果键是字符串，最常见的做法是先使用通用哈希函数，如CRC32[1]、MurmurHash[2]、CityHash[3]、FarmHash[4]、XXHash[5]，对键进行一次哈希，得到一个整数，再进行取模哈希。

[1] https://en.wikipedia.org/wiki/Cyclic_redundancy_check

[2] https://en.wikipedia.org/wiki/MurmurHash

[3] https://opensource.googleblog.com/2011/04/introducing-cityhash.html

[4] https://opensource.googleblog.com/2014/03/introducing-farmhash.html

[5] https://cyan4973.github.io/xxHash/

5.3 链 接 法

如图 5-3 所示，在链接法中，哈希表把映射到同一个桶的所有记录保存在一个链表中。查找时，首先通过哈希函数计算得到下标，定位到相应的链表，然后遍历链表，以找到目标记录。链接法处理冲突简单，且不存在聚集现象（即哈希值不同的键绝不会发生冲突），可以实现较大的负载因子（Load Factor）。然而，链接法也有两个天然的缺点：

（1）需要存储大量指针，导致较大的内存开销。

（2）遍历链表时需要多次随机存取内存，导致对 CPU 缓存不友好。

示例数据

key	hash	value
a	2	123
b	3	456
c	4	789
d	0	010
f	2	987

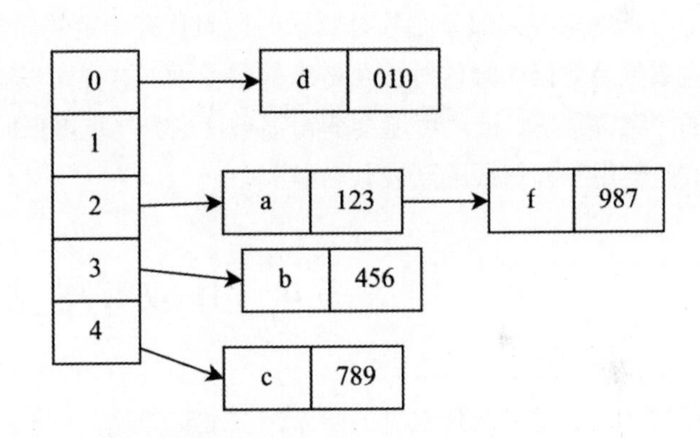

图 5-3　链接法解决哈希冲突

如图 5-4 所示，为了优化链接法对 CPU 缓存不友好的问题，一种简单的做法是在桶数组内联一个键值对。如果哈希表的冲突概率较低，大部分桶都最多保存一个键值对，那么就不需要遍历链表。

示例数据

key	hash	value
a	2	123
b	3	456
c	4	789
d	0	010
f	2	987

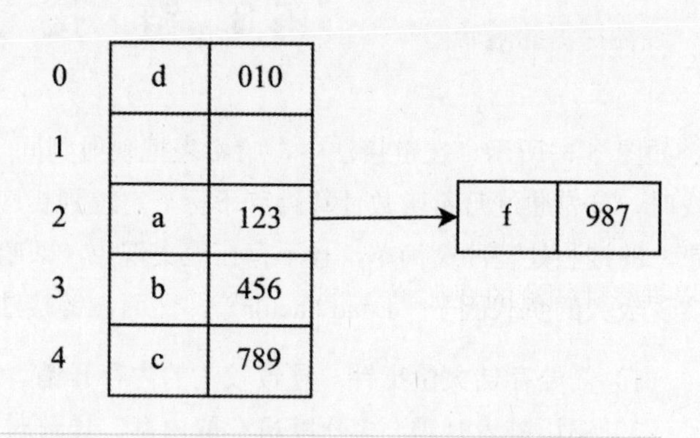

图 5-4　链接法内联一个键值对

考虑到现实中大部分业务对数据的访问具有一定的局部性，还可以将链表中最近访问的键值对或频繁访问的键值对移至链表的最前面，这样可以减少对链表的遍历。最后，如果某个桶的冲突键很多，链表可能会变得很长，这会严重降低哈希表的查询性能。一种常见的优化方式是使用平衡树或跳跃表代替链表。

5.4　开放寻址法

开放寻址法是另一种常见的哈希冲突处理策略。不同于将记录分离存储在链表中的链接法，开放寻址法将记录直接存储在桶数组中，通过多次探测来解决冲突问题：

- 在使用开放寻址法的哈希表中，每个桶的状态有三种可能：空闲、占用和删除。
- 插入记录时，从哈希函数映射得到的下标开始检查桶的状态。如果桶已被占用，则根据某种策略继续探测，直到找到一个未被占用（空闲或已标记为删除）的桶。
- 查找记录时，按照同样的探测顺序进行查找，直到找到目标记录或遇到一个空闲的桶（此时说明记录不存在）。
- 删除记录时，找到对应的桶后，将它的状态标记为删除。

开放寻址法的关键在于解决冲突的探测策略。常见的基础探测策略包括：线性探测（Linear Probing）、二次探测（Quadratic Probing）和双重哈希（Double Hashing）三种。

5.4.1 线性探测

线性探测的哈希函数为：$h(key, i) = (hash(key) + i)\%N$。其中，hash(key)是一个通用哈希函数，将 key 映射成一个正整数；i≥0，表示第 i 次探测。首先探测 h(key, 0)，即由通用哈希函数给定的桶。如果该桶被占用，则继续探测 h(key, 1)、h(key, 2)等，以此类推。

图 5-5 展示了在插入数据时，采用线性探测法解决哈希冲突的一个例子。首先插入 d 和 z，对应的桶 0 和桶 2 都未被占用，直接插入即可。插入 p 时，对应的桶 2 已被 z 占用，所以根据线性探测的规则，探测桶 3，发现桶 3 未被占用，插入成功。插入 w，对应的桶 1 未被占用，直接插入。插入 t，对应的桶 1 已被 w 占用，根据规则继续探测桶 2 和桶 3，最终发现桶 4 未被占用，将 t 插入桶 4。

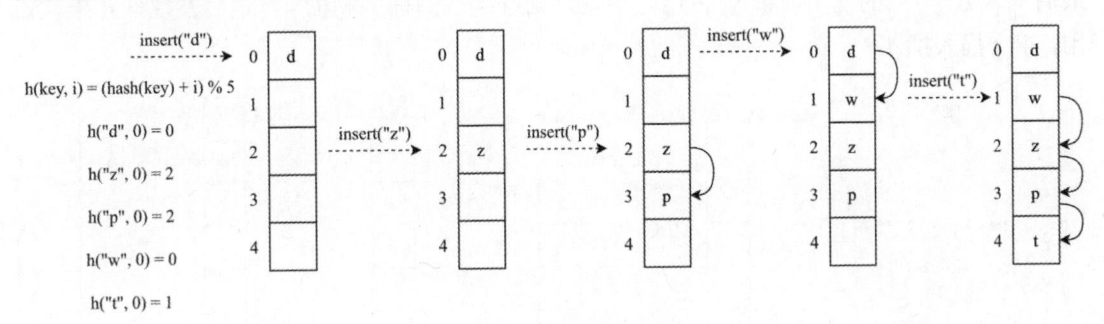

图 5-5 线性探测法示例

线性探测法会优先探测相邻的桶，具有良好的局部性，对 CPU 缓存较友好。因此，在负载因子较低且冲突较少时，线性探测法表现出较好的性能。然而，它也存在一个问题，被称为一次聚集（Primary Clustering）：冲突发生时，处理冲突的操作会占用下一个位置。如果冲突较多，就会出现数据都聚集在一块区域的现象。这样，任何键都需要多次探测才能解决冲突。在负载因子较高时，这种现象出现的概率就很高，最终导致哈希表的性能急剧下降。

5.4.2 二次探测

二次探测是防止一次聚集产生的一种尝试，基本思想是探测相隔较远的桶，而不是相邻的桶。二次探测的哈希函数为：$h(key, i) = (hash(key) + c * i + d * i^2)\%N$。其中，c 和 d 都是常数。在避免聚集的问题上，二次探测的效果要比线性探测好得多。但是，为了能够充分利用哈希表，c、d 和 N 的值都受到一些限制。

对于 N 为 2 的幂的情况，c=d=1/2 是一个很好的选择。在这种情况，可以保证当 0≤i<N 时，h(key,i)的值都是不相等的，哈希函数能够探测到哈希表中的每一个桶。

如果 N 是大于 2 的质数，c=d=1/2、c=d=1、c=0 且 d=1 都可以保证当 $0 \leqslant i \leqslant (N-1)/2$ 时，h(key,i)的值不相等。这种情况下，哈希函数可以探测到哈希表一半的桶。在最坏的情况下，如果负载因子大于或等于 1/2，可能探测不到空闲的桶，导致插入失败。

此外，如果两个键的初始探测位置相同，那么它们的探测序列也会相同。这一性质可导致一种轻度的聚集现象，被称为二次聚集（Secondary Clustering）。

图 5-6 是一个插入数据时采用二次探测法（N=8，c=d=1/2）解决哈希冲突的例子。首先插入 d 和 z，它们分别对应的桶 0 和桶 2 都未被占用，因此直接插入即可。接着插入 p，对应的桶 2 已被 z 占用，因此根据二次探测的规则，探测桶 3，桶 3 未被占用，可以插入。再插入 w，对应的桶 0 已被 d 占用，根据二次探测规则，探测桶 1，桶 1 未被占用，插入成功。最后插入 t，对应的桶 1 已被 w 占用，根据规则继续探测桶 2 和桶 4，最后发现桶 4 未被占用，将 t 插入桶 4。

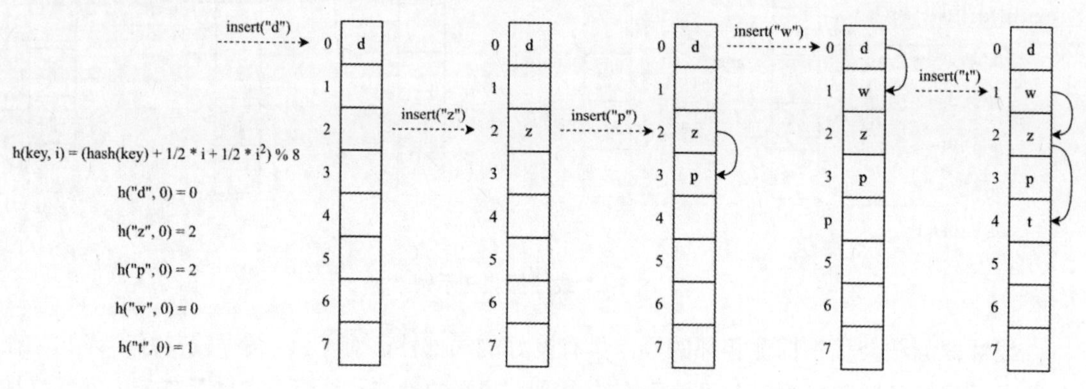

图 5-6 二次探测法示例

5.4.3 双重哈希

双重哈希，顾名思义，需要两个通用的哈希函数进行组合。双重哈希的哈希函数为：$h(key, i) = (hash_1(key) + i * hash_2(key))\%N$。其中，初始探测位置由第一个哈希函数 $hash_1$ 给定，后续的探查位置则是在前一个位置的基础上加上第二个哈希函数 $hash_2$ 给定的偏移量。因此，不像线性探测和二次探测，双重哈希的探测序列以两种不同方式依赖于键。因此，初始探查位置和探测的偏移量都与键有关，从而能够尽可能地避免发生聚集现象。

为了确保能够查找整个哈希表，$hash_2(key)$的值必须与 N 互质。对于 N 为 2 的幂的情况，我们可以设计一个总是产生奇数的 $hash_2$，以确保 $hash_2(key)$和 N 互质。如果 N 为质数，则可以设计一个总是返回比 N 小的正整数的 $hash_2$，即可保证 $hash_2(key)$和 N 互质。

5.4.4　删除操作

使用开放寻址法的哈希表在删除记录时，只能通过将对应的桶标记为“删除”状态来进行删除，而不能直接将桶标记为“空闲”状态。下面我们分析一下原因。

如图 5-7 所示，灰色的位置表示桶中已有记录。首先，插入 a，根据探测策略（图中的箭头方向）找到合适的桶进行插入。接着，删除 f（不是直接删除），对应的桶变成空闲状态。查找 a 时，根据探测策略，先找到原先保存 f 的空闲位置。由于该桶被标记为空闲状态，查询算法会错误地认为 a 不存在，返回一个报错信息。

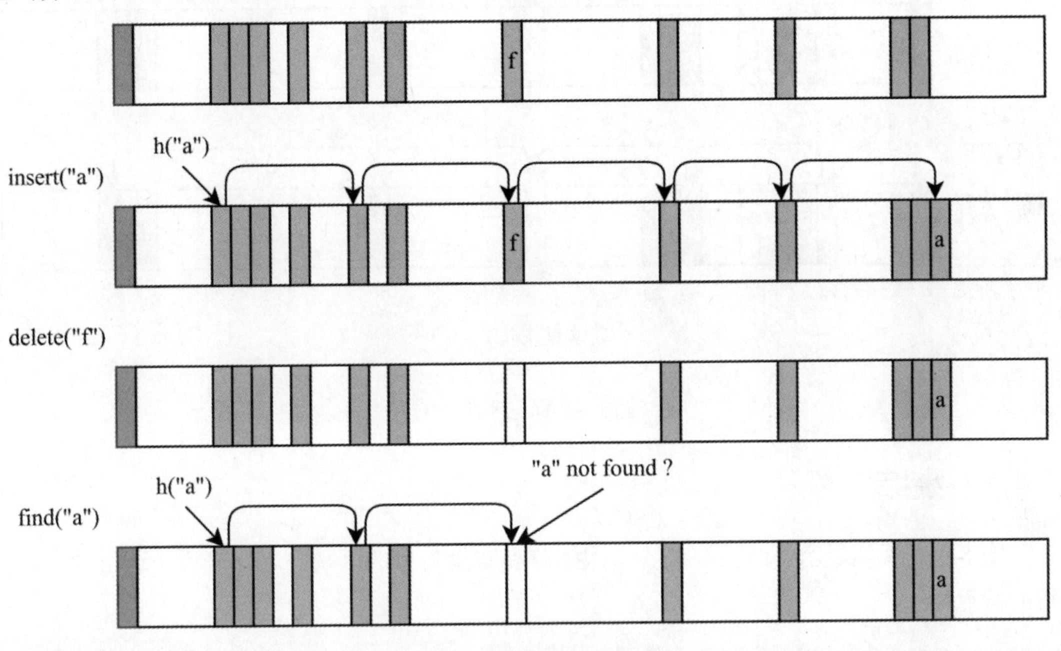

图 5-7　直接删除示例

如图 5-8 所示，在删除 f 时，不是直接删除，而是打上一个删除标记（图中用 D 标识）。查找 a 时，根据探测策略会先找到 f 的删除标记。此时，需要继续往下探测，最终找到了 a。这种情况下，如果查找过程中遇到一个空闲的桶，就可以判断查找的键不存在。

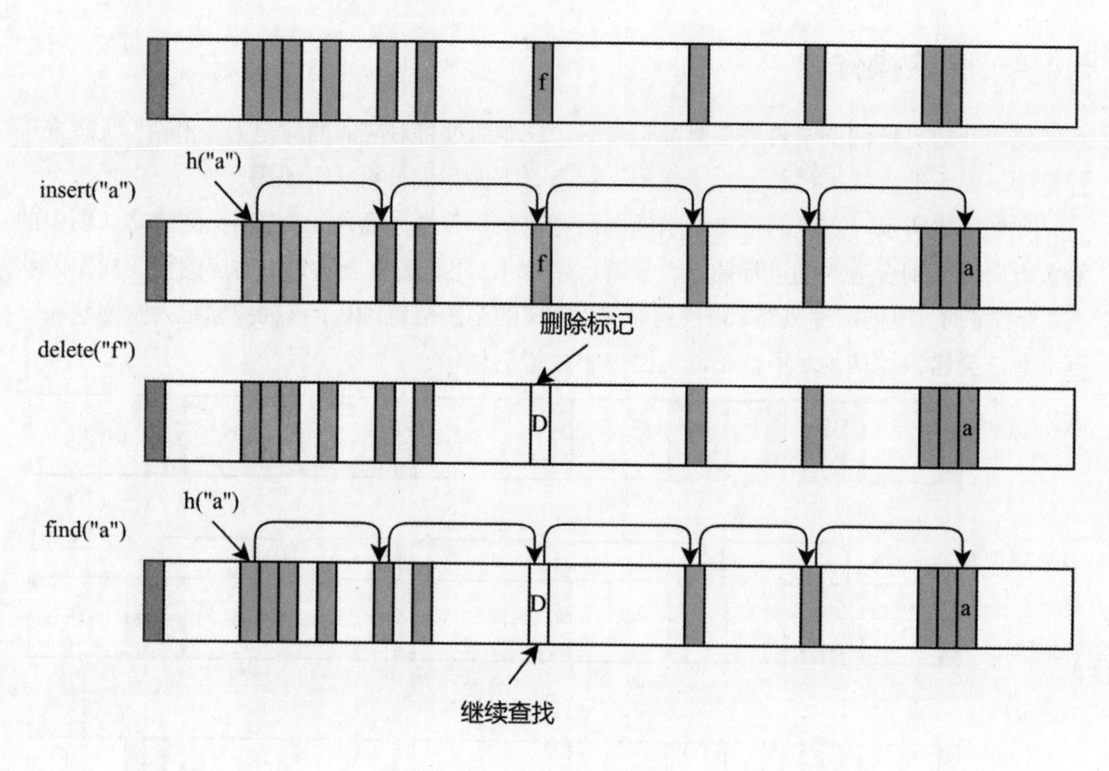

图 5-8　标记删除示例

5.4.5　小结

图 5-9 直观地展示了线性探测、二次探测和双重哈希的区别。总体来说，这三种探测策略的特点如下：

- 线性探测：对 CPU 缓存最友好，理论上性能最高，且较常用。然而，线性探测可能带来较为严重的冲突聚集，随着负载因子的上升，它的性能会急剧下降。
- 二次：通过改变探测位置的间隔来尝试避免冲突聚集。但是，对于哈希值相同的不同键，二次聚集的问题依然无法避免。
- 双重哈希：在这三种探测策略中，双重哈希具有随机性最好的探测策略。

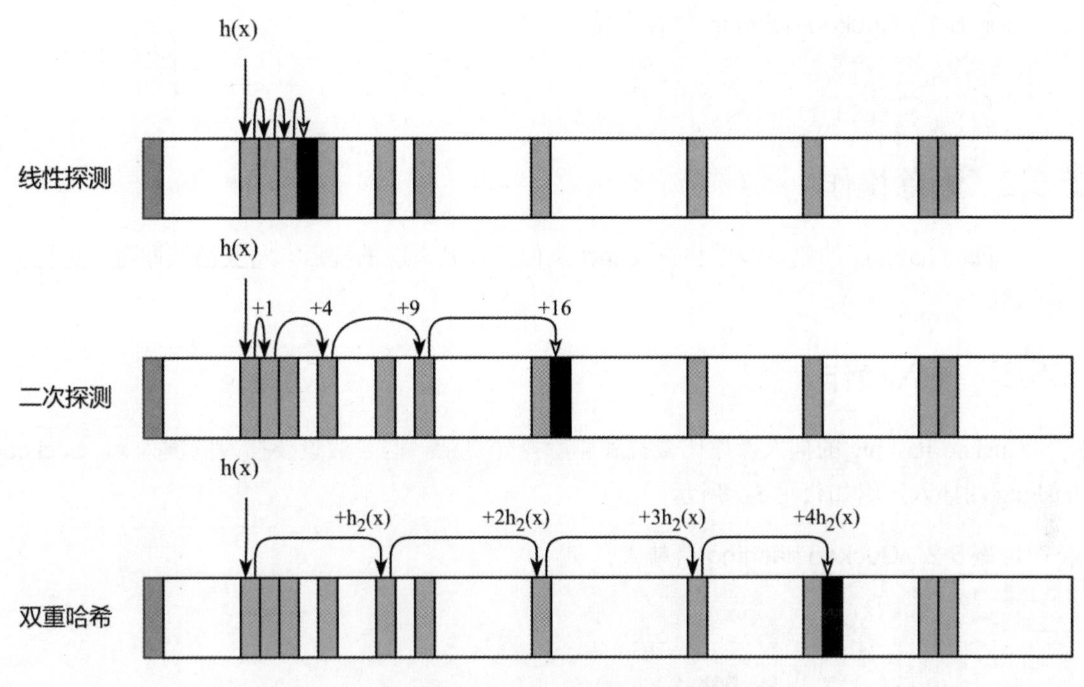

图 5-9 线性探测、二次探测和双重哈希的直观对比

5.5 Cuckoo Hashing

Cuckoo hashing（布谷鸟哈希或杜鹃哈希）是一种基于开放寻址法处理冲突的哈希方法。相比线性探测、二次探测和双重哈希，Cuckoo hashing 的特点是插入数据时，不只是对哈希到的桶进行探测，还会在发生哈希冲突时，对桶中现有数据的位置进行调整。Cuckoo hashing 最早由 Rasmus Pagh 和 Flemming Friche Rodler 在 2001 年的一次会议上提出[1]。

5.5.1 查找操作

Cuckoo hashing 的基本原理是：维护两个桶数组 T_1 和 T_2，以及两个对应的哈希函数 h_1 和 h_2。对于哈希表中的任意键，它要么保存在 $T_1[h_1(key)]$中，要么保存在 $T_2[h_2(key)]$中。因此，每次查找最多需要两次探测，最差情况下的时间复杂度为 O(1)。假设要查找的键为 x，Cuckoo hashing 的查找逻辑如代码 5-1 所示。

[1] https://www.itu.dk/people/pagh/papers/cuckoo-jour.pdf

代码 5-1 Cuckoo hashing 的查找操作

```
1   Lookup(x):
2       return T1[h1(x)] == x ∨ T2[h2(x)] == x
```

5.5.2 删除操作

Cuckoo hashing 的删除操作和查找操作类似。找到对应的桶后，将其清空即可，此处不再赘述。

5.5.3 插入操作

Cuckoo hashing 的插入操作比查找和删除操作复杂一些。假设要插入的键为 x，Cuckoo hashing 的插入逻辑如代码 5-2 所示。

代码 5-2 Cuckoo hashing 的插入逻辑

```
1   Insert(x):
2       if Lookup(x) then return
3       for i = 0 to Max do
4           Swap(x, T1[h1(x)])
5       if x is empty then return
6       Swap(x, T2[h2(x)])
7       if x is empty then return
8   Rehash(T1, T2)
9   Insert(x)
```

为了保证键 x 要么保存在 $T_1[h_1(x)]$中，要么保存在 $T_2[h_2(x)]$中，Cuckoo hashing 的插入操作通过不断地“踢出”来解决冲突：将保存在 T_1 中的键“踢出”到 T_2；将保存在 T_2 中的键“踢出”到 T_1，如此反复，直到遇到空桶，表示插入成功；或者当踢出次数超过限制时，需要对哈希表进行扩容并重新插入。上述 for 循环中的第 4 行~第 7 行代码即实现了这一不断“踢出”的逻辑。

- 第 4 行：将 x 插入 $T_1[h_1(x)]$。Swap 的执行效果是：如果 $T_1[h_1(x)]$为空，则直接将 x 插入；如果 $T_1[h_1(x)]$非空，则将原值“踢出”，并将 x 插入。“被踢出的值”保存在 x 中。
- 第 5 行：如果 x 为空，说明 $T_1[h_1(x)]$在 x 插入之前为空。若插入成功，则直接返回；否则，需要重新插入“被踢出的值”。
- 第 6 行：将“被踢出的值”插入 $T_2[h_2(x)]$。

- 第 7 行：和第 5 行类似。如果 x 为空，则说明 $T_2[h_2(x)]$在 x 插入之前为空，若插入成功，则直接返回；否则，返回循环的第一步，继续插入“被踢出的值”。

如果被踢出的次数超过限制，则需要对哈希表进行再哈希扩容（第 8 行），再重新插入数据（第 9 行）。

图 5-10 展示了 Cuckoo hashing 插入数据的过程。在左图中，桶数组 T_0 和 T_1 各有三个桶，并且已经存储了 5 个键，虚线箭头指向对应的键在另一个桶数组中的位置。右图展示了 Cuckoo hashing 插入键 x 的过程（实线箭头和序号），其中 $h_1(x)=1$：

（1）插入 x，将 $T_0[1]$中的 a 踢出到 $T_1[1]$。

（2）$T_1[1]$中的 k 被踢出到 $T_0[2]$。

（3）$T_0[2]$中的 z 被踢出到 $T_1[0]$，插入成功。

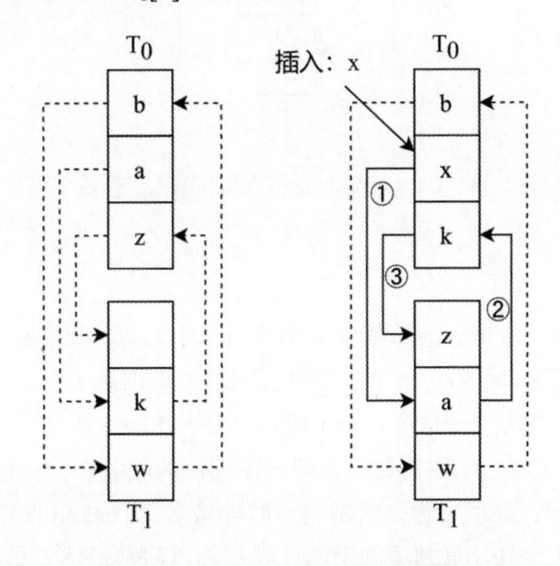

图 5-10 Cuckoo hashing 插入数据示例

考虑另一种极端的插入场景。如图 5-11 所示。如果插入的键 x 满足 $h_1(x)=0$、$h_2(x)=2$，则插入操作会陷入“死循环”，此时需要扩容哈希表来解决。理论上，如果哈希表的负载因子小于 1/2，发生“死循环”的概率极低，并且 Cuckoo hashing 的插入操作的平均时间复杂度为 O(1)。

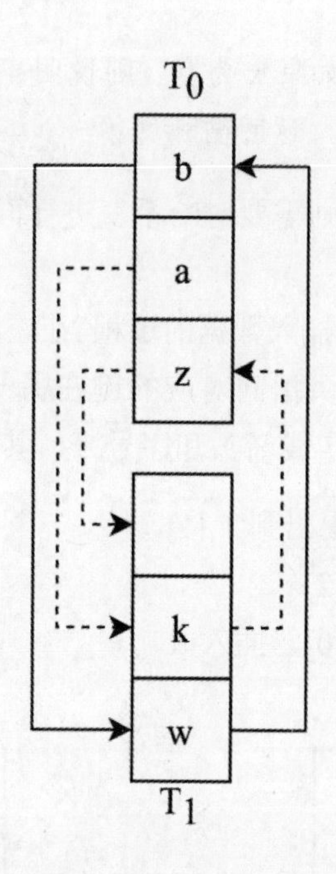

图 5-11 Cuckoo hashing 插入操作陷入“死循环”

5.5.4 优化分析

前文提到，Cuckoo hashing 的负载因子不宜超过 1/2。要证明这一点，需要引入一个名为 Cuckoo 图的概念。Cuckoo 图是一个以哈希表中的桶为顶点（一个桶看作一个顶点）、以哈希表中的键为边的图结构——每插入一个键，相当于在图中增加一条边，这条边连接了该键对应的两个桶。分析 Cuckoo 图需要用到随机图理论的相关知识，过程比较复杂，感兴趣的读者可参考相关文章[1]。简单来说，哈希表中的键越多，Cuckoo 图中连通的顶点就越多，连通分量越复杂，插入操作中需要移动的键也越多，导致插入性能急剧下降。当 Cuckoo hashing 的负载因子超过 1/2 时，插入操作遇到复杂连通分量的概率会显著增加。

论文 *A Cool and Practical Alternative to Traditional Hash Tables* 提出了两种可以提高负载因子的简单方法：增加哈希函数的数量和允许每个桶存储多个键。根据经验，当哈希函数的数量从 2 个增加到 3 个时，负载因子可以提高到 91%；如果每个桶支持存储 2 个键，负载因子最大可以提高到 86%；甚至可以结合这两种方法。实验表明，在 4 个哈希函数且每个桶可存储 4 个键，或 3 个哈希函数且每个桶可存储 8 个键的组合下，负载因子最高可达 99.9%。

[1] Cuckoo Hashing: https://web.stanford.edu/class/archive/cs/cs166/cs166.1166/lectures/13/Small13.pdf

5.6 Hopscotch Hashing

Hopscotch hashing（跳房子哈希或跳步哈希）是开放寻址法的一种变种。在发生冲突时，Hopscotch hashing 的目标是将冲突的键尽量存储在起始桶（即哈希函数映射的桶，也称为 home bucket）附近。为此，Hopscotch hashing 引入了“邻域（neighborhood）”的概念：桶 i 的邻域由从桶 i 开始 H 个连续桶组成，其中 H 是一个可配置的常数。图 5-12 展示了 H=4 时桶 i 的邻域。Hopscotch hashing 保证所有键都能存储在起始桶的邻域中。

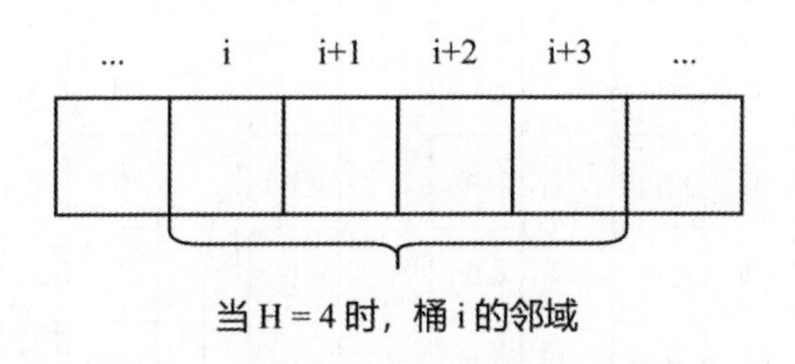

图 5-12 桶 i 的邻域

可以看出，哈希表在一个桶中最多只能处理 H 个冲突，因此 H 的取值不能太小。同时，H 的取值也不宜过大，否则会影响查找效率。根据 Hopscotch hashing 的原始论文[1]，H 的推荐值为 32。在理想情况下，H 的合适取值是使邻域的大小与 CPU 高速缓存行的大小相匹配，这样每次查找操作只需一次内存读取即可完成。

5.6.1 插入操作

假设要插入的键为 k，且 hash(k)=i，则 buckets[i]是 k 的起始桶。为方便描述，我们将 buckets[i]中保存的键记为 buckets[i].k，将 buckets[i]中保存的键的起始桶的位置记为 buckets[i].p。

- 情况 1，buckets[i]为空。此时的这种情况最简单，直接将 k 插入 buckets[i]即可完成。
- 情况 2，buckets[i]非空。此时通过线性探测找到一个空桶，记为 buckets[j]。
  - 如果 buckets[j]在 buckets[i]的邻域内，即 j<i+H，则直接将 k 插入 buckets[j]即可。
  - 如果 buckets[j]在 buckets[i]的邻域外，即 j ⩾ i+H，则需要将空桶向 buckets[i]靠近。

    可以尝试在[j-H+1,j)范围内找到一个桶 y 满足条件 buckets[y].p ⩾ j-H+1，即桶 j 在

[1] Hopscotch Hashing: https://people.csail.mit.edu/shanir/publications/disc2008_submission_98.pdf

桶 y 所保存键的邻域内。找到满足条件的桶后，将桶 j 和桶 y 交换，使新的空桶逐步靠近 buckets[i]。重复该过程，直至空桶被移到[i,i+H)范围内，然后将 k 插入空桶即可。

➢ 如果找不到空桶（例如线性探测序列的长度超过阈值）或无法找到可交换的桶，则需要扩容哈希表。

图 5-13 展示了将一个邻域外的空桶移动到邻域内的过程，假设邻域的大小 H 为 4。

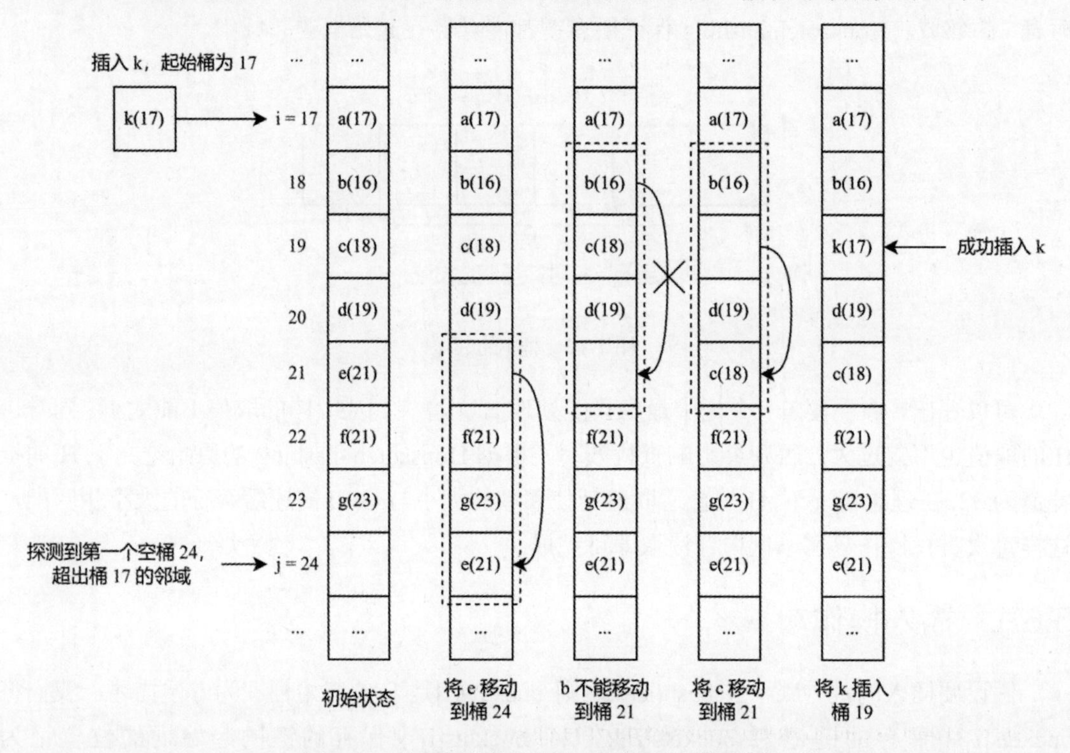

图 5-13　将邻域外的空桶移动到邻域内的示例

第一步，插入键 k，它的起始桶为 17。通过线性探测找到的第一个空桶为 24，不在桶 17 的邻域内，因此需要进行交换。

第二步，从桶 21（即 24−4+1）开始以遍历方式查找可与桶 24 交换的桶。幸运的是，桶 21 满足和桶 24 交换的条件，它保存的键是 e。e 的起始桶是 21，桶 24 在其邻域内，因而可以交换。

第三步，交换后，空桶变为 21，仍然在桶 17 的邻域外，因此继续尝试通过交换移动空桶的位置。这次从桶 18（21−4+1）开始查找可以与桶 21 交换的桶。桶 18 保存的键为 b，它的起始桶是 16，桶 21 不在其邻域内；桶 19 保存的键为 c，它的起始桶是 18，桶 21 在其邻域内，可以与桶 21 交换。

第四步，交换后，空桶变为 19，已位于桶 17 的邻域内，此时将 k 插入桶 19 即可。

5.6.2　查找操作

Hopscotch hashing 的查找操作非常简单：从起始桶开始，最多线性探测 H 个桶即可获得结果。因此，Hopscotch hashing 的查找操作在最坏情况下的时间复杂度是 O(1)。

5.6.3　删除操作

由于查找操作最多只需探测 H 个桶，Hopscotch hashing 的删除操作可以直接删除桶中的记录，无须像线性探测那样采用“删除标记”的方法。

5.6.4　优化分析

前面介绍的操作，为了方便理解，我们采用了最朴素的遍历方式来寻找满足条件的桶。每次遍历时，最多需要遍历 H 个桶，平均需要遍历 H/2 个桶。实际上，很多桶保存的键对应的起始桶与我们要查找的键的起始桶不同，因此没有必要进行探测。以桶 i 为例，桶 i 上保存的键对应的起始桶有可能在[i-H+1,i]范围内，共有 H 种可能。

为了减少不必要的遍历查找，我们为每个桶维护一个长度为 H 的位图（记为 bitmap[H]），每一位对应到邻域内的一个桶。假设键 k 的起始桶的位置是 i，最终键 k 被插入桶 i+n 的位置，则将 bitmap[n]设置为 1。

对于查找操作，计算出起始桶后，通过位图可以过滤掉起始桶不同的键，只需对位图标记的桶进行查找，而无须遍历邻域内的所有桶。

对于删除操作，找到键所在的桶后，除了将数据从桶中删除外，还需要将起始桶的位图中对应的位置清空。

5.7　Robin Hood Hashing

理论上，使用线性探测处理冲突的哈希表的查找操作，其期望的时间复杂度是 O(1)。但是，如果发生聚集现象，查找操作的探测序列长度（Probe Sequence Lengths，PSL）可能会非常长。假设现在有 a、b、c、d、e、f 共 6 个键，将这些键按顺序插入到采用线性探测的哈希表中。这些键的哈希值及其在哈希表上的位置如图 5-14 所示：查找 a 和 b 的探测序列长度为 0，查找 c 和 d 的探测序列长度为 1，查找 e 的探测序列长度为 2，查找 f 的探测序列长度为 5。因此，理论上，如果不及时扩容，线性探测的哈希表的查找操作在最坏情况下，其时间复杂度是 O(n)。

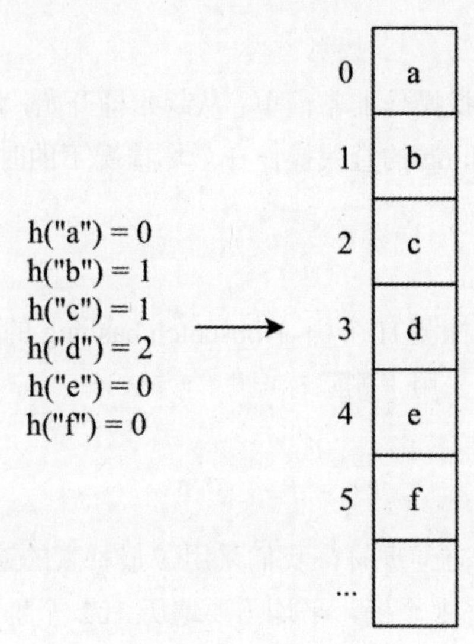

图 5-14 线性探测的聚集现象

Robin Hood hashing（罗宾汉哈希）基于探测序列长度的概念，对线性探测法进行优化。如果一个键的探测序列长度很小，则认为该键是“富有的”；反之，如果一个键的探测序列长度很大，则认为该键是“贫穷的”。Robin Hooding hashing 采用“劫富济贫”的原理来优化每个键的探测序列长度：当插入一个新的键发生冲突时，可能会移动一些“富有的”键（增加探测序列长度），以便为新的键腾出空间（减少探测序列长度）。

5.7.1 插入操作

Robin Hood hashing 需要为每个桶维护当前对应的探测序列长度。这里，我们将桶数组记为 buckets，buckets.length 表示桶数组的长度，buckets[i].k 表示桶 i 保存的键，buckets[i].psl 表示桶 i 当前对应的探测序列长度。将要插入的键记为 k，Robin Hood hashing 的插入逻辑如代码 5-3 所示。

代码 5-3 Robin Hood hashing 的插入逻辑

```
1   Insert(k):
```

```
2       i = hash(k) % buckets.length
3       psl = 0
4       while buckets[i] is not empty
5           if psl > buckets[i].psl
6               swap(v, buckets[i].k)
7               swap(psl, buckets[i].psl)
8           i = (i + 1) % buckets.length
9           psl = psl + 1
10      buckets[i].k = k
11      buckets[i].psl = psl
```

如果哈希到的桶刚好为空，则直接将 k 插入即可，此时的探测序列长度为 0。否则，开始一边“线性探测”，一边“劫富济贫”。在线性探测的过程中，如果 k 的 psl 大于已被占用的桶的探测序列长度 buckets[i].psl，说明 k 比 buckets[i].k 贫穷，所以将它们互相交换。然后继续进行“线性探测”和“劫富济贫”，直到遇到一个空的桶。另外，需要注意的是，代码 5-3 中没有限制探测的次数，也没有处理哈希表已满的情况，在实际应用中需要进行额外的处理。

在图 5-15 中，我们采用 Robin Hood hashing 的插入算法将图 5-14 中的例子重新插入一遍。

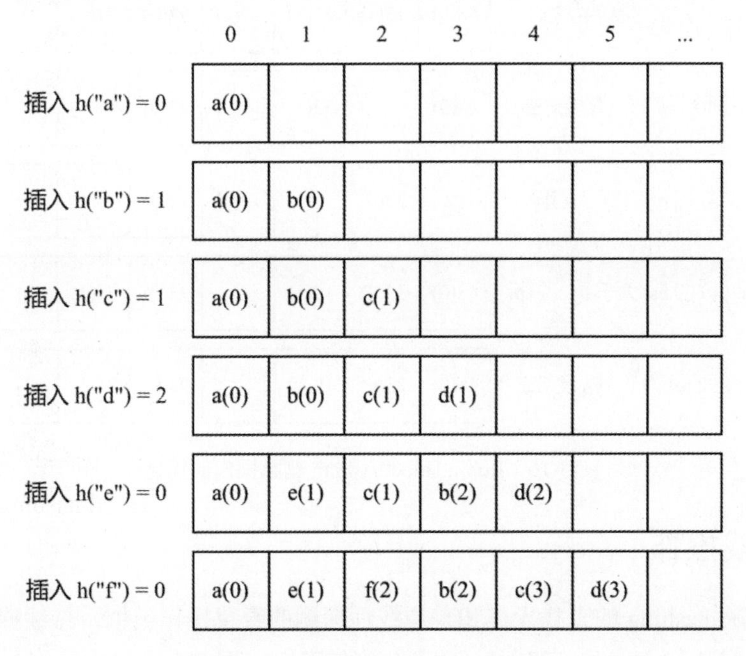

图 5-15　Robin Hood hashing 示例

（1）插入 a 和 b 时，均没有发生冲突。

（2）插入 c 和 d 时，均通过一次探测就找到了空的桶。

（3）插入 e 时，在桶 1 处进行一次“劫富济贫”，将 b 换出。b 继续探测，在桶 3 处，进行第二次“劫富济贫”，将 d 换出。d 继续探测一次，找到了空桶 4。

（4）插入 f 的过程与插入 e 的过程类似。

5.7.2 删除操作

在普通的开放寻址法（如线性探测、二次探测、双重哈希）中，我们只能通过将桶标记为“已删除”来实现删除操作，而不能直接清空对应的桶，因为这会影响后续的查找操作，Robin Hood hashing 与此类似。不过，对于删除操作较少的场景，Robin Hood hashing 可以对删除操作进行一些额外的处理，免去删除标记的维护和消除对已删除桶的探测，从而提高后续线性探测的性能。

如图 5-16 所示，Robin Hood hashing 的删除操作的额外优化逻辑为：直接清空要删除的桶，然后将后续的桶往前移动，补上空位，直到遇到探测序列长度为 0 的桶或空桶。

	0	1	2	3	4	5	...
初始状态	48(0)	15(1)	33(1)	19(2)	92(0)	71(1)	
删除 key 15，直接清空	48(0)		33(1)	19(2)	92(0)	71(1)	
key 33 的 psl 大于 0，前移	48(0)	33(0)		19(2)	92(0)	71(1)	
key 19 的 psl 大于 0，前移	48(0)	33(0)	19(1)		92(0)	71(1)	
key 92 psl 为 0，删除完成	48(0)	33(0)	19(1)		92(0)	71(1)	

图 5-16　Robin Hood hashing 删除操作的优化

5.7.3 查找操作

Robin Hood hashing 的查找操作和普通线性探测的查找操作类似，持续探测直到遇到这三种情况之一：① 空桶；② 目标桶；③ 当前的探测序列长度 psl>buckets[i].psl 的桶，说明查找的键不存在。前两种情况和普通线性探测一样，我们重点来看第三种情况。

如图 5-17 所示，括号中的值表示对应的键的探测序列长度，例如 A(0)表示 A 的探测序列长度是 0。查找 H 时，按照线性探测的算法，我们会一直探测到桶 5，此时 H 的探测序列长度为 4，大于桶 5 中的 E 的探测序列长度 3。此时，如果 H 存在于哈希表中，它在插入时会替换掉 E 当前的位置，与当前情况不符，说明 H 不存在。因此，结束查找。

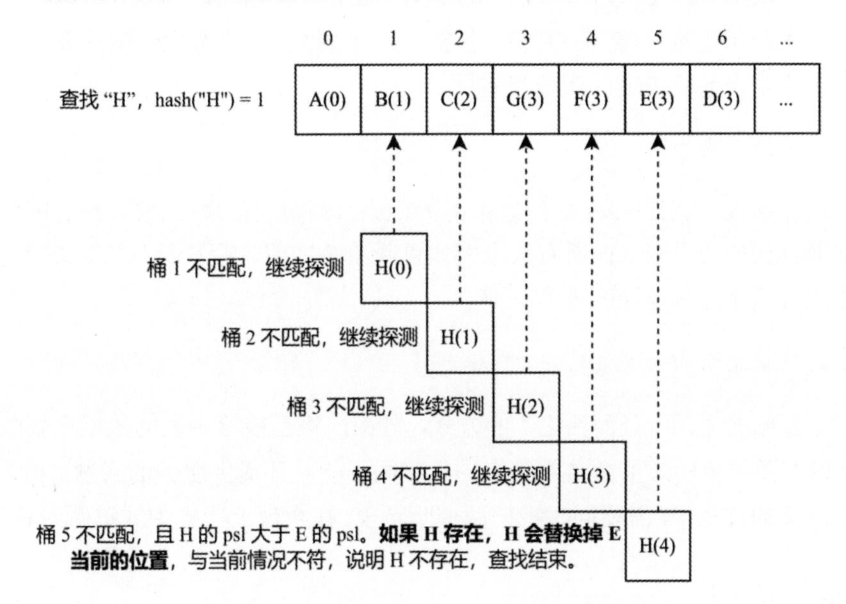

图 5-17　Robin Hood hashing 查找不存在的键

5.8 扩　　容

我们一般通过负载因子（Load Factor）来评估哈希表的容量负载：L=M/N。其中，L 表示负载因子，M 表示哈希表的总记录数，N 表示哈希表的桶数组长度。对同一个冲突处理算法来说，负载因子越大，发生冲突的可能性就越大。

采用链接法实现哈希表时，负载因子的实际意义是每个链表的平均大小。这种场景下的负载因子可能大于 1。然而，链表的平均大小并不能反映哈希表的在最坏情况下的场景。在要求比较严苛的场景下，当哈希表中链表的最大长度超过某个阈值时，就要进行动态扩容。

采用开放寻址法实现哈希表时，负载因子反映的是桶数组的使用率。在这种场景下，负载因子一定不会大于 1。当负载因子超过某个阈值时，哈希冲突的概率会急剧增加。为了保持哈希表的良好性能，需要对哈希表进行扩容。阈值的大小和具体的实现有关，需要在内存使用率和性能之间做好权衡。

5.8.1 重新哈希

重新哈希（Rehash，或称为重哈希）的基本思路是，当哈希表需要扩容时，创建一个比当前哈希表更大的新哈希表，然后将当前哈希表上的数据重新哈希到新哈希表。通常情况下，新哈希表的大小是当前哈希表的两倍左右。

- 集中式重新哈希

最简单的方法是一次性完成整个重新哈希过程。也就是说，将当前哈希表的所有数据一次性重新映射到新的哈希表。在所有数据完成重新哈希之前，哈希表不能对外提供服务。如果哈希表很大，这个过程可能会非常耗时。

- 渐进式重新哈希

渐进式重新哈希采用“分而治之”的方式，分多次将当前哈希表的数据重新映射到新的哈希表，从而避免了集中式重新哈希带来的长时间不能对外提供服务的问题。但是，在执行渐进式重新哈希的过程中，需要同时维护两个哈希表，在实现上比集中式重新哈希复杂一些。

5.8.2 线性哈希

线性哈希（Linear Hashing）是一种渐进式的哈希表扩容算法，通过每次将一个桶分裂成两个来实现扩容。线性哈希使用一族哈希函数：$h_i(key) = h(key)\%(2^i * N)$。其中：

- h 是一个通用哈希函数。
- N 表示初始桶数组的大小。
- i 表示第 i 轮扩容，初始值为 0。当所有桶都完成一次分裂时，哈希表完成了一轮扩容。也就是说，初始哈希函数为$h_0(key) = h(key)\%N$。第一轮扩容后，哈希函数为$h_1(key) = h(key)\%(2 * N)$，以此类推。

线性哈希通过每次将一个桶分裂成两个来实现渐进式扩容。桶的分裂只能从前往后一个个进行。我们将扩容时分裂的桶称为“分裂点（split point）”。线性哈希每次寻址需要用到两个哈希函数：h_i 和 h_{i+1}。假设下一个分裂点为 s，则线性哈希的哈希函数如代码 5-4 所示。

代码 5-4　线性哈希的哈希函数

```
1  hash(key):
2      a = hi(key)
3      if a < s
4          a = hi+1(key)
5      return a
```

下面用一个例子来说明线性哈希的扩容过程。

（1）初始状态下，我们拥有一个包含 2 个桶的空哈希表。key 为正整数，哈希函数族为$h_i(key) = key\%(2^i * 2)$，并且设置当负载因子大于或等于 0.9 时开始扩容。

分裂点	桶号	哈希函数	桶内元素	说明
0	0	$h_0(key) = key \% 2$		
	1	$h_0(key) = key \% 2$		

（2）插入 5。此时，哈希表的负载因子为 0.5，小于设定的阈值 0.9，不需要分裂。

分裂点	桶号	哈希函数	桶内元素	说明
0	0	$h_0(key) = key \% 2$		
	1	$h_0(key) = key \% 2$	5	负载因子 0.5 < 0.9，不需要分裂

（3）插入 7。此时，哈希表的负载因子为 1，大于设定的阈值 0.9，准备开始扩容。

分裂点	桶号	哈希函数	桶内元素	说明
0	0	$h_0(key) = key \% 2$		
	1	$h_0(key) = key \% 2$	5, 7	负载因子 1 > 0.9，需要分裂

（4）当前分裂点为 0，因此分裂桶 0——由于没有数据需要迁移，直接将分裂点更新为 1。

分裂点	桶号	哈希函数	桶内元素	说明
1	0	$h_1(key) = key \% 4$		分裂桶 0，没有数据需要迁移
	1	$h_0(key) = key \% 2$	5, 7	
	2	$h_1(key) = key \% 4$		

（5）插入 12。此时，哈希表的负载因子仍为 1，大于设定的阈值 0.9，准备再次扩容。

分裂点	桶号	哈希函数	桶内元素	说明
1	0	$h_1(key) = key \% 4$	12	负载因子 1 > 0.9, 需要分裂
	1	$h_0(key) = key \% 2$	5, 7	
	2	$h_1(key) = key \% 4$		

（6）此时分裂点为 1，因此分裂桶 1，并根据新的哈希函数重新哈希桶 1 的 key，将部分数据迁移至新桶（桶 3）。此时，哈希表已完成一轮完整的分裂，分裂点更新为 0。

分裂点	桶号	哈希函数	桶内元素	说明
0	0	$h_1(key) = key \% 4$	12	
	1	$h_1(key) = key \% 4$	5	分裂桶 1，迁移部分数据到桶 3
	2	$h_1(key) = key \% 4$		
	3	$h_1(key) = key \% 4$	7	

（7）插入 11。此时，哈希表的负载因子为 1，大于设定的阈值 0.9，准备扩容。

分裂点	桶号	哈希函数	桶内元素	说明
0	0	$h_1(key) = key \% 4$	12	
	1	$h_1(key) = key \% 4$	5	
	2	$h_1(key) = key \% 4$		
	3	$h_1(key) = key \% 4$	7, 11	负载因子 1 > 0.9, 需要分裂

（8）分裂点为 0，分裂桶 0，并根据新的哈希函数重新哈希桶 0 的 key，将部分数据迁移至新桶（桶 4）。分裂点更新为 1。

分裂点	桶号	哈希函数	桶内元素	说明
1	0	$h_2(key) = key \% 8$		桶 0 分裂，迁移部分数据到桶 4
	1	$h_1(key) = key \% 4$	5	
	2	$h_1(key) = key \% 4$		
	3	$h_1(key) = key \% 4$	7,11	
	4	$h_2(key) = key \% 8$	12	

（9）插入 9。此时，哈希表的负载因子为 1，大于设定的阈值 0.9，准备扩容。

分裂点	桶号	哈希函数	桶内元素	说明
1	0	$h_2(key) = key \% 8$		
	1	$h_1(key) = key \% 4$	5, 9	负载因子 1 > 0.9, 需要分裂
	2	$h_1(key) = key \% 4$		
	3	$h_1(key) = key \% 4$	7,11	
	4	$h_2(key) = key \% 8$	12	

（10）分裂点为 1，分裂桶 1，并根据新的哈希函数重新哈希桶 1 的 key，将部分数据迁移至新桶（桶 5）。分裂点更新为 2。

分裂点	桶号	哈希函数	桶内元素	说明
2	0	$h_2(key) = key \% 8$		
	1	$h_2(key) = key \% 8$	9	桶 1 分裂，迁移部分数据到桶 5
	2	$h_1(key) = key \% 4$		
	3	$h_1(key) = key \% 4$	7,11	
	4	$h_2(key) = key \% 8$	12	
	5	$h_2(key) = key \% 8$	5	

线性哈希限制了哈希表的扩容顺序，必须按照顺序从前往后逐一分裂，而不是随意选择桶进行扩容。这种方法类似于渐进式重新哈希，但相比渐进式重新哈希灵活性稍逊。在线性哈希中，位置靠后的桶扩容优先级较低，可能导致这些桶出现较高的“拥挤”现象。

5.9 完美哈希

如果数据是静态的，我们可以通过构造一个完美哈希函数（Perfect Hash Function，PHF）来确保在最坏情况下查询操作的时间复杂度为 O(1)。也就是说，对于完美哈希函数 phf，将 n 个键映射到 m 个整数（m≥n）上，使得任意两个不同键 key1 和 key2 满足 phf(key1)!=phf(key2)。当 m==n 时，称该完美哈希函数为最小完美哈希函数（Minimal Perfect Hash Function，MPHF）。常见的开源完美哈希算法库包括：

- C Minimal Perfect Hashing Library[1]，简称 CMPH: CMPH 包含多种完美哈希算法库，适用于不同类型的数据集。
- GNU gperf[2]，专为小数据集设计的完美哈希算法库。

---

1 https://cmph.sourceforge.net/

2 https://www.gnu.org/software/gperf/

- Rust-PHF[1]，使用 CHD[2]算法生成完美哈希函数，对于十万个键的数据集，生成时间不到半秒。

由于完美哈希函数的构造需要预知所有键，且生成算法比较复杂，不适合键的数量不确定或键的数量非常多的场景，因此应用范围相对有限。

5.10 总　结

本章介绍了哈希表的基本原理。哈希表的核心在于如何解决哈希冲突，主要包括链接法和开放寻址法。链接法实现简单，但性能表现一般。因此我们重点讨论了开放寻址法及其各种冲突探测方法。开放寻址法有三种基础的冲突探测方法：线性探测、二次探测和双重哈希。之后，我们还介绍了三种开放寻址法的变种：Cuckoo hashing（布谷鸟哈希）、Hopscotch hashing（跳房子哈希）和 Robin Hood hashing（罗宾汉哈希）。

在线扩容是哈希表设计的一个重点，通常采用渐进式重新哈希。线性哈希在理论上可以实现“原地”渐进式重新哈希，但扩容只能按桶的顺序进行，灵活性有限。

完美哈希是哈希表设计的理想目标，但大多数情况下，哈希表难以实现“完美”。

[1] https://github.com/rust-phf/rust-phf

[2] Hash, displace, and compress (https://cmph.sourceforge.net/papers/esa09.pdf)

第 6 章 索引结构：LSM 树

LSM 树（Log Structured Merge Tree，日志结构合并树）第一次在工业界广为人知，源于 Google 发表的一篇论文 *Bigtable: A Distributed Storage System for Structured Data*[1]（"Bigtable：一种用于结构化数据的分布式存储系）。这篇论文提到，Bigtable 使用的索引结构就是 LSM 树。后来，Google 开源了一个单机版的 LSM 树存储引擎——LevelDB[2]。Facebook 在 LevelDB 的基础上进行了迭代开发，推出了目前全球最受欢迎的开源单机 LSM 树存储引擎 RocksDB[3]。

6.1 基本原理

LSM 树是一种为写操作优化的数据结构。它通过将随机写入转换为顺序写入，显著提升了写入性能。然而，这种优化策略也带来了一些权衡：

- 读性能的牺牲：LSM 树的数据通常存储在多个层级中，读操作需要检查或合并多个层级的数据，从而增加了读延迟。
- 定期合并（Compaction）：为了维护数据的有序性并回收过期数据，LSM 树需要定期执行合并操作。这些合并操作会消耗额外的 CPU 和 I/O 资源，影响系统的稳定性和响应时间。

[1] https://research.google/pubs/pub27898/

[2] https://github.com/google/leveldb

[3] https://github.com/facebook/rocksdb

如图 6-1 所示，LSM 树最初的设计出自论文 *The Log-Structured Merge-Tree (LSM-Tree)*[1]（日志结构合并树）。经过多年的迭代和改进，虽然设计思想基本一致，但是现代主流的 LSM 树实现的基本结构与原始论文中的传统结构已有较大差异。

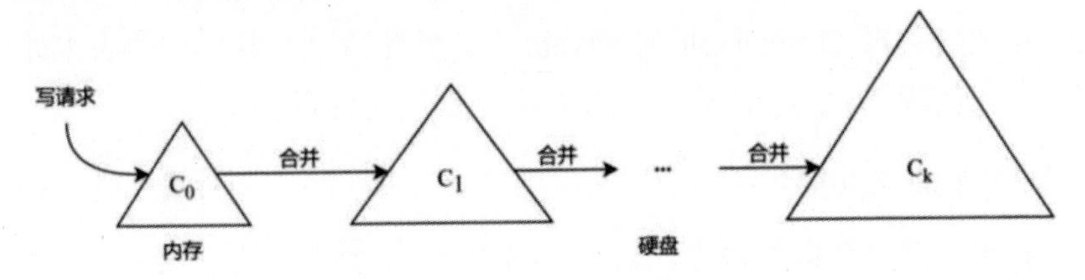

图 6-1　传统 LSM 树的基本结构

如图 6-2 所示，现代 LSM 树的实现包含 4 个核心组成部分：内存表（MemTable）、SST（Sorted String Table，有序字符串表）、WAL（Write-ahead Log，预写日志）和 Manifest（清单）。WAL 用于故障恢复，Manifest 用于记录元数据信息，这两部分不影响 LSM 树作为索引结构的核心功能，本章暂不讨论。

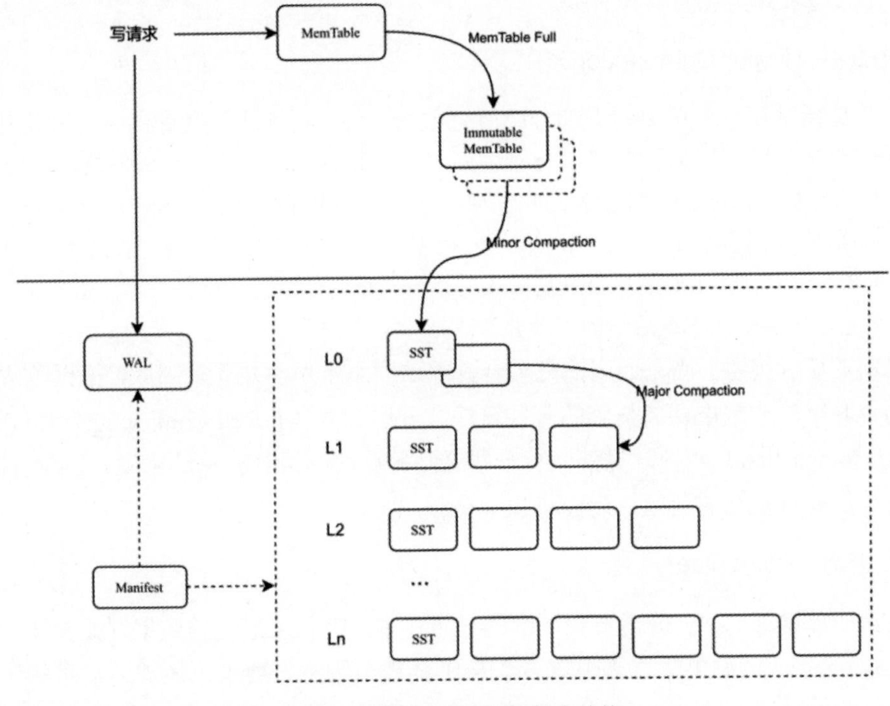

图 6-2　现代 LSM 树的基本结构

[1] https://www.cs.umb.edu/~poneil/lsmtree.pdf

1. 内存表

通常情况下，内存表是一个有序的内存数据结构。LSM 树的所有写请求（增、删、改）都插入到最新的内存表中进行“攒批”。当内存表的大小达到设定的阈值时，会将当前的内存表切换为不可变内存表（Immutable MemTable），并生成一个新的内存表来处理后续的写请求。如果写入速度较快，则可能会同时存在多个不可变内存表。

2. 次合并（Minor Compaction）

次合并是指对一部分数据文件进行较小范围的合并，主要目的是减少文件数量和优化查询性能，但不会进行像主合并那样彻底的合并。后台线程会将不可变内存表中数据键的顺序写入硬盘，成为一个有序文件，简称 SST。这个过程被称为“次合并”（也称为次压缩）。SST 在硬盘上采用层级（level）结构进行组织和维护。假设有 N 个层级，从上到下依次为 L_0，L_1，…，L_{N-1}。一般而言，相邻层级之间的数据量大小存在固定倍数（记为 T）的关系。次合并生成的 SST 保存在 L_0 中。在大多数实现中，L_0 较为特殊，它的数据量大小不一定是 L_1 的 1/T，这与具体实现的取舍有关。

3. 主合并（Major Compaction）

主合并是指对存储系统中的大部分或所有数据文件进行全面、彻底的合并和优化，通常会消除冗余数据、过期数据以及删除标记。随着写入的累积，硬盘上的 SST 数量会越来越多。为减少查询时需要读取的 SST 数量和回收过期数据，后台线程会对多个 SST 进行合并，生成新的 SST 并写入下一个层级（$L_0 \rightarrow L_1$、$L_1 \rightarrow L_2$……）。这个过程被称为“主合并”（也称为主压缩）。从实现角度看，不同存储引擎的次合并基本大同小异，而主合并策略对整个存储引擎设计的影响较大。如果无特殊说明，本章后续的“合并”均指“主合并”。

从目前的研究来看，尚无通用的完美合并算法适用于所有场景。因此，根据负载特性选择合适的合并算法非常重要。基础的合并算法有分层合并（Tiered Compaction）和分级合并（Leveled Compaction）两种，另外还有一些这两种算法的组合。总的来说，LSM 树的合并算法是一个重要且复杂的话题，后面将详细介绍。

4. 点查询（Point Query）

点查询即单键查询，一般需要找到键的最新版本，因此从最新的数据开始查找：内存表 $\rightarrow L_0 \rightarrow L_1 \rightarrow \cdots \rightarrow L_{N-1}$。如果某层级中有多个 SST 的键范围符合要求，还需要按照从新到旧的顺序查找这些 SST。一次点查询可能需要多次 I/O 操作。在实践中，通常会使用各种过滤器

（如布隆过滤器[1]）来减少不必要的读 I/O。

5. 范围查询（Range Query）

范围查询是 LSM 树的弱项。每次范围查询需要在多个层级和多个 SST 上进行多路归并，这一过程的 I/O 和 CPU 开销都很大。尽管有不少优化方式被提出过，如 SuRF[2]、REMIX[3]，但它们都没有成为主流。

6.2 内 存 表

LSM 树的写请求都是以追加方式进行的，最新写入的数据会存储到内存表中。内存表通常是一个有序的数据结构，如红黑树。不过，在大多数开源实现中都采用了跳跃表（Skip List，见图 6-3），作为内存表的数据结构，主要原因如下：

- 红黑树在插入和删除时可能需要进行平衡操作，逻辑复杂，难以实现无锁或细粒度的并发控制。而跳跃表的插入和删除只需修改相邻结点的指针，操作相对简单，局部性好，更易实现细粒度或无锁的并发控制，因此并发性能更佳。
- 红黑树的每个结点至少包含两个指针，而跳跃表的结点数量和平均指针数则可以根据内存的情况灵活调整，代价是稍微牺牲一点查询性能。

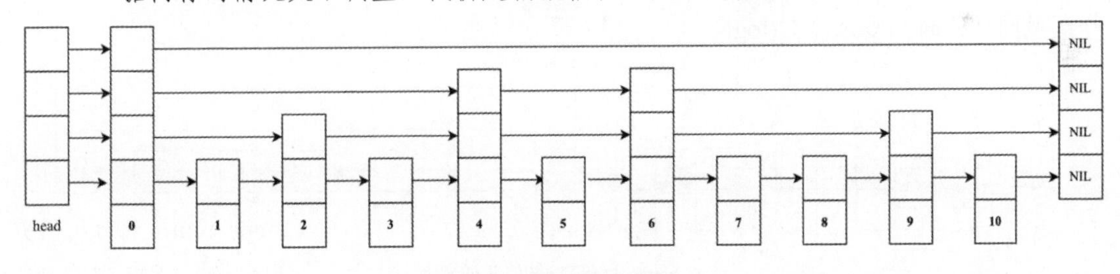

图 6-3　跳跃表示意图

1990 年，William Pugh 发表了跳跃表的论文 *Skip Lists: A Probabilistic Alternative to Balanced Trees*[4]（跳跃表：一种用于平衡树的概率替代方案）。跳跃表是一种可以替代查找

---

[1] https://github.com/facebook/rocksdb/wiki/RocksDB-Bloom-Filter

[2] SuRF: Practical Range Query Filtering with Fast Succinct Tries

[3] REMIX: Efficient Range Query for LSM-trees

[4] https://15721.courses.cs.cmu.edu/spring2018/papers/08-oltpindexes1/pugh-skiplists-cacm1990.pdf

树的内存数据结构，它的基本原理是在一个有序链表的基础上增加一些索引，通过一个保证一定概率的随机规则来模拟二分查找。

如图 6-4 所示，跳跃表的基础是一个有序链表。由于链表在内存中是离散存储的，因此我们无法在一个有序链表上执行二分查找。

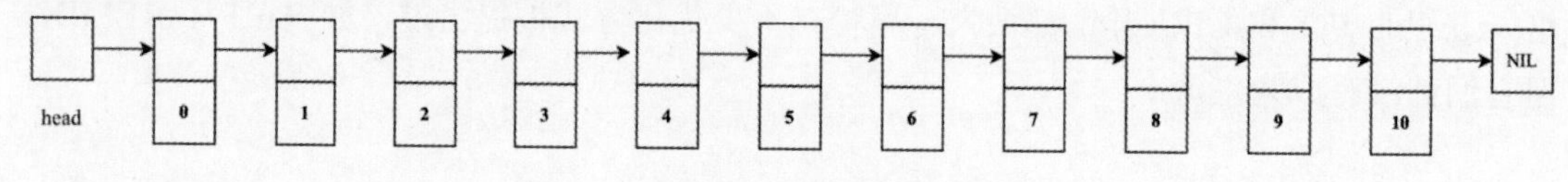

图 6-4　有序链表

如图 6-5 所示，我们可以在这个有序链表上增加一层索引，将该链表一分为二。通过这一层索引，可以将查找量减少一半。

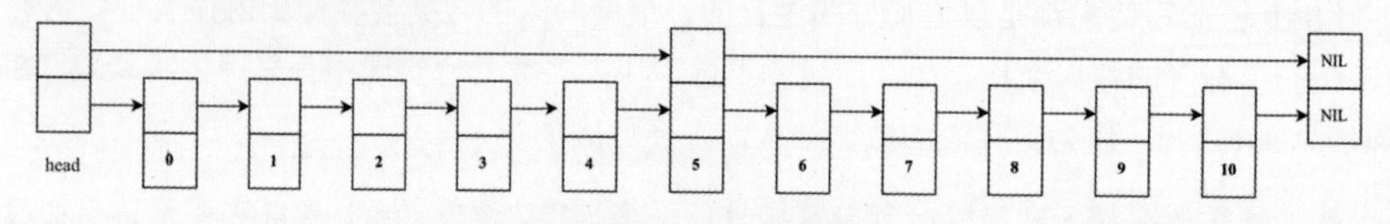

图 6-5　有序链表和一层索引

同理，如图 6-6 所示，我们可以对左边的链表（0→1→2→3→4）建立一层索引，将左边的链表一分为二；对右边的链表（6→7→8→9→10）也可以进行相同的操作。如此递归下去，通过付出一些指针的开销，可以将有序链表查找操作的时间复杂度从 O(N)降低到和二分查找同样的时间复杂度 O(logN)。

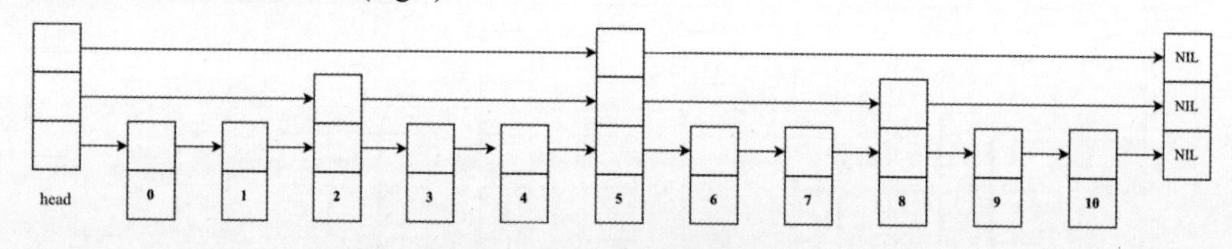

图 6-6　有序链表和两层索引

然而，如果每次都要精准地一分为二，插入或删除某个结点时可能需要调整其他结点的指针索引高度，这会使得逻辑变得复杂许多，就像红黑树插入或删除结点时可能涉及子树的旋转一样。跳跃表放弃了精确控制每个结点的索引高度来实现二分查找，而是采用一个随机概率规则来确定结点的高度。这样，一个结点的插入和删除只会与它的相邻结点有关，逻辑比较简单，并且修改范围非常有限，锁粒度可以做到很细，从而实现更高的并发。

如果希望跳跃表实现近似的二分查找，则需要保证一个高度大于或等于 h 的结点，有二分之一的概率其高度为 h+1，即：

- 结点的高度大于或等于 1 的概率为 1。
- 结点的高度大于或等于 2 的概率为 1/2。
- 结点的高度大于或等于 3 的概率为 1/4。
- ……
- 结点的高度大于或等于 h 的概率为 $1/2^{h-1}$。

假设一个高度大于或等于 h 的结点，其高度为 h+1 的概率为 p。那么一个长度为 n 的跳跃表需要的指针数量为：$N=p^0*n+p^1*n+p^2*n+\cdots+p^{n-1}*n=n*(p^0+p^1+p^2+\cdots+p^{n-1})=n\frac{1-p^n}{1-p}$。由于 p<1，当 n 很大时，$p^n$ 很小，可以忽略不计，因此$N \approx \frac{n}{1-p}$。当 p=1/2 时，总共需要 2n 个指针，平均每个结点消耗两个指针，与红黑树持平。如果我们想节省内存空间，可以适当调低概率 p，比如 1/3 或 1/4，从而减少索引指针的数量。

6.3 合　并

LSM 树的增删改操作都是通过追加写来实现的，并通过后台线程对数据进行周期性地合并，以回收旧版本的数据和优化读性能。LSM 树的合并操作主要涉及以下两个关键问题：

- 合并的触发时机。
- 合并后层级内部的数据布局。

6.3.1 触发时机

合并任务的触发通常分两步执行：一是选择执行合并的层级；二是在层级内选择执行要合并的 SST。

合并的触发条件通常由层级的饱和度（Degree of Saturation）决定。根据不同的需求，“饱和度”的定义多种多样。一般情况下，LSM 树中每个层级可以保存的数据量都有一个理论限制。一个常见的实现是使用层级中实际保存的数据量除以层级的理论限制来计算饱和度。例如，RocksDB 默认限制 L_n（n>1）的数据量大小为 max_bytes_for_level_base*max_bytes_for_level_multiplier^{n-1}，其中 max_bytes_for_level_base 的默认值为 256MB，max_bytes_for_level_multiplier 的默认值为 10。一旦某个层级的数据量达到对应的限制，就会触发该层级的合并。

还有一些实现使用每个层级的 SST 数量来计算饱和度。这种实现一般要求同一层级中每个 SST 的大小接近。例如，RocksDB 默认当 L_0 的 SST 的数量达到 level0_file_num_compaction _trigger（默认值为4）时触发合并。

除此之外，还可以根据文件的新鲜度、删除标记的存储时间和空间放大等策略来决定是否进行合并。例如，为了及时回收删除数据的空间并减小空间放大，可以考虑当删除标记超过一定比例时触发合并。为了满足一些合规要求，可能还需要保证用户删除的数据在一定时间后能够被彻底物理删除。因此，在触发合并时，可能还要考虑删除标记的存储时间。

确定了执行合并的层级后，还需要选择参与合并的SST，常见的策略有：

- 随机：随机选择层级中的SST进行合并。
- 循环：按照顺序循环选择层级中的SST进行合并。
- 最小重叠：选择层级中与下一层级重叠最小的SST进行合并。
- 最冷：选择层级中访问最少的SST进行合并。
- 最旧：选择层级中创建时间最早的SST进行合并。
- 删除比例：选择层级中删除标记比例最高的SST进行合并。
- 删除时间：选择层级中删除标记时间最久的SST进行合并。

6.3.2 分层合并

LSM树层级内部的数据布局主要有分层（Tiered）和分级（Leveled）两种基本方式，以及两者组合的变种。简单来说，采用分层合并（Tiered Compaction）的层级内部的SST的键范围是会重叠的。而采用分级合并（Leveled Compaction）的层级内部的SST的键范围是不会重叠的。本小节将首先介绍分层合并，后续再介绍分级合并及其他组合方式。

分层合并的思路是每次合并都将L_{n-1}层的全部SST合并成L_n层的一个新的更大的SST。因此，在分层合并中，每个层级内部的SST键范围都是有重叠的。

如图6-7所示，多个内存表陆续刷入硬盘，成为L_0的SST。随着L_0的SST越来越多，当SST的数量达到阈值时，分层合并会将L_0的SST合并成L_1的一个新的SST。同理，当L_1的SST数量达到阈值时，L_1的SST将被合并成L_2的一个新的SST。按照这种方式，持续将L_{n-1}的全部SST合并成L_n的一个新的SST。最后，由于L_n层没有下一层，因此在此层比较特殊：L_n层的全部SST合并后生成的新SST直接替换掉L_n的旧SST。

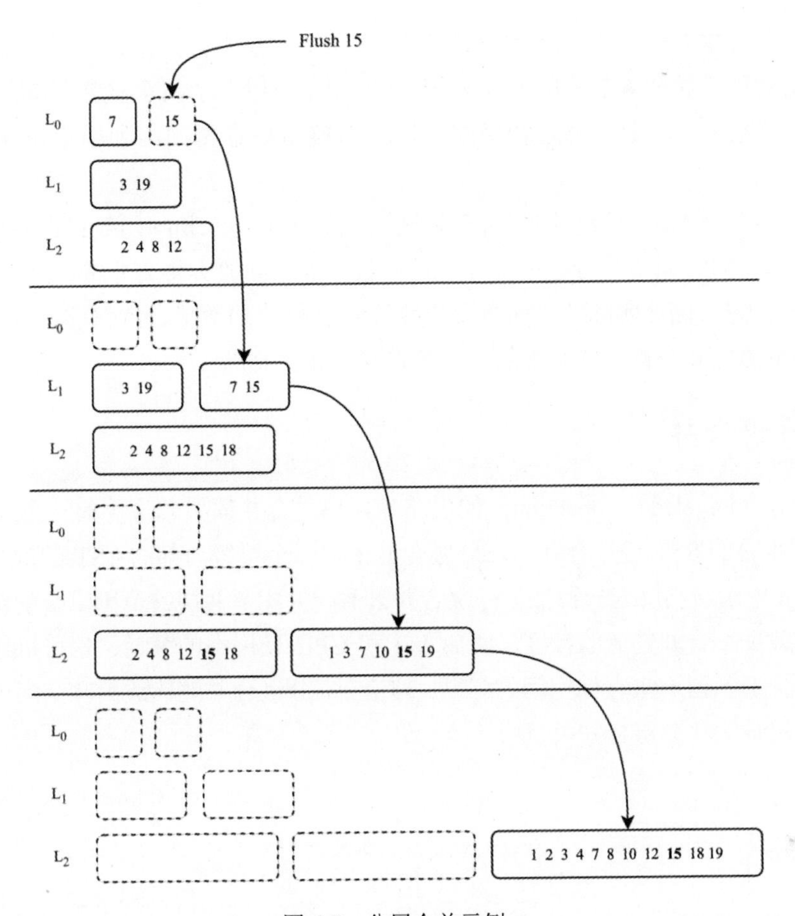

图 6-7　分层合并示例

在分层合并中，同一份数据只要被合并一次，就会向下移动一层。因此，理论上，其写放大的倍数等于整个 LSM 树的层级数。与后面将介绍的分级合并相比，分层合并的写放大较小。著名的开源软件 Apache Cassandra[1]、ScyllaDB[2]都将分层合并作为默认的合并策略。然而，分层合并也存在一些天然的缺陷，例如较为严重的空间放大和读放大。

读放大比较好理解。以点查询为例，不考虑过滤器的作用，由于每个层级内部的多个 SST 的键的范围是有重叠的，因此每个层级可能需要访问多个 SST。

LSM 树产生空间放大的主要有两个原因：一是在合并过程中，新旧 SST 会同时存在，产生临时的空间占用；二是相同键的数据分散在不同的 SST 中。

1 https://cassandra.apache.org/doc/latest/cassandra/operating/compaction/index.html

2 https://docs.scylladb.com/stable/cql/compaction.html

假设写入的数据都是不重复的，也就是说，空间放大只会在合并过程中产生。最坏的情况是最底层（如图 6-7 中的 L_2）进行一次合并，相当于将全量数据重写一遍，此时的空间放大倍数为 2。为应对这种极端情况，需确保硬盘空间的使用率不超过 50%，这种代价太高了。

如果写入的数据都是重复的呢？在这种情况下，每次写入相同的数据集并触发刷盘操作，生成一个新的 SST，重复执行这个操作。此场景下的空间放大将会非常大——每个 SST 都保存了同一份数据，因此实际的空间放大倍数等同于 SST 的数量。针对这两种场景，ScyllaDB 进行了详细的测试和分析，感兴趣的读者可以参考相关文献[1]。

6.3.3 分级合并

分级合并（Leveled Compaction）的思路是，每次合并都将 L_{n-1} 层的一个或多个 SST 与 L_n 层键范围重叠的 SST 进行合并。在分级合并中，每个层级内部的 SST 的键范围是不重叠的，如图 6-8 所示。利用这一特点，每次合并只需合并相邻两层键范围重叠的部分 SST。这样既可以有效缩小合并任务的粒度，避免 I/O 和 CPU 使用率的突增，也可以避免分层合并中需为极端情况预留 50%存储空间的问题。理论上，分级合并的读放大和空间放大都比分层合并小，但写放大比分层合并大。

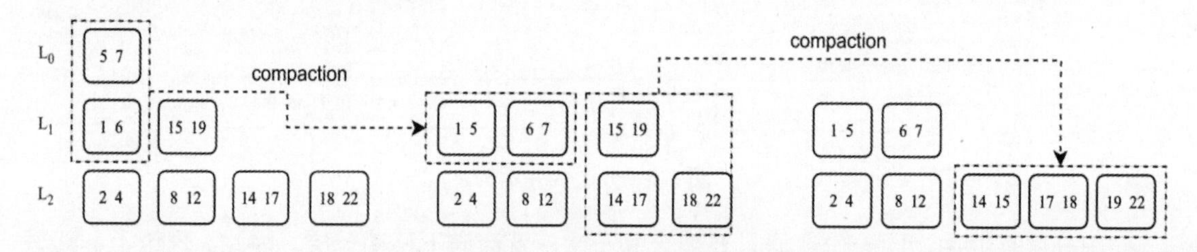

图 6-8 分级合并示例

在分级合并中，每个层级的大小有一个大小限制。通常情况下，每个层级的大小限制按照 T 倍增长，即 L_n 的大小限制 L_{n-1} 的 T 倍。T 是一个常数，常见的取值为 10。假设我们有 L_1、L_2、L_3 和 L_4 四个层级，它们的大小限制分别是 1GB、10GB、100GB 和 1000GB。如果 L_4 已写满（达到 1000GB），此时空间放大的最大倍数约为(1+10+100+1000)/1000=1.111。

但是，如果 L_4 未写满，例如 4 个层级的实际数据量分别是 0.9GB、9GB、90GB、90GB，

[1] https://www.scylladb.com/2018/01/17/compaction-series-space-amplification/

此时的空间放大超过了 2 倍。为避免此类最坏情况，RocksDB 提出了另一种计算层级数据量大小限制的方式——Dynamic Level Size（动态分级大小）。开启 Dynamic Level Size 后，每个层级的数据量大小限制基于最后一层的实际大小逐层向上计算。例如在上述的例子中，如果 L_4 的实际数据量为 90GB，那么 L_3、L_2 和 L_1 的大小限制应分别是 9GB、0.9GB、0.09GB，从而将空间放大的最大倍数始终控制在 1.111 左右。

6.3.4　组合合并算法

对于较小的层级，数据量比较小但写入频繁，对写放大比较敏感，因此可采用分层合并，通过适当牺牲读放大和空间放大来减少写放大。

对于较大的层级，数据量较大，写入相对不那么频繁，总体而言对读放大和空间放大更为敏感，因此可采用分级合并，通过牺牲写放大来减少读放大和空间放大。

LevelDB 和 RocksDB 默认的合并算法就是分层合并和分级合并组合的合并算法：L_0 层采用分层合并，允许 SST 之间的键范围有重叠；而 L_0 以下层级则采用分级合并，SST 之间的键范围不会有重叠。

另一个采用分层合并和分级合并组合的合并算法是懒分级合并（Lazy Leveled），由 Dostoevsky 在他的论文[1]提出。与 RocksDB 不同，懒分级合并是分层合并和分级合并组合的另一个“极端”：最大的层级 L_{max} 采用分级合并（Leveled Compaction），而 L_{max} 以上则采用分层合并（Tiered Compaction）。

6.4　点　查　询

LSM 树的点查询用于返回要查找的键的最新版数据。如图 6-9 所示，点查询的基本逻辑非常简单：按照从新到旧的顺序依次查找每个内存表和 SST，直到找到要查找的键或者确认要查找的键不存在。

[1] Dostoevsky: Better Space-Time Trade-Offs for LSM-Tree Based Key-Value Stores via Adaptive Removal of Superfluous Merging

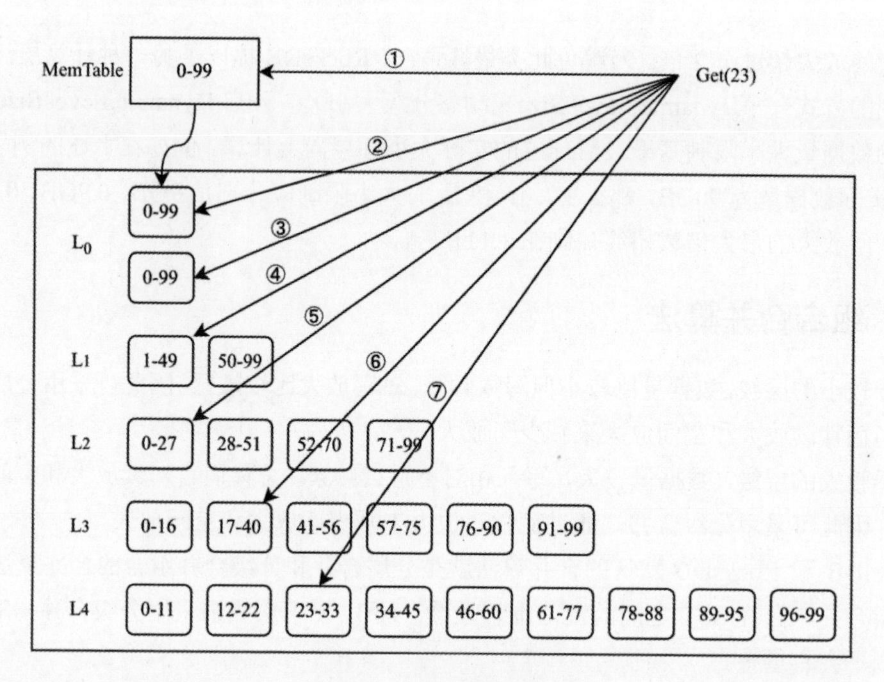

图 6-9 点查询的基本逻辑

前面介绍了内存表的数据结构，其中跳跃表的点查询的时间复杂度为 O(logN)。由于内存有限，内存表通常不会特别大，即 N 的值不会特别大，因此内存表的查询通常不会成为 LSM 树查询操作的性能瓶颈。

LSM 树的大部分数据都保存在 SST 中，因此 LSM 树的 SST 的数量可能非常多。以 RocksDB 为例，默认的层级数量为 7。在不考虑其他优化的情况下，由于 L_0 层的 SST 的键范围可能重叠，最多需要查找 4 个 SST。L_1~L_6 层的 SST 的键范围不重叠，可以通过 SST 的键范围排除掉大部分 SST，因此每个层级最多只需查找 1 个 SST。综上所述，从 L_0 到 L_6 层，在最坏情况下最多需要查找 10 个 SST。提高 SST 的查询效率，是提升 LSM 树查询性能的关键。

6.4.1 SST

SST 中保存了有序的键值对。LSM 树存储引擎中的大部分数据以 SST 的形式保存在硬盘上。SST 读写数据的基本单位为块（Block），块的大小一般为 4~64KB。保存数据的块称为数据块（Data Block）。为了可以根据键快速定位对应的数据块，LSM 树存储引擎通常会在 SST 内部实现块级别的索引。这些索引通常以索引块（Index Block）的形式保存在 SST 中。索引块中的每个键值对指向一个数据块——键为对应数据块中的最大键，值为对应数据块在 SST 中的偏移和大小。数据块和索引块组成了 SST 的最基础且核心的部分。

从一个 SST 查找一条记录的逻辑如下：

（1）读取索引块。

（2）在索引块上执行二分查找，找到对应的数据块索引。

（3）根据索引块中获得的偏移和大小，从 SST 中读取相应的数据块。

（4）在数据块上执行二分查找，找到对应的记录。

因此，一个 SST 的点查询最多需要两次 I/O：一次读取索引块，另一次读取数据块。一般情况下，索引块较小，会被缓存在内存中。因此，在不考虑其他数据缓存的情况下，从一个 SST 查找一条记录只需一次 I/O 操作和两次二分查找。由于 LSM 树中有大量的 SST，一次点查询可能需要多次 I/O 操作和多次二分查找。

大多数情况下，一个键仅存在于少数的 SST 中，因此一次点查询中的大部分 SST 查找都是无效的。优化这一问题的常见方法是使用过滤器，如布隆过滤器（Bloom Filter），用于对要查找的键进行检查，从而过滤掉不包含要查找的键的 SST。

6.4.2　布隆过滤器

1. 基本原理

布隆过滤器是一种高效的概率型数据结构。1970 年，Burton Howard Bloom 在论文 *Space/Time Trade-offs in Hash Coding with Allowable Errors*（哈希编码中允许出现错误的空间/时间权衡）中提出了布隆过滤器。

布隆过滤器通常由一个或多个位图和多个哈希函数组成，用于检索一个元素是否在一个集合中。假设有一个布隆过滤器，它由三个哈希函数 h_1、h_2、h_3 和一个位图 B 组成。插入元素 x 时，首先计算 x 的哈希值 $h_1(x)$、$h_2(x)$和 $h_3(x)$，然后将位图上对应的位置设置为 1。查找元素 x 时，同样是先计算 x 的哈希值 $h_1(x)$、$h_2(x)$和 $h_3(x)$，然后读取位图上对应位置的值。如果对应的位不全为 1，则可以肯定该元素没被布隆过滤器记录过；如果对应的位全为 1，则该元素很可能被布隆过滤器记录过，但存在“假阳性”（False Positive）的可能性。

图 6-10 展示了由 A 和 B 两个元素生成（用实线箭头表示）的布隆过滤器。当使用元素 C 查找时（左边的虚线箭头），由于 $B[h_2(C)]$等于 0，因此可以确定 C 不存在；当使用元素 D 查找时（右边的虚线箭头），对应位置均为 1，因此 D 可能存在。但实际上，D 并不存在，这种误判即为“假阳性（False Positive）”。

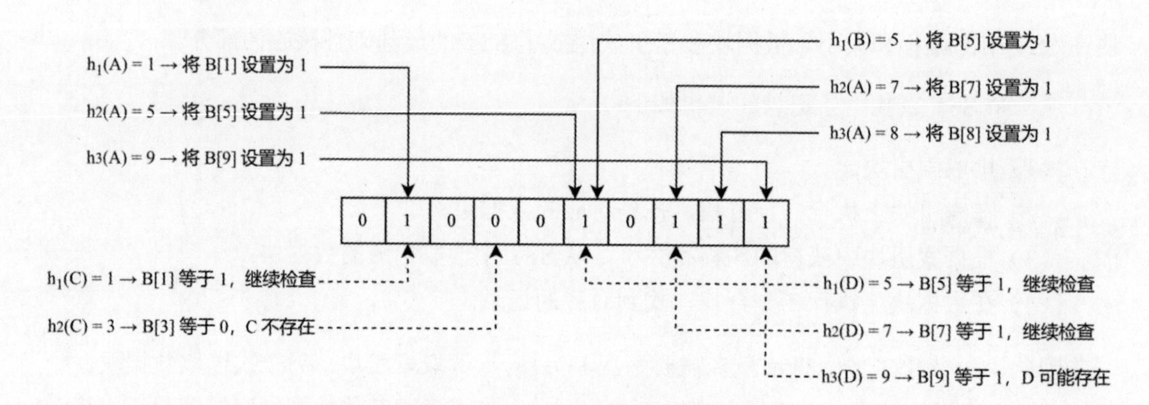

图 6-10 布隆过滤器设置和查找示例

2. 内存开销

假设 m 是位图的长度，n 是键的总数，k 是哈希函数的个数，则平均每个键消耗的内存为 bits_per_key=m/n。对于给定的 bits_per_key，为了最小化假阳性的概率，k 的取值应为 bits_per_key*ln2。如果期望假阳性的概率不高于 e，则 bits_per_key 的取值应不小于 $-1.44\log_2 e$。例如，如果期望假阳性的概率 e 不超过 0.01，则可以通过公式简单计算得到 bits_per_key 的取值为 $-1.44\log_2 0.01 \approx 9.567$。也就是说，每个键消耗不到 10 比特便可将假阳性的概率控制在 1%以下。具体数学推导可参考布隆过滤器的维基百科页面[1]。

3. 局限性

布隆过滤器的优点是实现简单且查询的时间复杂度为常数，但也存在一些局限性：

- 不支持删除操作。有人提出方案，把位图变成整数数组，然后每插入一个元素就把对应的计数器加一，删除元素时将计数器减一。但此方案存在两个问题：一是内存消耗显著增加；二是布隆过滤器无法确保被删除的元素一定存在。
- 无法精确判断一个元素是否存在，也就是说存在假阳性的可能。
- 只支持单键过滤，不支持范围过滤。
- 内存开销较大。在 RocksDB 的应用中，布隆过滤器占用内存的数量可能超过总内存量的 10%。
- 插入操作和查询操作都会在整个位图上随机跳转，对 CPU 缓存不友好。

不过，前三个问题并不影响布隆过滤器在 LSM 树点查询场景中的应用。对于范围过滤

[1] https://en.wikipedia.org/wiki/Bloom_filter

的不足，后续会在讨论范围查询时进一步分析。下面将介绍几种布隆过滤器的代替方案，主要方是优化过滤器的内存占用率和查询性能。

6.4.3　布谷鸟过滤器

1. 基本原理

前文介绍哈希表时，我们介绍过一种处理哈希冲突的方法——布谷鸟哈希（Cuckoo Hashing）。布谷鸟管过滤器（Cuckoo Filter）是在布谷鸟哈希的基础上设计的。与布谷鸟哈希相比，布谷鸟过滤器为了节省内存空间，不存储原始信息，只存储指纹信息。

布谷鸟哈希的特点是为每个键使用两个哈希函数 h_1 和 h_2，提供哈希表中的两个固定位置。在插入过程中，通过反复“踢出”键来解决冲突。在反复“踢出”的过程中，需要重新计算被踢出的键的哈希值。因为布谷鸟哈希的哈希表中保存了键的原始值，所以这样处理是很自然的。但布谷鸟过滤器中，只存储了键的指纹信息，无法直接重新计算键的哈希值，因此哈希函数的设计需要调整。假设键为 x，f 为 x 的指纹信息，则 x 在布谷鸟过滤器的哈希表中的两个位置为：

- $pos_1=h(x)$
- $pos_2=pos_1 \oplus h(f)$

利用异或运算的对称性可得，$pos_1=pos_2 \oplus h(f)$。

实际上，指纹 f 本身也是一个哈希值，那么为什么要对 f 使用 h(f)再进行一遍哈希计算，而不是直接使用 f 以减少一次哈希计算呢？主要原因是 f 通常较短，例如仅 1 字节。如果直接使用 1 字节大小的 f 进行计算，那么 pos_1 和 pos_2 两个位置之间的距离不会超过 256，容易形成聚集，增加哈希冲突的可能性。

布谷鸟过滤器和布谷鸟哈希的插入、查找逻辑与布谷鸟哈希基本一致，这里不再赘述，具体内容可以参考前面关于 Cuckoo Hashing 的相关章节。

2. 内存开销

为了提高内存利用率，布谷鸟过滤器通常允许一个桶中保存多个指纹信息，以提高哈希表的负载因子。将一个桶可保存的指纹信息个数记为 b。当 b=1 时，负载因子通常只能达到 50%左右；当 b 为 4 或 8 时，负载因子通常可以达到 95%以上。

然而，增大桶会带来另一个问题：每次检查时需要比较的指纹增多。为了保持假阳性的概率不变，需要更长的指纹信息。假设指纹的长度为 f 位，查找一个不存在的键时，该键的指纹和桶中某一个指纹不相等的概率为$1-\frac{1}{2^f}$。因此，与桶中所有指纹都不相等的概率为$(1-\frac{1}{2^f})^b$。由于布谷鸟过滤器每次需要检查两个桶，因此与两个桶中所有指纹都不相等的概率是$(1-\frac{1}{2^f})^{2b}$，假阳性的概率是$1-(1-\frac{1}{2^f})^{2b} \approx \frac{2b}{2^f}$。因此，假阳性的概率和桶的大小成正比。

如果我们希望假阳性的概率不大于 ε，即$\frac{2b}{2^f} \leqslant \varepsilon$，则指纹长度$f \geqslant \log_2\frac{1}{\varepsilon}+\log_2 2b$。假设叠加负载因子为α，则每个键所需的位数为 $bits\_per\_key \geqslant (\log_2\frac{1}{\varepsilon}+\log_2 2b)/\alpha$。当 b=4 时，哈希表的负载因子 α 可以达到 95%，此时$bits_per_key \geqslant 1.05(\log_2\frac{1}{\varepsilon}+3)$。如果要求假阳性的概率小于或等于 1%，则每个布谷鸟过滤器的键所需的内存约为 10.13 位，比布隆过滤器每个键消耗的内存（9.57 位）高出约 6%。

3. Semi-Sort 编码

为了进一步节省内存，布谷鸟过滤器对桶中的指纹进行了 Semi-Sort 编码。假设 b=4 和 f=4，则 4 个指纹的总大小是 16 位。通过排序，可以产生 3876 种组合。实际上，我们只需要 12 位即可表示这 3876 种组合（因为$2^{12}=4096>3876$）。因此，采用 Semi-Sort 编码，可以为每个指纹节省 1 位的内存。当 b=4 时，采用 Semi-Sort 编码的布谷鸟过滤器的内存开销为$bits_per_key \geqslant 1.05(\log_2\frac{1}{\varepsilon}+2)$。当假阳性的概率为 1%时，每个键消耗的内存约为 9.08 位，比布隆过滤器降低约 5%，但需要额外的 CPU 开销进行编解码。

这里解释一下为什么 4 个长度为 4 位的指纹的组合是 3876 种。首先，每个指纹有$2^4=16$种选择，接下来分 4 种情况讨论：

- 4 个指纹都不一样（ABCD），这种情况有$C_{16}^4=1820$种。
- 3 个指纹不一样（ABC），最后一个指纹可以是 A、B 或 C 之一，有$C_{16}^3*3=1680$种。
- 2 个不同的指纹（AB），剩余两个指纹有 3 种选择（AA 或 BB 或 AB），所以有$C_{16}^2*3=360$种。
- 所有指纹都一样，这种情况有 16 种。

综上所述，4 个长度为 4 位的指纹组合数为 1820+1680+360+16=3876 种。

4. 小结

布谷鸟过滤器的优点是每次查询最多只需要两次随机内存访问，而布隆过滤器的每个哈希函数都对应一次随机内存访问。当假阳性的概率为 1%时，布隆过滤器最多需要 7 次随机内存访问。这也是布谷鸟过滤器的性能有机会超过布隆过滤器的主要原因。

然而，标准版的布谷鸟过滤器的内存用量略高于布隆过滤器。通过付出一定的编解码代价，Semi-Sort 版的布谷鸟过滤器降低了内存开销。在低假阳性概率的前提下，布谷鸟过滤器总体上比布隆过滤器略有优势。然而，如果允许假阳性的概率增加，布谷鸟过滤器的内存开销将逐渐超过布隆过滤器。根据上述公式计算，理论上，当假阳性的概率大于或等于 2.4%时，布谷鸟过滤器的内存开销将高于布隆过滤器。

6.4.4　异或过滤器

1. 基本原理

6.4.5 节将要介绍的带状过滤器（Ribbon Filter）是基于异或过滤器（Xor Filter）实现的，因此在介绍带状过滤器之前，我们先来了解异或过滤器的原理。

异或过滤器的作用与前面介绍的布隆过滤器、布谷鸟过滤器一样，都是用来检测一个元素是否为集合中的成员（同样可能会出现假阳性）。2020 年，Thomas Mueller Graf 和 Daniel Lemire 在论文 *Xor Filters: Faster and Smaller Than Bloom and Cuckoo Filters*（Xor 过滤器：比布隆过滤器和布谷鸟过滤器更快更小）中介绍了银行过滤器的原理。

异或过滤器和布谷鸟过滤器类似，都需要一个哈希函数来计算键的指纹，记为 fingerprint(key)。同时，异或过滤器会将指纹保存到一个桶数组中（实际保存的是指纹经过异或计算后的结果），每个桶有多个位，且桶的长度与指纹相同。

与布隆过滤器类似，异或过滤器需要三个哈希函数来计算其在桶数组上对应的位置。不过，与布隆过滤器采用 AND 计算多个位置的结果不同，异或过滤器将这三个桶的值进行异或运算得到结果 r，并与指纹进行对比。如果相同，则对应的键可能存在于集合中；如果不同，则该键一定不存在。将桶数组记为 B，三个哈希函数记为 h_0、h_1 和 h_2，则异或过滤器的查找逻辑如代码 6-1 所示。

代码 6-1　异或过滤器的查找逻辑

```
1   Lookup(x)
2       return fingerprint(x) == B[h0(x)] xor B[h1(x)] xor B[h2(x)]
```

2. 生成算法

为一个键的集合生成异或过滤器是一个将键逐个“剥离”直至集合为空的过程，因此这个算法也被称为剥离算法（peeling algorithm）。生成异或过滤器的过程如下：

（1）分配一个可以保存 m 个指纹的桶数组，记为 B。数组 B 的初始值可以是任意值。

（2）随机选择三个哈希函数，并将所有键通过这三个哈希函数映射到桶数组上。

（3）找到一个有独占桶的键，将该键记为 x，独占的桶记为 i（如果有多个键符合条件，则任意选择一个）。极端情况下，如果无法找到有独占桶的键，则返回第（2）步重新选择。

（4）将(x,i)压入栈中，并将键 x 从键集合中“剥离”。

（5）在剩余的键中，重复第（3）~（4）步，直到键集合为空。

（6）弹出栈顶元素，记为(x,i)，计算 x 对应的 3 个桶，记为 i、j、k，并更新桶的值：B[i]=f(x)xor B[j]xor B[k]。

（7）重复第（6）步，直至栈为空。

下面通过一个例子来说明异或过滤器的生成过程。假设桶数组有 8 个桶，且我们要为 A、B、C、D 四个键生成异或过滤器。

（1）图 6-11 展示了 A、B、C、D 四个键的指纹及它们分别使用三个哈希函数映射到桶数组的对应位置。此时，栈为空。

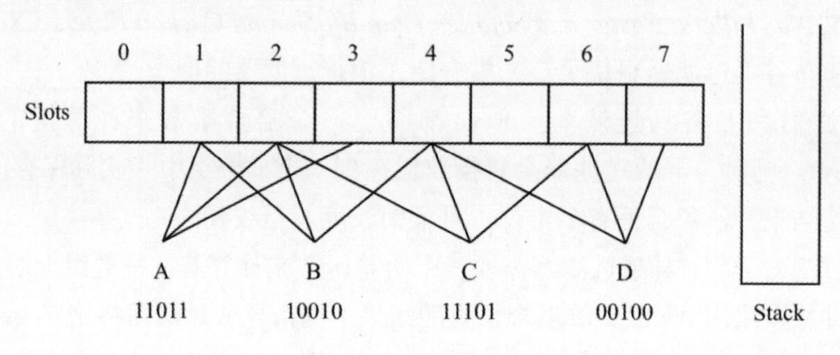

图 6-11　键对应的桶

（2）开始执行“剥离”算法。如图 6-12 所示，注意到桶 7 被 D 独占，将它的（D,7）入栈，然后将 D 剥离。

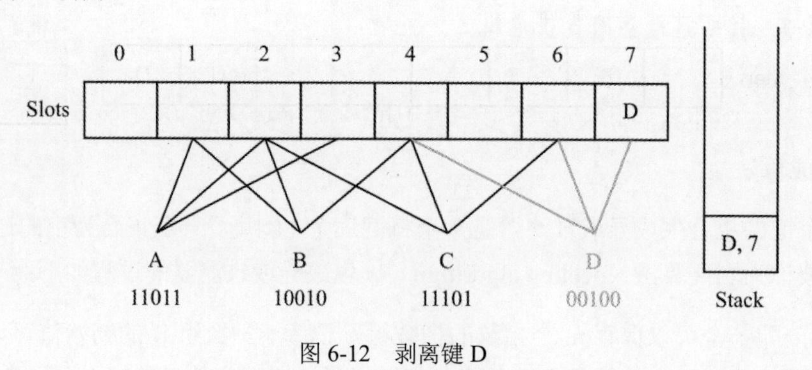

图 6-12　剥离键 D

（3）如图 6-13 所示，将 D 剥离后，桶 6 被 C 独占，将（C,6）入栈，然后将 C 剥离。

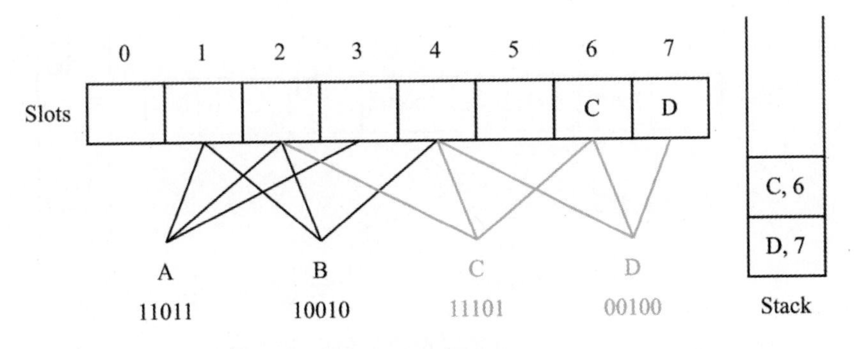

图 6-13　剥离键 C

（4）同理，C 被剥离后，如图 6-14 所示，桶 3 被 A 独占，将（A,3）入栈，并将 A 剥离。

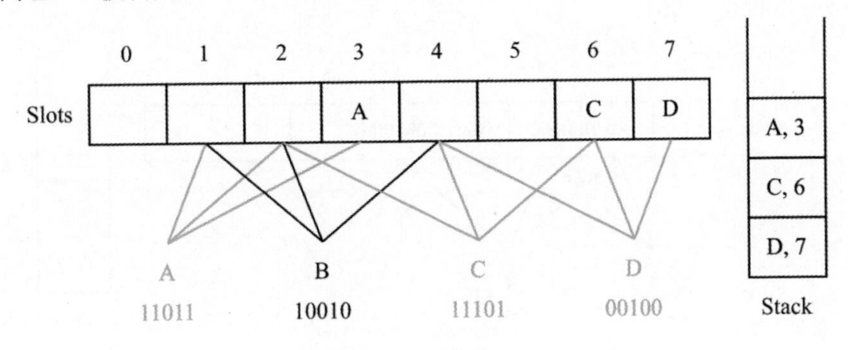

图 6-14　剥离键 A

（5）最后，如图 6-15 所示，A 被剥离后，只剩下 B，这里选择桶 1，将（B,1）入栈，然后剥离 B。此时，所有键已被“剥离”完成，接下来从栈中依次弹出，开始计算每个桶的值。

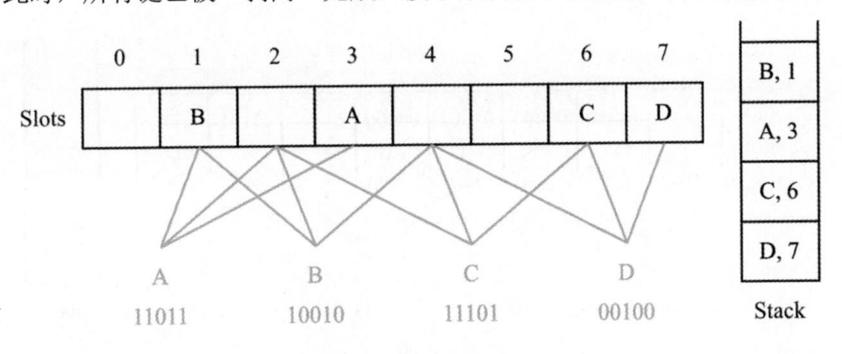

图 6-15　剥离键 B

（6）为了方便展示和计算，这里假设所有桶的初始值都是 00000。如图 6-16 所示，弹出（B,1），并计算桶 1 的值：B[1]=f(B)xor B[2]xor B[4]= 10010 xor 00000 xor 00000 =10010。

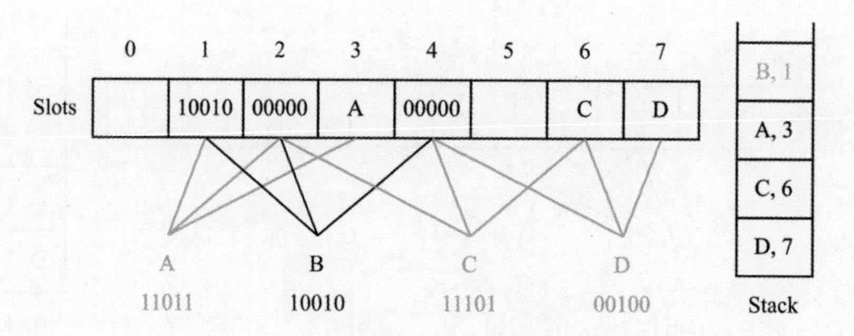

图 6-16　计算键 B 对应的桶的哈希值

（7）如图 6-17 所示，弹出（A,3），并计算桶 3 的值：B[3]=f(A)xor B[1]xor B[2]=11011 xor 10010 xor 00000=01001。

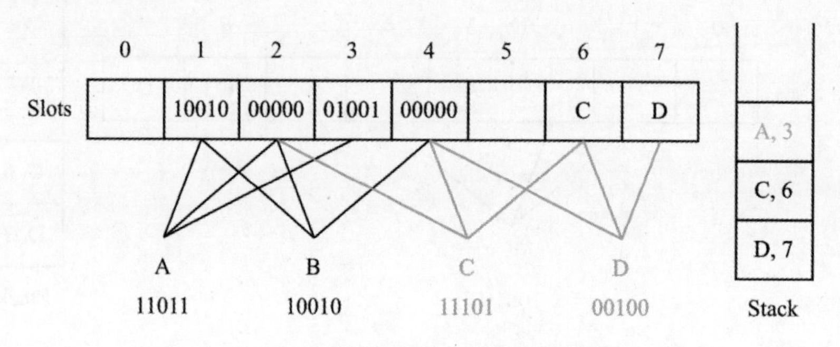

图 6-17　计算键 A 对应的桶的哈希值

（8）如图 6-18 所示，弹出（C,6），并计算桶 6 的值：B[6]=f(C)xor B[2]xor B[4]=11101 xor 00000 xor 00000=11101。

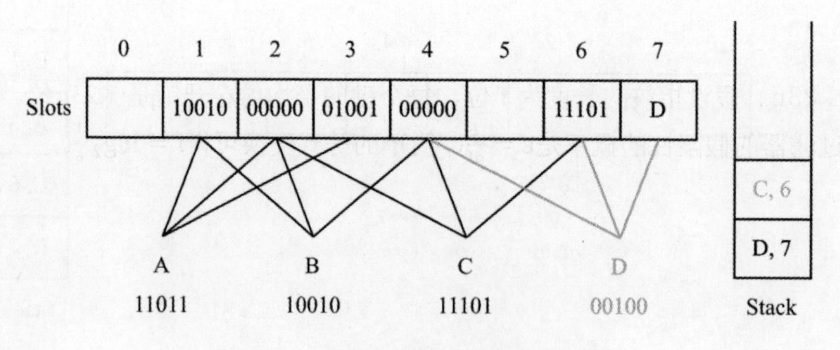

图 6-18　计算键 C 对应的桶的哈希值

（9）如图 6-19 所示，弹出（D,7），并计算桶 7 的值：B[7]=f(D)xor B[4]xor B[6]=00100 xor 00000 xor 11101=11001。

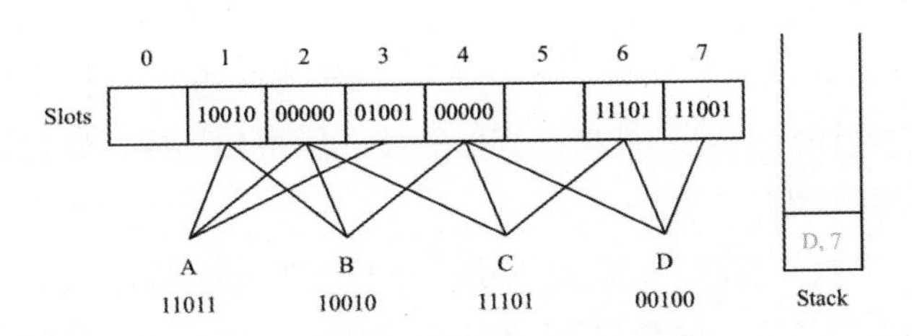

图 6-19 计算键 D 对应的桶的哈希值

3. 内存分析

异或过滤器生成的时间复杂度是 O(n+m)，其中 n 是键的数量，m 是桶的数量。生成异或过滤器的过程可能会失败，解决方法是重新随机选择哈希函数进行重试。

假设有 n 个键、m 个桶和 d 个哈希函数，其中 m≥n。现在我们来分析一下异或过滤器一次生成失败的概率。可以看出，m 越大，异或过滤器一次创建成功的概率越高，但同时内存开销也越大。为了尽可能节省内存，我们一般希望 m 尽可能接近 n。所以这里有一个类似哈希表的负载因子的概念，将 n/m 记为 α，也就是说，我们希望 α 尽可能接近 1。

哈希函数的数量 d 的取值较为微妙。如果 d 很小，比如 d=1，一旦发生哈希冲突，生成异或过滤器就会立刻失败。如果 d 很大，比如 d=m，就有可能出现没有独占桶的键无法剥离的情况。理论上，当 d=2 时，如果 α 接近 0.5，那么异或过滤器生成成功的概率将非常低。当 d≥3 时，在负载因子超过某个值时，成功生成异或过滤器的概率会出现断崖式下降：

- 当 d=3 时，$\alpha_{max} \approx 0.81$。
- 当 d=4 时，$\alpha_{max} \approx 0.77$。
- 当 d=5 时，$\alpha_{max} \approx 0.70$。

因此，为了达到最高的负载因子，对于异或过滤器，我们选择三个哈希函数，此时 $m = \frac{n}{0.81} \approx 1.23n$。假设指纹的长度为 f 位，每个键的平均内存开销是 1.23f 位。指纹长度为 f 位的异或过滤器的假阳性的概率是$\varepsilon = \frac{1}{2^f}$，简单的等式变换可得$f = \log_2 \frac{1}{\varepsilon}$。

综上所述，异或过滤器每个键的平均内存开销是$1.23\log_2 \frac{1}{\varepsilon}$。对比布隆过滤器的$1.44\log_2 \frac{1}{\varepsilon}$，可以节省大约 14.6%的内存，并且每次查询最多只需三次随机内存访问。然而，异或过滤器的一个明显缺点是生成算法的开销较大，并且可能出现失败，需要重试。

6.4.5 带状过滤器

1. 基本原理

2021 年，Peter C. Dillinger 和 Stefan Walzer 在论文 *Ribbon Filter: Practically Smaller Than*

Bloom and Xor（带状过滤器：实际大小比布隆和异或过滤器更小）中介绍了带状过滤器（Ribbon Filter）的设计与实现。带状过滤器的核心思想和异或过滤器类似，但其构建和查询采用了行列式求解的方法。

基于 6.4.4 节的异或过滤器，我们可以用一个长度为 m 的向量来表示一个键在桶数组上的位置，m 是桶数组的长度，向量记为$\overrightarrow{h(key)}$。例如，在图 6-11 的例子中，桶数组的长度为 8，键 A 映射到桶数组上的位置是 1、2、3，所以$\overrightarrow{h(A)} = [0\ 1\ 1\ 1\ 0\ 0\ 0\ 0]$。

同样地，每个键的指纹也可以用一个长度为 r 的向量来表示，r 是指纹的长度，记为$\overrightarrow{f(key)}$。例如，在图 6-11 的例子中，A 的指纹为$\overrightarrow{f(A)} = [1\ 1\ 0\ 1\ 1]$。

最终构造出来的异或过滤器也可以看成一个 m×r 的矩阵，我们将这个矩阵记为$\mathcal{Z}$。例如，前面的例子中对应的矩阵$\mathcal{Z}$如图 6-20 所示。

$$\begin{bmatrix} 0 & 0 & 0 & 0 & 0 \\ 1 & 0 & 0 & 1 & 0 \\ 0 & 0 & 0 & 0 & 0 \\ 0 & 1 & 0 & 0 & 1 \\ 0 & 0 & 0 & 0 & 0 \\ 0 & 0 & 0 & 0 & 0 \\ 1 & 1 & 1 & 0 & 1 \\ 1 & 1 & 0 & 0 & 1 \end{bmatrix}$$

图 6-20　用矩阵表示异或过滤器

因此，异或过滤器的查询逻辑如代码 6-2 所示。

代码 6-2　通过矩阵运算查找键是否存在

```
1   Lookup(x)
2       return f(x) == h(x) ⊕ Z
```

其中，$\overrightarrow{h(x)} \oplus \mathcal{Z}$的含义是对向量$\overrightarrow{h(x)}$非零位置对应的矩阵$\mathcal{Z}$的行进行异或运算。图 6-21 展示了如何通过行列式运算来查找键 A 是否存在。

$$\overrightarrow{h(A)} \oplus \mathcal{Z} = [0\ \ 1\ \ 1\ \ 1\ \ 0\ \ 0\ \ 0\ \ 0] \oplus \begin{bmatrix} 0 & 0 & 0 & 0 & 0 \\ 1 & 0 & 0 & 1 & 0 \\ 0 & 0 & 0 & 0 & 0 \\ 0 & 1 & 0 & 0 & 1 \\ 0 & 0 & 0 & 0 & 0 \\ 0 & 0 & 0 & 0 & 0 \\ 1 & 1 & 1 & 0 & 1 \\ 1 & 1 & 0 & 0 & 1 \end{bmatrix}$$

图 6-21　通过行列式运算来查找键

向量$\overrightarrow{h(A)}$对应矩阵$\mathcal{Z}$的行是$\mathcal{Z}_1$、$\mathcal{Z}_2$、$\mathcal{Z}_3$。因此，$\mathcal{Z}_1 \oplus \mathcal{Z}_2 \oplus \mathcal{Z}_3 = 10010 \oplus 00000 \oplus$

$01001 = 11011$。

我们将构造异或过滤器的键集合的位置向量表示成一个 n×m 的矩阵，将键集合的指纹向量表示成一个 n×r 的矩阵。如图 6-22 的行列式所示，构造异或过滤器的过程可以转换为求解矩阵$\mathcal{Z}$。

$$\begin{bmatrix}0&1&1&1&0&0&0&0\\0&1&1&0&1&0&0&0\\0&0&1&0&1&0&1&0\\0&0&0&0&1&0&1&1\end{bmatrix} \oplus \mathcal{Z} = \begin{bmatrix}1&1&0&1&1\\1&0&0&1&0\\1&1&1&0&1\\0&0&1&0&0\end{bmatrix}$$

图 6-22　构造异或过滤器算法的矩阵化

2. 行列式求解

为了提高求解行列式的效率并降低矩阵$\mathcal{Z}$的内存开销，带状过滤器对键向量组成的矩阵做出了一些限制：

- 矩阵为 m × m 的方阵。
- 当矩阵第 i 行是零向量时，指纹矩阵的此行也应为零向量。
- 非零向量 $\vec{h(x)}$ 由一个起始位置 s(x) 和一个系数向量 c(x) 组成：$\vec{h(x)} = 0^{s(x)-1}c(x)0^{m-s(x)-w+1}$。其中 w 被称为“条带宽度（Ribbon Width）”，而 c(x)被称为“条带”。这也是带状过滤器名称的来源。
- 带状过滤器还规定系数向量 c(x)的第一个元素必须为 1，且所有向量按照 s(x)从小到大排序。这样矩阵就能构成一个倒三角形结构，便于利用高斯消元法[1]快速计算。

带状过滤器的构造过程可分为两步：首先添加键以构造倒三角形的系数矩阵；接着使用高斯消元法求解行列式。代码 6-3 是带状过滤器添加键、构造倒三角形系数矩阵的程序逻辑示例。

代码 6-3　构造倒三角形系数矩阵

```
1   bool AddKey(x) {
2       s = s(x)
3       c = c(x)
4       b = b(x)
5       while (true) {
6           if M.c[i] == 0 {  // row i of M is empty
7               M.c[i] = c;
```

[1] https://en.wikipedia.org/wiki/Gaussian_elimination

```
8              M.b[i] = b;
9              return true;
10         }
11         c = c ⊕ M.c[i];
12         b = b ⊕ M.b[i];
13         if c == 0 {
14             if b == 0 return true;  // redundant
15             else return false;
16         }
17         j = findFirstSet(c)
18         i = i + j
19         c = c >> j
20     }
21 }
```

构造带状过滤器的核心逻辑在于，在构造倒三角形的系数矩阵时，时刻维护公式$\vec{h} \oplus \mathcal{Z} = 0^{s-1}c0^{m-s-w+1} \oplus \mathcal{Z} = c \oplus \mathcal{Z}_{[s,s+w)} = b$的不变性。下面依据代码 6-3 中的几种情况进行分析。

- 情况 1：对应的系数向量为空，直接添加。
- 情况 2：对应的系数向量非空，说明已有其他键占用此位置。即已存在$c[i] \oplus \mathcal{Z}_{[s,s+w)} = b[i]$。根据应用行列式加法公式，可得到新等式$c' \oplus \mathcal{Z}_{[s,s+w)} = b'$，其中$c' = c \oplus c[i]$，$b' = b \oplus b[i]$。下面根据$c'$和$b'$两个向量的取值，再分不同情况进行分析。
  - 情况 2-1：如果c'和b'都为零向量，说明已有其他键添加过相同的方程，所以可以忽略当前方程。
  - 情况 2-2：如果c'是零向量但b'是非零向量，说明之前的键方程与当前键方程冲突了，构造带状过滤器失败。
  - 情况 2-3：进行异或运算之后，若c'是以 j 个 0 开头的系数向量（j>0），不符合以 1 开头的要求。此时将 c' 移动，忽略前 j 个 0，并在尾部追加 j 个 0，得到新的系数向量c''。新的起始位置为$s' = s + j$。最终得到新的方程$c'' \oplus \mathcal{Z}_{[s',s'+w)} = b'$。

6.4.6 总结

在此，我们从带状过滤器的论文中提取了布隆过滤器、布谷鸟过滤器、异或过滤器和带状过滤器的性能数据，对比并总结它们的表现。图 6-23 展示了这几种过滤器在假阳性的概率约为 1%、键数量为 10^6 时的内存额外开销、构建耗时和查询耗时的对比。

	超过理论下限的额外内存开销	每键平均构建耗时/ns	每键平均查询耗时/ns
阻塞的布隆过滤器	52%	11	14
布谷鸟过滤器	40.3%	91	20
异或过滤器	23%	148	15
带状过滤器	10.1%	83	39

图 6-23　集中过滤器的比较

阻塞的布隆过滤器（Blocked Boom Filter）是标准版布隆过滤器的优化版本，减少了随机访问内存的次数，从而提升了构建和查询的性能，但内存开销略高于标准版的布隆过滤器。从图 6-23 的数据可以看出：

- 阻塞的布隆过滤器的构建性能和查询性能都非常优异，但内存开销偏高。
- 布谷鸟过滤器的内存开销与阻塞的布隆过滤器相比并无显著优势，但构建性能明显下降。
- 异或过滤器的构建性能明显不及其他几种过滤器。
- 带状过滤器的内存开销相比其他几种过滤器有明显优势，且构建性能略逊于阻塞的布隆过滤器，缺点是查询性能稍差。

结合 LSM 树的数据分层存储的特点，我们得出以下优化建议：

对于上层数据量占比较小但访问频繁较高的数据，可使用布隆过滤器以降低构建和查询的开销；

对于占据主要存储空间的下层数据，可使用带状过滤器，以降低内存开销。

6.5　范围查询

LSM 树的范围查询接口通常被抽象成“迭代器”。通过迭代器可以有序地遍历 LSM 树中的所有键。范围查询的请求通常可分为以下两个步骤来执行：

（1）seek(x)：seek 操作将迭代器定位到 LSM 树中第一个大于或等于键 x 的位置，即范围查询的下界。

（2）next()：每次调用 next，迭代器会前进一步，指向下一个键的位置。范围查询的基本逻辑是在循环中调用 next 和处理对应的键。

图 6-24 展示了在采用分层合并策略的 LSM 树中执行 seek(67)的结果。为了找到第一个大于或等于 67 的键，需要在每个层级的每个 SST 中进行一次二分查找，从而定位到每个 SST 中第一个大于或等于 67 的键。随后，将这些指向 SST 的迭代器通过一次多路归并（通常使用最小堆实现），最终整合为一个有序序列。因此，LSM 树范围查询的主要开销在于：

- seek 操作会产生多次 I/O 和多次二分查找。
- 每次执行 next 都需要进行一次多路归并比较。虽然使用最小堆可以将每次归并的比较次数降低到log(m)，其中 m 是归并的数据流个数。但当遍历的键数量较多或者范围查询的频率比较高时，这部分开销依然不可忽视。

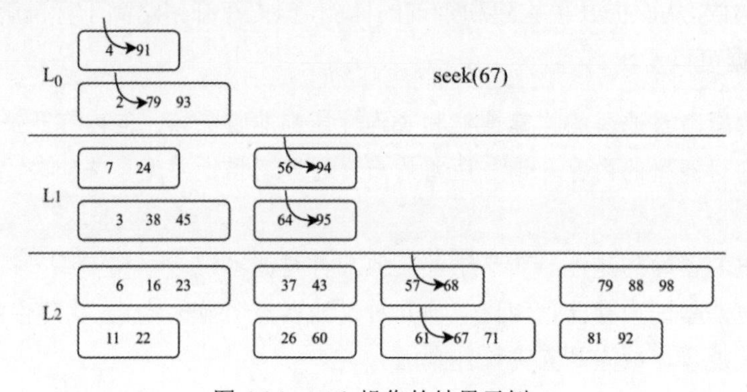

图 6-24 seek 操作的结果示例

在 OLTP（在线事务处理）工作负载中，查询范围通常较小。仍使用上面的例子，考虑一个小范围查询：range_query(67,75)。seek(67)操作需要在 6 个 SST 上进行二分查找，以定位到第一个大于或等于 67 的键。然而，实际上满足查询条件的只有 L_2 层中的(57, 68)和(61, 67, 71)这两个 SST。在点查询时，可以通过布隆过滤器等技术过滤掉不符合条件的 SST，从而减少一些不必要的 I/O 操作和 SST 查询。但在范围查询中，这些类过滤器无法发挥作用。为此，一些支持范围查询的过滤器被提出，如前缀布隆过滤器（Prefix Bloom filter）和 SuRF，以优化 LSM 树在范围查询时的性能。

6.5.1 前缀布隆过滤器

前缀布隆过滤器实际上是将布隆过滤器中采用整个键进行哈希的方式，改为采用键的前缀进行哈希。因此，前缀布隆过滤器能发挥作用的场景要求范围查询的键拥有相同的前缀。这种场景在实际应用中其实非常常见，比如某个用户的数据的键通常使用用户的 ID 作为前缀。正常情况下，键的前缀的数量远少于键的总数量，因此生成的前缀布隆过滤器也会小很多，更省内存。理论上，如果场景合适，采用前缀布隆过滤器的效果可能非常不错。

6.5.2 SuRF

1. 基本原理

SuRF 的全称是 Succinct Range Filter（简洁范围过滤器），是一种可以同时支持点查询和范围查询的过滤器。这里的 Succinct 表示 SuRF 是一种紧凑且高效的数据结构。如果一种数据结构所占用的空间接近信息论的下限，同时具有高效的查询操作，那么我们称这种数据结构为 Succinct Data Structure[1]（简洁数据结构）。

SuRF 的设计出自论文 *SuRF: Practical Range Query Filtering with Fast Succinct Trie*（SuRF: 使用快速简洁的前缀树进行实用范围查询过滤），其核心数据结构是 Fast Succinct Trie（FST，快速简洁的前缀树）。FST 是一种空间优化的静态字典树，可以实现点查询和范围查询。FST 通常采用一种被称为 LOUDS（Level-Ordered Unary Degree Sequence，按层排序的一元度序列）的编码方案，平均每个结点只需要占用 10 位内存空间。顾名思义，LOUDS 以广度优先的顺序（Level-Ordered）遍历结点，并使用一元编码（Unary Coding）对每个结点进行编码。

对于一棵字典树来说，它的上层结点较少，但访问较频繁；下层结点虽然很多，但访问较稀疏。为了兼顾内存开销和查询效率，在 LOUDS 的基础上，FST 使用基于位图的快速编码方案 LOUDS-Dense 来编码上层结点，提高查询效率；下层则使用 LOUDS-Sparse 方案来编码，以节省内存空间。

2. Select 和 Rank

在介绍 LOUDS 之前，我们先来看一下简洁数据结构的两个基本操作：select 和 rank。简洁数据结构的编码结果是一个或多个由 0 和 1 组成的位图。这些位图的基本操作主要有两个：

- $select_1(i)/select_0(i)$：返回第 i 个 1/0 的位置。
- $rank_1(i)/rank_0(i)$：返回从位置 0 到位置 i 的 1/0 的个数。

举个例子，假设有一个位图 1001010100，那么其各个位置的 select 和 rank 的结果如图 6-25 所示。

---

[1] https://en.wikipedia.org/wiki/Succinct_data_structure

i	0	1	2	3	4	5	6	7	8	9
位图	1	0	0	1	0	1	0	1	0	0
$select_1$		0	3	5	7					
$rank_1$	1	1	1	2	2	3	3	4	4	4
$select_0$		1	2	4	6	8	9			
$rank_0$	0	1	2	2	3	3	4	4	5	6

图 6-25　select/rank 示例

接下来，我们将介绍如何使用 select 和 rank 这两个操作遍历采用 LOUDS 编码的 FST。

3. LOUDS-Sparse

图 6-26 是一棵保存了 11 组键值对（key-value pair）的字典树。图中使用 0xff 来表示一个前缀，同时也是一个合法的键，即键本身是其他键的前缀。例如，在图 6-26 中，f 既是一个合法的键，同时也是 far 的前缀。由于这样的 0xff 只会出现在最左边的分支上，而一个合法的键中的 0xff 应该保存在最右边的分支上，因此可以简单地将两者区分开。

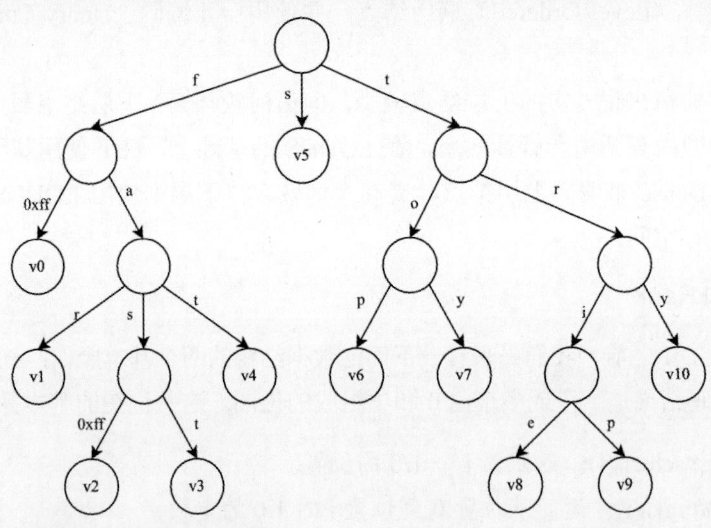

一棵保存了 11 个 key-value 的字典树：

key	f	far	fas	fast	fat	s	top	toy	trie	trip	try
value	v0	v1	v2	v3	v4	v5	v6	v7	v8	v9	v10

图 6-26　字典树示例

那么，我们如何采用 LOUDS-Sparse 对字典树进行编码以节省内存呢？图 6-27 展示了图 6-26 中字典树的 LOUDS-Sparse 编码结果。

Label	f	s	t	0xff	a	o	r	r	s	t	p	y	i	y	0xff	t	r	p
LOUDS	1	0	0	1	0	1	0	1	0	0	1	0	1	0	1	0	1	0
Child	1	0	1	0	1	1	1	0	1	0	0	0	1	0	0	0	0	0
Value		v5		v0				v1		v4	v6	v7		v10	v2	v3	v8	v9

图 6-27　字典树 LOUDS-Sparse 编码示例

首先，我们需要一个字节数组，将所有分支的值按层序遍历的顺序保存起来，这些值在 FST 中一般被称为标签（Label）。

下一步是编码这棵树的“形状”，我们用一个和标签数组一一对应的 LOUDS 位图来表示对应的分支是否为树结点的第一个标签。这样可以将标签按树结点分隔开。此外，我们还需要一个 Child 位图来表示对应的标签是否有子结点（非叶子结点）。

最后，还需要为每个键对应的值编码，即图 6-26 中的叶子结点，将值的内容按照层级顺序合并起来即可。

按照 LOUDS-Sparse 编码后，通过 LOUDS 和 Child 两个位图保存了整棵树的“形状”。因此，我们可以通过使用 rank 和 select 来遍历这棵树：

- pos 表示标签的位置。
- 其子结点的第一个标签的位置为 ChildNodePos(pos)=select_1(LOUDS,rank_1(Child, pos)+1)。例如，标签 t 的位置是 2，计算其子结点的位置:
  - rank_1(Child,2)+1=2+1=3。
  - select_1(LOUDS,3)=5，位置 5 的标签是 o。
- 其父结点标签的位置为 ParentNodePos(pos)=select_1(Child,rank_1(LOUDS,pos)-1)。例如，标签 o 的位置是 5，计算其父结点的位置:
  - rank_1(LOUDS,5)–1=3–1=2。
  - select_1(Child,2)=2，位置 2 的标签是 t。
  - 如图 6-28 所示，为了兼顾字典树的内存开销和查询效率，可以从水平方向将字典树分为上层结点和下层结点两部分。由于上层结点的数量较少，且属于访问热点，因此可以采用 LOUDS-Dense 的编码方式，以空间换时间，优化上层结点的访问速度。为了方便展示，我们使用 S 前缀和 D 前缀区分 LOUDS-Sparse 编码和

LOUDS-Dense 编码。由于每个结点最多有 256（2^8）个子结点，在 LOUDS-Dense 编码方式中，每个结点使用三个位图和一个值的字节序列，按层级顺序对每个字典树结点进行编码。

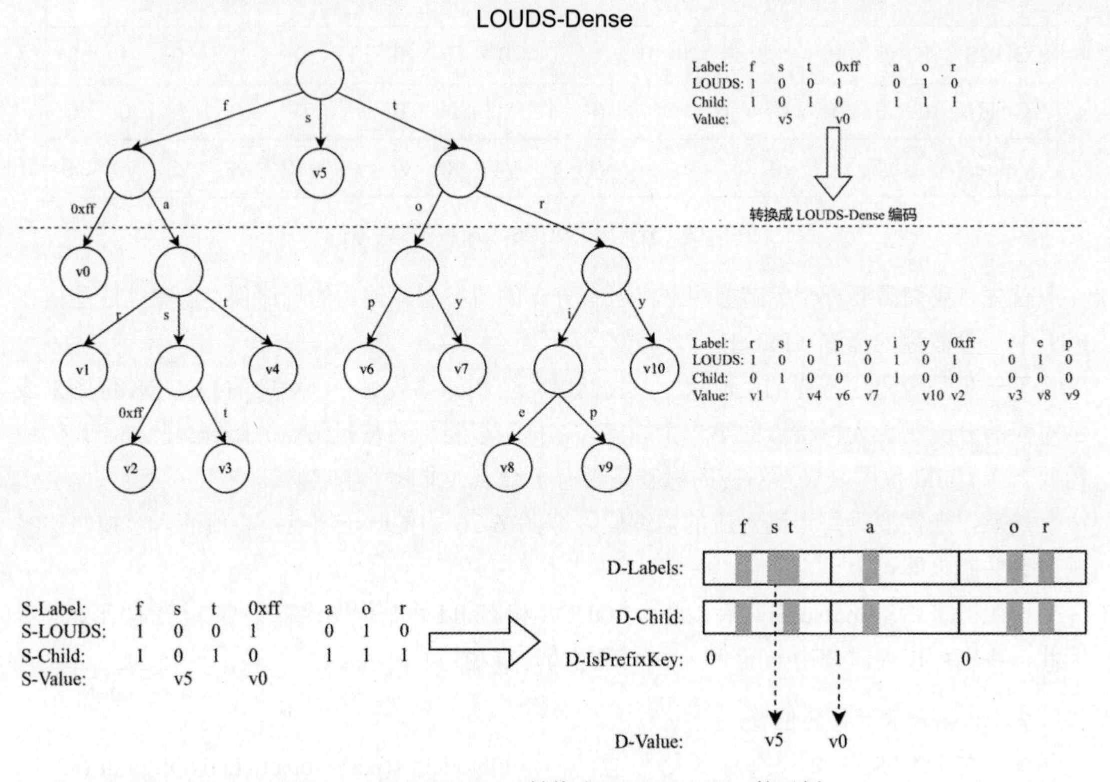

图 6-28　LOUDS-Sparse 转换成 LOUDS-Dense 的示例

- D-Labels：记录每个结点的分支标签，每个结点需要 256 位。以图 6-28 中的根结点为例，其拥有标签为 f、s 和 t 的三个分支。D-Labels 位图设置第 102 位（f）、第 115 位（s）和第 116 位（t），并清除其余位。
- D-Child：表示结点是否有子结点（即非叶子结点），每个结点需要 256 位。以图 6-28 中的根结点为例，f 和 t 都有子结点，但 s 没有，所以第 102 位（f）和第 106 位（t）两个位设置为 1。
- D-IsPrefixKey：表示从根结点到当前结点的前缀是否为有效键，每个结点需要 1 位。这个位图的作用和前面 LOUSD-Sparse 中的特殊 0xff 编码一样。以图 6-28 中的根结点为例，f 既作为前缀，同时也是合法有效的键。因此，将 f 分支指向的结点设置为 1。

- D-Values：和 LOUDS-Sparse 的值部分保持一致，无须变换。

使用 select 和 rank 操作遍历 LOUDS-Dense 编码的 FST 的规则如下：

- 子结点的第一个标签的位置为 ChildNodePos(pos)=256*$rank_1$(Child,pos)。
- 父结点标签的位置为：ParentNodePos(pos)=$select_1$(Child,[pos/256])。

4. 从 FST 到 SuRF

FST 是一棵完整的字典树，支持精确的点查询和范围查询，同时占用的内存也较多。基于 FST 构建 SuRF，最重要的是在假阳率与内存开销之间取得平衡。SuRF 的做法是对字典树进行裁剪。本节（第 6.5.2 节）开始提到的论文介绍了 SuRF-Base、SuRF-Hash、SuRF-Real 和 SuRF-Mixed 四种不同的字典树裁剪方式，如图 6-29 所示。

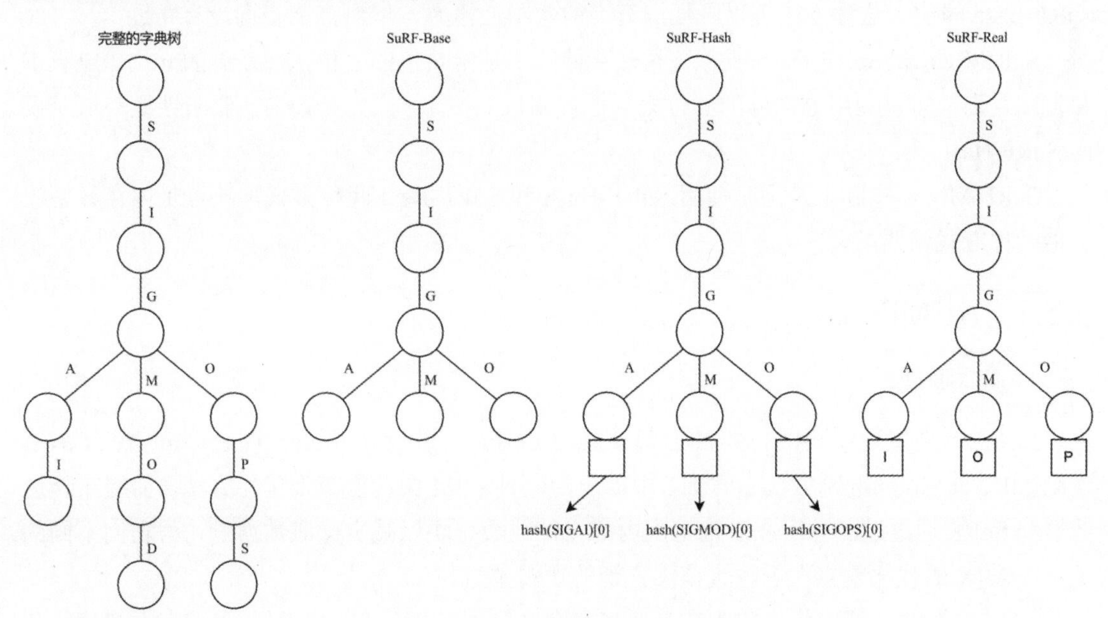

图 6-29　SuRF 的字典树裁剪方式

SuRF-Base 的基本思路是在完整的字典树之上裁剪掉每个键“多余”的部分，只存储键的共有前缀和一个额外的字符，使其刚好足以区分每个键。例如，假如有三个键 SIGAI、SIGMOD 和 SIGOPS，在 SuRF-Base 中，只需要保存 SIG 这个共同前缀和 A、M、O 三个字符。SuRF-Base 的形状和大小与键的分布有关。

考虑到在现实情况中，LOUDS-Dense 和 LOUDS-Sparse 结合的编码中，绝大部分结点是 LOUDS-Sparse 编码，LOUDS-Dense 编码的结点只占一小部分。简单起见，这里只考虑

LOUDS-Sparse 编码的内存开销。假设这是一个具有 n 个结点的 FST，那么其中会有 8n 位用于标签，2n 位用于 Child 和 LOUDS 位图，总共 10n 位（不考虑值的存储），即平均一个结点需要 10 位。当扇出（fan-out）为 2 时，FST 实际上是一棵满二叉树，此时结点的数量是键的数量的两倍。一个结点需要 10 位，因此一个键需要 20 位。通常情况下，FST 的结点平均扇出大于 2。因此，可以预期 SuRF-Base 的每个键的内存开销应该小于 20 位。

在论文的实验中，以随机的 64 位整数为键，SuRF-Base 的每个键的内存开销为 10 位。以 email 为键，SuRF-Base 的每个键的内存开销为 14 位。同时，SuRF-Base 的假阳性概率也与键的分布有关。在论文的实验中，对于随机的 64 位整数，SuRF-Base 的假阳性概率为 4%；对于 email 格式的键，假阳性概率为 25%。

SuRF-Hash 是在 SuRF-Base 的基础上，通过对键进行哈希计算，将哈希值的 n 位作为 SuRF-Base 的值。这种方法可以降低点查询的假阳性概率，但对范围查询没有帮助。

SuRF-Real 和 SuRF-Hash 类似，只是存储的不是哈希值的 n 位，而是键的 n 位。点查询和范围查询都可以利用这额外的 n 位来降低假阳性的概率，但其点查询的假阳性概率还是要比 SuRF-Hash 高。

SuRF-Mixed 实际上是同时使用 SuRF-Hash 和 SuRF-Real 两种方式，缺点是内存开销比其他两种方式都要高。

6.5.3 REMIX

1. 基本原理

REMIX 是发表于 2021 年的一篇论文 *REMIX: Efficient Range Query for LSM-trees*（REMIX：LSM 树的高效范围查询）中提出的一种 LSM 树范围查询优化方法。前缀布隆过滤器和 SuRF 通过过滤掉不在查询范围内的文件或数据块以减少读取数据量，与它们不同的是，REMIX 的优化重点在于改进范围查询的逻辑本身。

在 LSM 树中，范围查询的本质是对多个有序序列（Sorted Run）进行多路归并排序，从而对外提供一个全局有序视图（Sorted View）。如果构成这个全局有序视图的底层文件未发生改变，那么该视图本身也不会发生变化。REMIX 的优化思路是直接保存这个全局有序视图，而不是在每次查询时动态地通过多路归并生成。

REMIX 首先将整个全局有序视图分割成多个片段（Segment），每个片段包含固定数量的键值对，并维护以下三个核心信息。

- AnchorKey：每个片段中最小的键。通过对所有片段的 AnchorKey 进行二分查找，可以快速定位到要查找的键所在的片段。

- CursorOffsets：每个片段所依赖的每个有序序列对应一个 CursorOffset 元素，表示该有序序列中第一个大于或等于 AnchorKey 的键的位置。
- RunSelectors：一个数组，其元素与片段中的每个键一一对应，表示每个键所属的有序序列编号。

图 6-30 展示了三个有序序列 R0、R1 和 R2 组成的全局有序视图及其对应的 REMIX 逻辑结构。R0、R1 和 R2 之间的箭头表示这些键的排序顺序，归并后的全局有序视图是[2,4,6,7,11,17,23,29,31,43,52,67,71,73,91]：

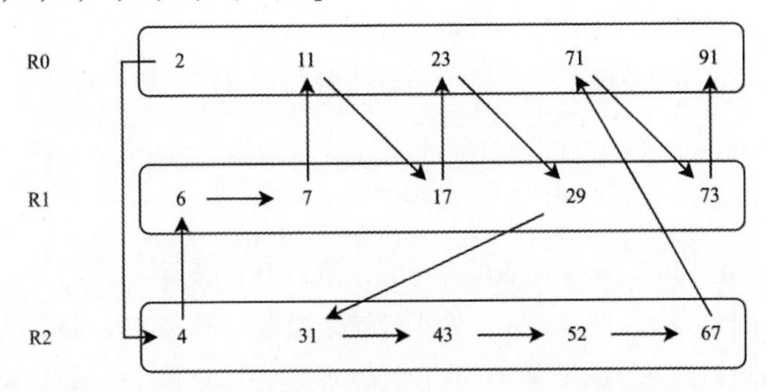

Sorted View	2 4 6 7	11 17 23 29	31 43 52 67	71 73 91
Segments	Segment0	Segment1	Segment2	Segment3
Anchor Keys	2	11	31	71
Cursor Offsets	R0:0, R1:0, R2:0	R0:1, R1:2, R2:1	R0:3, R1:4, R2:1	R0:3, R1:4, R2:5
Run Selectors	0, 2, 1, 1	0, 1, 0, 1	2, 2, 2, 2	0, 1, 0

图 6-30 REMIX 示例

- REMIX 将该有序视图分割为[2 4 6 7]、[11 17 23 29]、[31 43 52 67]和[71 73 91]四个片段。
- 显而易见，这 4 个片段的 AnchorKey 分别是 2、11、31 和 71。
- 以 Segment1 为例。R0 中第一个大于或等于其 AnchorKey 的键是 11，这个键在 R0 中的偏移是 1，所以 R0 的 CursorOffset 记为{R0:1}。同理，R1 的 CursorOffset 记为{R1:2}，R2 的 CursorOffset 记为{R2:1}。
- 同样以 Segment1 为例。该 Segment 的第一个键是 11，来自 R0，所以 RunSelectors[0]

的值是 0。同理，第二个键来自 R1，第三个键来自 R0，第四个键来自 R1。最终，RunSelectors 数组的值是[0,1,0,1]。

2. 遍历一个片段

我们先来看 REMIX 如何遍历一个片段。该过程主要分为两步：

第一步，使用 CursorOffsets 初始化指向每个有序序列的指针。以图 6-28 中的 Segment1 为例，使用 CursorOffsets 进行初始化：

- R0 对应的 CursorOffset 是 1，初始化后指针指向 11。
- R1 对应的 CursorOffset 是 2，初始化后指针指向 17。
- R2 对应的 CursorOffset 是 1，初始化后指针指向 31。

第二步，遍历 RunSelectors，选择对应的指针读取数据。Segment1 对应的 RunSelectors 的内容为[0,1,0,1]：

- RunSelectors[0]为 0，从指向 R0 的指针读取数据，获得 11，指针递增。
- RunSelectors[1]为 1，从指向 R1 的指针读取数据，获得 17，指针递增。
- RunSelectors[2]为 0，从指向 R0 的指针读取数据，获得 23，指针递增。
- RunSelectors[3]为 1，从指向 R1 的指针读取数据，获得 29，指针递增。

最终，获得 Segment1 的键的有序序列为[11,17,23,29]。

3. Seek 操作

如何通过 REMIX 实现 seek 操作呢？该过程同样分为两步：

第一步，对所有片段的 AnchorKey 进行二分查找，定位到查找键所属的片段。

第二步，遍历这个片段，找到第一个大于或等于查找键的键。

以 seek(18)为例。通过对 AnchorKey 进行二分查找，可以定位到 Segment1。

然后，使用上述遍历算法遍历 Segment1，找到第一个大于或等于 18 的键。

为了避免 REMIX 的数据占用太多的空间，需要减少片段的数量，因此每个片段通常包含较多的键。为提高片段内查找某个键的效率，可以在片段内实现二分查找。

在片段内实现二分查找的前提是支持随机访问片段中的键。访问一个键需要的信息是键所属的有序序列以及键在有序序列中的位置。通过 RunSelectors，我们可以快速知道任意键所属的有序序列。而键在有序序列中的位置，可以通过遍历 RunSelectors 累计同一个有序序列在 RunSelectors 中已出现的次数来获得。虽然上述描述可能有点抽象，但通过论文中的实例可以更直观地理解这一过程。

如图 6-31 所示，Occurrences 和 RunSelectors 是一一对应的。Occurrences[i]表示 RunSelectors[i]在此之前出现的次数。例如，RunSelectors[0]的值为 3，而 3 在此之前出现的次数为 0，所以 Occurrences[0]的值为 0。而 RunSelectors[7]的值同样为 3，但 3 在此之前出现了 3 次，所以 Occurrences[7]的值为 3。

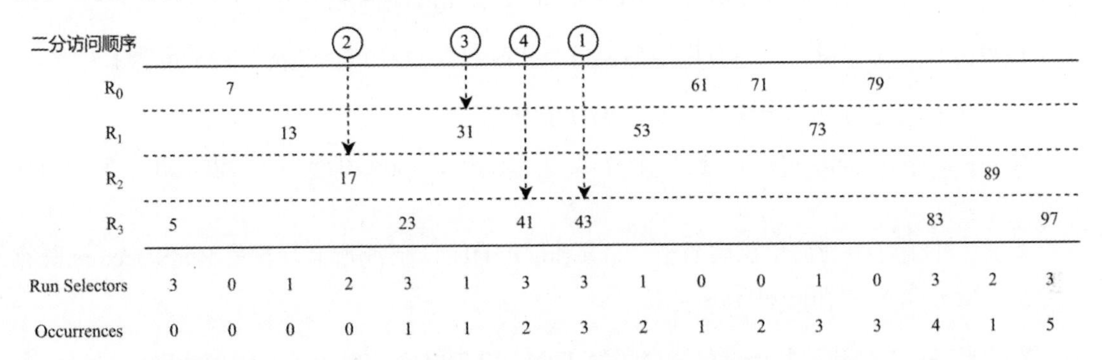

图 6-31　片段内二分查找的示例

以查找 41 为例，我们来看看如何在片段内部进行二分查找。

第一轮：left=0，right=15→mid=(0+15)/2=7→RunSelectors[7]的值为 3，Occurrences[7]的值为 3，所以从 R3 读取偏移为 3 对应的键，即 43。由于 43 大于 41，因此排除掉右半部分。

第二轮：left=0，right=6→mid=(0+6)/2=3→RunSelectors[3]的值为 2，Occurrences[3]的值为 0，所以从 R2 读取偏移为 0 对应的键，即 17。由于 17 小于 41，因此排除掉左半部分。

第三轮：left=4，right=6→mid=(4+6)/2=5→RunSelectors[5]的值为 1，Occurrences[5]的值为 1，所以从 R1 读取偏移为 1 对应的键，也就是 31。31 小于 41，因此排除掉左半部分。

第四轮：left=6，right=6→mid=(6+6)/2=6→RunSelectors[6]的值为 3，Occurrences[6]的值为 2，因此从 R3 读取偏移为 2 对应的键，即 41，刚好等于要查找的键。

在实际应用中，数据的读写通常以块或页为单位。假设每个有序序列是一个数据块，且数据读取均未命中缓存，则上述查找键 41 的过程需要 4 次 I/O。其中，第一次和第四次都读取了 R3 的同一个数据块。为了充分利用每一次 I/O 和避免重复的 I/O，读取到一个数据块后，可以利用该块上的键进一步缩小查询范围。例如，在查找键 79 时，首先读取 R3 的数据块，通过 R3 可将范围缩小到 43 和 83 之间。结合 RunSelectors 和 Occurrences 的信息，可以定位到 43 和 83 的中间点为 R0 且偏移为 2。读取 R0 的数据块后，通过两次比较即可定位到键 79 的位置。

4. 存储开销

前面提到，REMIX 需要维护三个核心信息：AnchorKey、CursorOffsets 和 RunSelectors（Occurrences 可通过 RunSelectors 快速计算得出，不需要存储）。这些信息会占用一定的存储空间，并且为了提升性能，希望尽可能将这些信息缓存在内存中。因此，这些信息的存储开销不能太大。下面我们来分析一下 REMIX 的存储开销：

假设总共有 T 个键、H 个有序序列，每个片段包含 D 个键，键的平均长度为 L 字节。

- 所有 AnchorKey 的存储开销为 T/D*L 字节。
- 假设一个 CursorOffset 的大小为 S 字节，则 CursorOffsets 的存储开销为 T/D*H*S 字节。
- 一个有序序列的标识编码至少需要$\lceil \log_2(H) \rceil$位，因此所有片段的 RunSelectors 总存储开销为 T*$\lceil \log_2(H) \rceil$/8 字节。

综上所述，REMIX 需要的存储空间为 T/D*L+T/D*H*S+T*$\lceil \log_2(H) \rceil$/8 字节，平均每个键需要占用 L/D+S*H/D+$\lceil \log_2(H) \rceil$/8 字节。

- S 是个整数，这里假设 S=4。
- 常见的有序序列数量为 8（L_0包含 4 个有序序列，加上 L_1~L_4 各 1 个）。
- D 是一个可调参数，这里假设 D=64。
- L 和业务相关，这里假设 L=32。

代入计算，平均每个键的存储开销为 32/64+4*8/64+3/8=1.375 字节=11 位，只比布隆过滤器略高。

5. 重建 REMIX

REMIX 的重建是整个设计中最重要的一环。理论上，一旦有数据写入，全局有序视图就会被改变，因此重建 REMIX 需要对所有数据进行一次多路归并。虽然可以利用已有的 REMIX 信息加速重建过程，但这一操作依然代价高昂。

论文中提出了一种优化方案：在数据从内存刷写到硬盘时，根据键的范围对数据进行分区，从而减少重建的开销。

如图 6-32 所示，在将内存中的数据写入硬盘时，数据会按照键的范围写入各个分区。每个 REMIX 结构仅负责管理分区内的数据。这样一来，重建 REMIX 时只需遍历分区内的数据即可，显著降低了处理的复杂度。

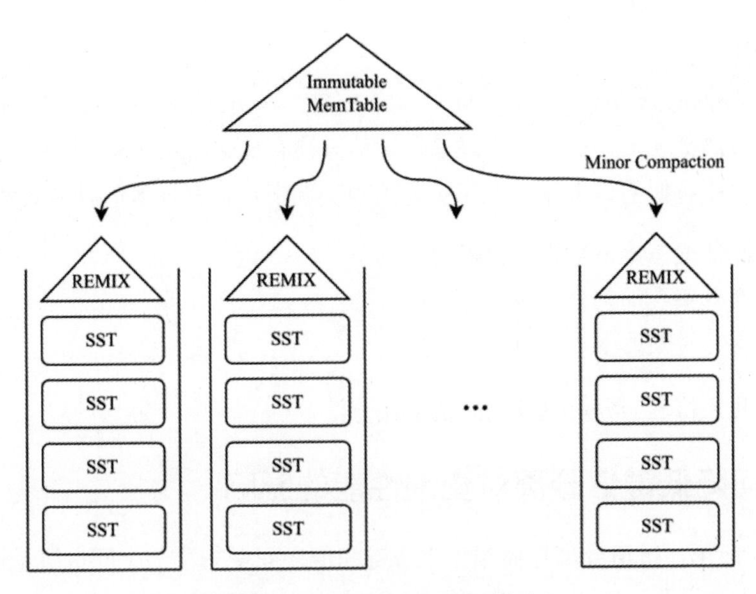

图 6-32　分区维护 REMIX 信息

论文中提到了三种需要重建 REMIX 的情况：次合并（Minor Compaction）、主合并（Major Compaction）和分片合并（Split Compaction）。分片合并是论文的设计特有的。由于硬盘上的数据按照键的范围进行分区，如果某个分区因频繁插入数据而变得过大，就需要对分区进行分片（Split，即分裂），以避免分区过大导致重建 REMIX 的代价过高。

在实际应用中，除了插入数据，还要考虑输出数据的情况，因此可能还需要分片合并的反操作融合合并（Merge Compaction）。当某个分区因删除数据变得过小，可以将它与相邻的分区进行融合合并，避免分区碎片化并提高存储效率。

总体而言，如果数据写入具有明显的局部性，那么大部分分区不会有数据写入，从而使需要重建 REMIX 的分区数量保持在可控范围内。然而，在全局均匀写入的场景中，分区方案无法减少重建 REMIX 所需的总数据读取和归并量。

6.6　键值分离

常见的 LSM 树存储引擎（如 LevelDB 和 RocksDB）默认情况下将键值对（key-value pair）连续存储在 SST 中。在合并操作时，SST 中的键值对都会被重写一次，这带来了较大的写放大。然而，实际上只需保证键的有序性。如果将键和值分开存储，并在 LSM 树中记录值的位置（简称 vpos），合并时只需重写键和 vpos。对于键远小于值的场景，这种方法显著降低写放大的影响。

论文 *WiscKey:Separating Keys from Values in SSD-conscious Storage*（WiscKey：在 SSD 感知的存储中分离键和值）提出了上述通过键值分离存储来降低 LSM 树写放大的方案。尽管键值分离的思路看似简单直接，但在实际工程实现中，仍有许多问题需要考虑，如：

- 如何降低键值分离对查询性能的影响？
- 如何有效实现键值分离存储？
- 如何对已过期的值进行垃圾回收？

接下来，我们将逐一分析这些问题的解决方法。

6.6.1 如何降低键值分离对查询性能的影响

如图 6-33 所示，键值分离存储相当于在键和值之间增加了一个间接层 vpos。这引发了一个明显的问题：需要两次读取才能获得值。在最坏的情况下，每次访问键值对都可能导致一次额外的随机 I/O，从而对读取性能产生较大影响。另一方面，如果值比较小，合并重写的开销较小，那么键值分离存储带来的好处可能不足以抵消它对查询性能的影响。

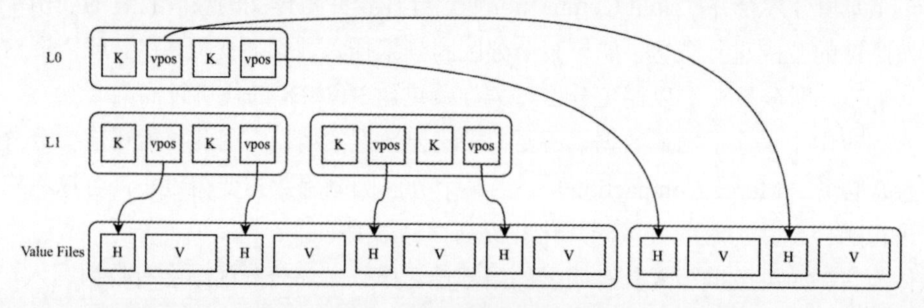

图 6-33　键值分离存储的示例

对于分离小值带来的得不偿失问题，常见的解决方案是设置一个阈值，只有超过该阈值的值才进行键值分离存储，从而让小值依然和键保存在一起。不过，这个阈值的取值和具体的实现以及工作负载相关，没有统一的标准。Badger[1]作为一个最接近 WiscKey 论文所述的开源 LSM 树键值分离存储引擎，前后多次调整了该阈值，从最开始的 32 字节调整到 1KB[2]，最后又调整到 1MB[3]。

[1] https://github.com/dgraph-io/badger

[2] https://github.com/dgraph-io/badger/pull/1346

[3] https://github.com/dgraph-io/badger/pull/1664

键值分离存储对范围查询的性能影响明显大于点查询的影响。因为范围查询最终会转化为多次随机读 I/O。针对这个问题，WiscKey 给出的解决方案是并行预读。通过多个后台线程对查询范围内的数据进行预读，充分利用 SSD 内部的并行能力。然而，并行预读对于范围较大的查询效果显著，而对于小范围的查询，可能并不会产生太大作用。

6.6.2 如何将键值分离存储

WiscKey 的做法是将值保存到日志（Write-Ahead Log，WAL）中，并维护它们的生命周期。这些日志被称为 vLog（Value Log）。将 WAL 和 vLog 合并在一起的好处是可以减少一次写入操作。但这也会导致日志模块的功能变得更加复杂，容易出错。另一种常见的做法是将 WAL 和 vLog 两个模块保持独立，各自完成自己的功能。Badger 和 RocksDB 的 BlobDB[1] 是两个较为典型的开源实现。

Badger 最接近 WiscKey 论文所描述的 LSM 树键值分离存储引擎，其在设计之初就考虑了键值分离存储的相关问题。收到写请求后，WiscKey 的键值分离实现如图 6-34 所示。

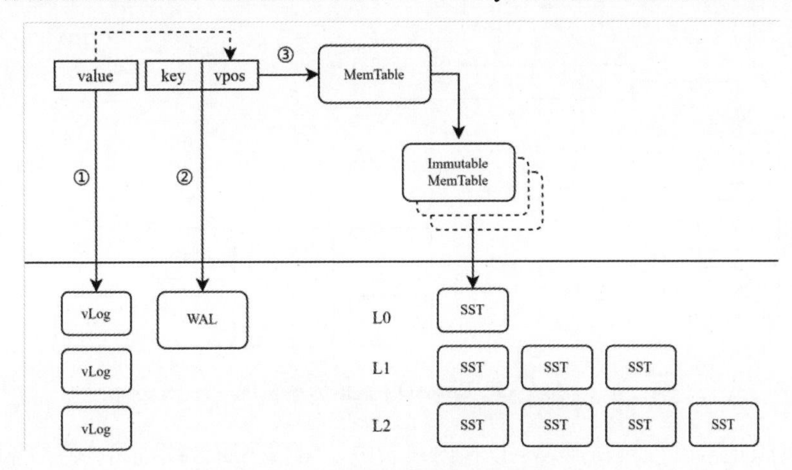

图 6-34　WiscKey 的键值分离实现

首先，大的值会被追加写入 vLog。在 Badger 中，同一时刻只有一个活跃的 vLog 文件可以写入。如果当前活跃的 vLog 文件超过了设定的大小，存储引擎会冻结该文件，并创建一个新的活跃文件。因此，Badger 的每个 vLog 文件按写入顺序存储键值对信息。

写入 vLog 成功后，即可获得该键值对在 vLog 中的位置和 vLog 的编号。Badger 将 <key,<fileno,offset>>作为键值对先写入 WAL，然后再写入内存表。这个流程和常见的 LSM

[1] https://github.com/facebook/rocksdb/wiki/BlobDB

树实现一致。

Badger 这个实现方案的优点是内存表中不保存大的值。因此，在相同的内存大小下，Badger 的内存表可以保存更多的键值对，从而降低内存表刷盘的频率，进而降低合并的频率。但它的缺点也很明显：前台写入会产生两次 I/O，一次写入 vLog，另一次写入 WAL。

RocksDB 在 2021 年才加入了它的键值分离实现——BlobDB。为了降低对前台写入请求的影响，RocksDB 的键值分离逻辑是在后台合并时完成，前台的写流程与之前保持一致，如图 6-35 所示。

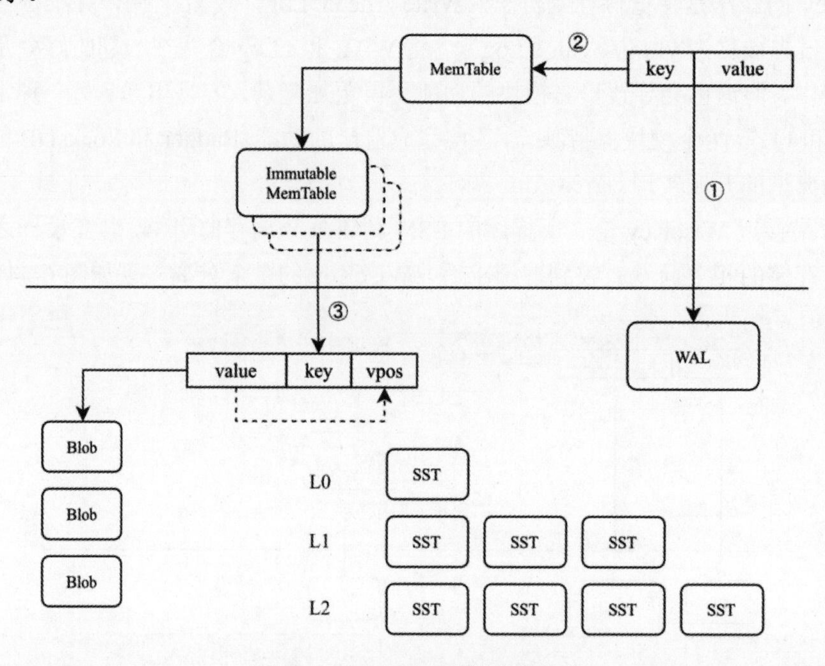

图 6-35　RocksDB 键值分离实现

键值对按照正常流程被写入 WAL 和内存表中，然后在后台线程将内存表刷盘时，对键值对进行拆分。拆分后的大值被写入 Blob 文件中，而键和值的位置信息（vpos）则作为键值对写入 SST 中，这部分与常见的合并逻辑相同。将键值分离的逻辑放到后台线程的好处包含：

- 前台写入只需要写 WAL，只产生一次写 I/O 的延迟。
- 一个 Blob 文件只由一个后台线程写入，无须额外的并发控制。
- Blob 文件都是只读的，便于实现无锁的快照读。
- 和 SST 一样，Blob 文件中的数据也是按照键排序的，有利于范围查询时的预读。

6.6.3 如何对已过期的值进行垃圾回收

如图 6-36 所示，vLog 的垃圾回收大致分为三个步骤：

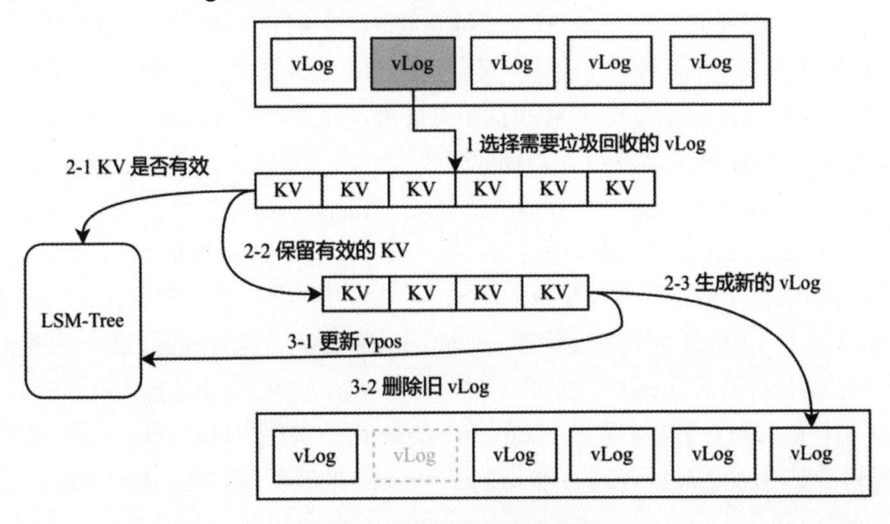

图 6-36　垃圾回收的基本逻辑

第一步，选择要进行垃圾回收的 vLog 文件。一般通过文件中无效数据的比例来决定是否对其进行垃圾回收。

第二步，扫描 vLog 文件，并通过 LSM 树验证 vLog 文件中每一个键值对的有效性。无效的键值对直接丢弃，有效的键值对写入新的 vLog 文件。

第三步，将第二步中有效键值对的新位置写回 LSM 树，然后删除旧的 vLog 文件。

理想情况下，为了统计每个 vLog 文件中的无效数据的数量，我们可以在更新或删除某个键时，将对应 vLog 文件的垃圾计数器加一。然而，这样做存在一个问题：每次写入前都需要读取当前值，并获取其对应的 vLog 文件。一种优化方法是将无效数据的统计推迟到 LSM 树进行合并时：在合并的过程中，如果决定丢弃某个键，则将对应 vLog 文件的垃圾计数器加一。

当新的 vLog 生成完成后，并将这些键值对的新位置写回 LSM 树时，我们面临两个问题：

（1）在 vLog 进行垃圾回收的过程中，相关的键值对可能已经被更新。如果此时将新的 vpos 写回 LSM 树，可能会产生正确性问题。

（2）vLog 的垃圾回收后，写回新的 vpos 会对 LSM 树产生大量的写入操作，影响前台的写入吞吐。

关于第一个问题，大部分 LSM 树的实现都会在键值对上增加一个单调递增的序列号表示键值对的版本。在写回新的 vpos 时，保持键值对的序列号不变，读取时获取对应键的所有版本，并选择正确的序列号（一般选择最新的版本，或者按照快照读的规则）。不过，该方案导致每次点查询都需要读取 LSM 树的所有层级，并且无法解决第二个问题。

换一个思路，我们能否避免在垃圾回收时将键值对的新位置写回 LSM 树呢？一般情况下，在键值分离的设计下，LSM 树存储的是 key→<fileno,offset>的映射。为了减轻 LSM 树的负担，我们可以进一步将这个映射分解为 key→fileno 和 key→offset 两个映射。key→offset 的映射保存到 vLog 文件中，也就是说，在 vLog 文件中增加一个索引结构，用于通过键定位记录的位置。而 LSM 树中只需要保存 key→fileno 的映射。尽管如此，这样依然没有解决问题二。为了避免将新的 fileno 写回 LSM 树，我们可以增加一个中间层，维护旧 vLog 文件到新 vLog 文件的映射。例如，假设 vLog1 和 vLog2 两个文件经过垃圾回收后生成的新文件为 vLog3，则需要增加 vLog1→vLog3 和 vLog2→vLog3 的映射。图 6-37 展示了避免写回 LSM 树的垃圾回收流程。

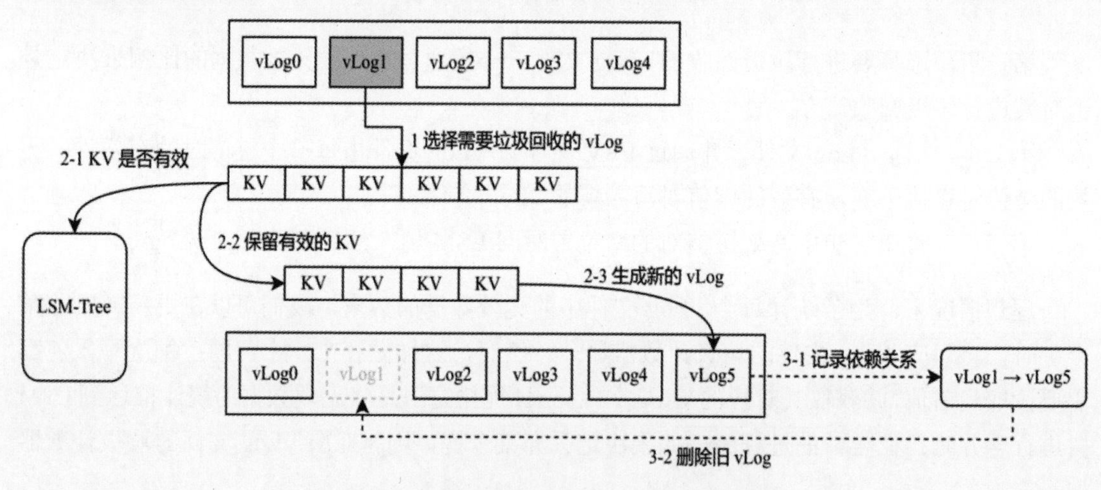

图 6-37 避免写回 LSM 树的垃圾回收流程

如图 6-38 所示，读取时，从 LSM 树获得 fileno 后，还需要通过垃圾回收时记录的 vLog 文件映射关系，将 fileno 转换为最新的 vLog 文件。正常情况下，新旧 vLog 的文件数量不会非常多，可以将这些信息缓存到内存中，以提高查询效率。

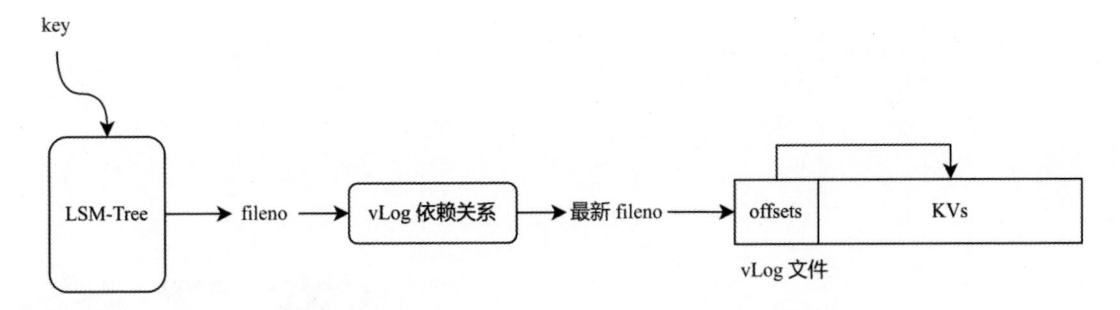

图 6-38　避免写回 LSM 树的垃圾回收场景下的读逻辑

如图 6-39 所示，在合并时，如果发现某个 fileno 对应的 vLog 文件已经被垃圾回收，则可以顺便将其更新到最新的 vLog 文件中。

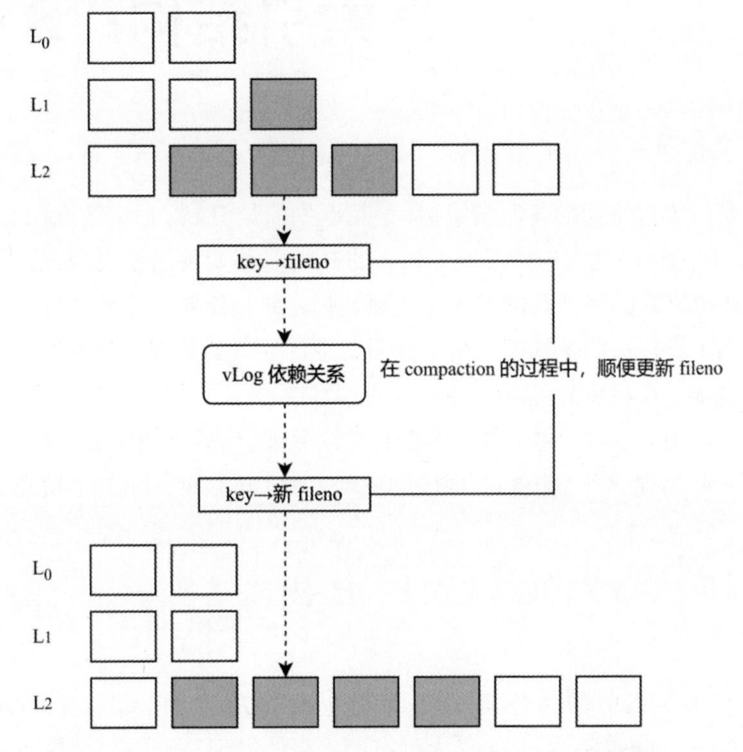

图 6-39　避免写回 LSM 树的垃圾回收场景下的合并逻辑

第7章

索引结构：B树家族

B树家族是一类自平衡的多路搜索树，最初诞生的是B树，后来逐渐演变出B+树、Blink树、Bw树等变种。经过几十年的发展，如今的B树及其变种已经成为数据库系统中最常用的索引结构。B树家族的优点是能够存储大量数据，并且能够快速地进行查找、插入和删除操作。然而，为了维护树的平衡性，树结点需要进行复杂的分裂与合并操作。同时，为了尽可能提高并发性能，B树家族的并发控制也非常复杂。

本章首先介绍B树和B+树的基本概念和算法原理，然后介绍在B+树的基础上并发控制的演进，以及一些为优化并发控制而提出的变种，如Blink树、OLFIT树和Bw树。

7.1 B树

B树是整个B树家族的"老祖宗"，其诞生于1970年的一篇论文：*Organization and Maintenance of Large Ordered Indices*（大型有序索引的组织与维护），是一种专门为硬盘存储设计的平衡多叉搜索树。

由于硬盘操作比内存操作要慢很多，因此，衡量B树的性能时，不仅要考虑算法的时间复杂度，还要考虑这些操作执行了多少次硬盘读写。B树类似于二叉平衡树，但B树在降低I/O次数方面表现更好。B树和二叉平衡树的不同之处在于，二叉平衡树一个结点最多只能有两个子结点，而 B 树的结点可以有很多子结点，通常从几个到几千个都有可能。

在介绍 B 树之前，我们先来看看传统的平衡二叉搜索树，比如 AVL 树、红黑树，为什么它们不适合用来实现数据库系统的索引结构。

如图 7-1 所示，平衡二叉搜索树的特点是：左子树<根结点<右子树，且左右子树的高度差小于或等于 1。因此，平衡二叉查找树的查找操作从根结点开始，每次访问一个结点，进行比较之后，就可以排除左子树或右子树，也就是说，每次比较可以排除当前剩余的大约一半的数据。在最坏的情况下，需要从根结点访问到叶子结点，假设结点数为 N，最多需要$\log_2 N$次随机内存访问。

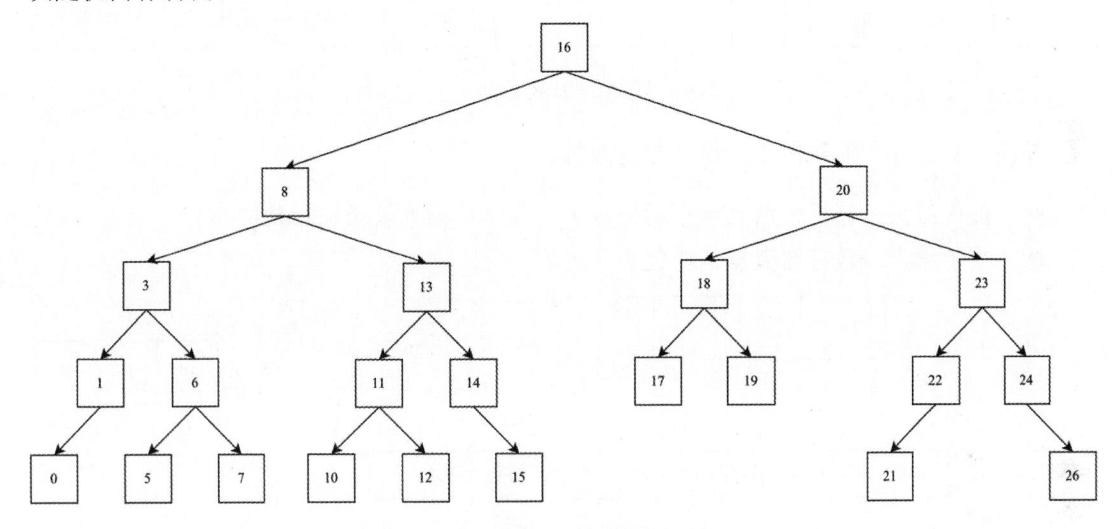

图 7-1　平衡二叉搜索树的示例

如果直接将平衡二叉搜索树应用于数据库系统的索引结构，那么$\log_2 N$次随机内存访问就对应着$\log_2 N$次随机 I/O。假设有一千万条记录，则大约需要 23 次随机 I/O，这对性能的影响很大。另外，平衡二叉搜索树的每个结点只保存一条记录，粒度太细，不利于对硬盘的存取。并且，在平衡二叉搜索树中，逻辑上相邻的结点在物理上基本都是离散的，局部性较差，不利于对硬盘存取的优化，也对 CPU 缓存不友好。

为了适配硬盘的读写大小并优化数据的局部性，我们可以考虑在一个结点中保存多条记录。同时，采用多叉结构可以降低树的高度，减少 I/O 的次数。一个结点保存多条记录的多叉平衡搜索树——这就是 B 树的雏形。

如图 7-2 所示，B 树是一棵扁平的多叉平衡搜索树，它在一个结点中保存多条有序的记录。一般情况下，一个结点对应一个定长的存储块。

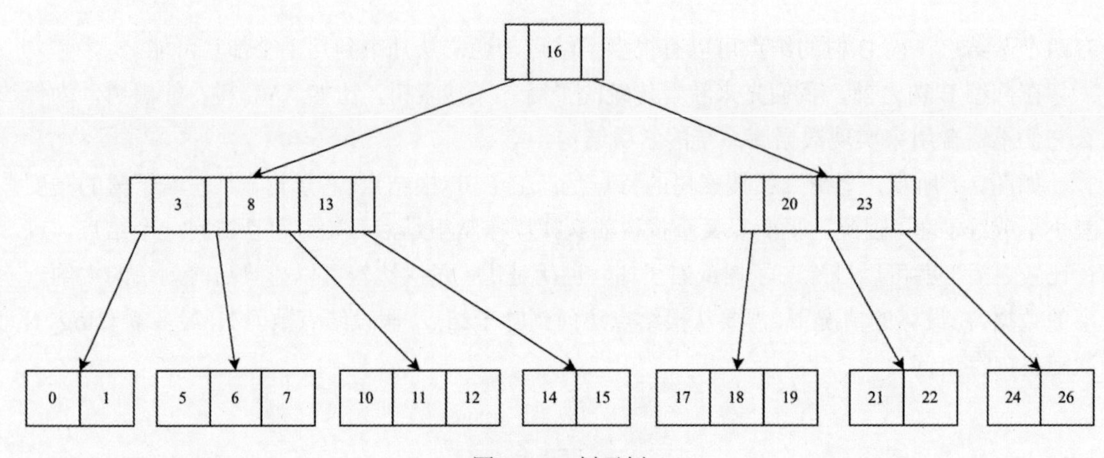

图 7-2　B 树示例

如图 7-3 所示，在 B 树中，结点分为两种：

- 内部结点（包括根结点和中间结点）：存储数据以及指向子树的指针。
- 叶子结点：只存储数据，不包含子树的指针。

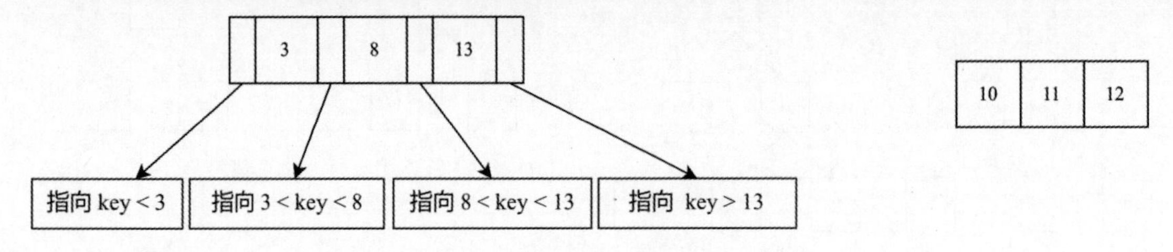

图 7-3　B 树的内部结点（左）和叶子结点（右）

在 B 树的定义中，键值对中的值既可能保存在内部结点，也可以保存在叶子结点。这一点与后文介绍的 B+树的最大不同是：B+树只会将值存储在叶子结点上。为了维持 B 树的平衡性，一棵 B 树需具有以下性质：

（1）每个结点 x 保存 n 个键和 n+1 个子结点指针：

① x.n 表示当前存储在结点 x 中的键的数量。

② x.n 个键 x.key[0]，x.key[1]，…，x.key[x.n-1]以递增顺序存储。

③ x.leaf 是一个布尔值。如果 x 是叶子结点，则 x.leaf=true；如果 x 为内部结点，则 x.leaf=false。

④ 每个内部结点 x 还包含 x.n+1 个指向子结点的指针 x.c[0]，x.c[1]，…，x.c[x.n]。叶子结点的这些子结点指针无实际意义。

（2）键 x.key[i]将存储在各子树中的键范围加以分割：如果 k[i]是存储在以 x.c[i]为根的子树中的任意一个键，则满足 k[0]≤x.key[0]≤k[1]≤x.key[1]≤…≤x.key[x.n−1]≤k[x.n]。即在一个键左边子树的所有键小于或等于该键，而右边子树的所有键均大于或等于该键。

（3）每个叶子结点具有相同的深度。

（4）除根结点外，每个结点存储的键数量必须在[t−1,2t−1]之间。

① t 是 B 树的最小度数（Minimum Degree），取值范围为[2,+∞)。在实际应用中，t 的取值越大，B 树的分支因子越高，树的高度越低，结点的数量也相应增加。

② 如果插入或删除操作导致结点的键数量不满足上述条件，则需要进行再平衡操作：如果键数量小于 t−1，需从其他结点借用键或合并相邻结点；如果键数量大于 2t−1，需将结点分裂为两个结点。

7.1.1 搜索算法

搜索算法是 B 树最基本且最关键的算法。B 树的搜索过程与二叉搜索树类相似，但不同之处在于，B 树的每个结点中包含多个键值，需要根据结点的子节数进行多路分支选择，而非两路分支。因此，首先需要定义一个对结点进行遍历查找的函数。

代码 7-1　遍历 B 树结点

```
1  FindFirstGreaterOrEqual(node, key)
2     for i = 0 to node.n - 1
3        if node.key[i] ≥ key
4           return i
5     return node.n
```

在代码 7-1 中，函数 FindFirstGreaterOrEqual(node,key)用于遍历结点 node 中的键，并返回第一个大于或等于 key 的键的下标。如果 key 大于该结点的所有键，则返回 node.n。

代码 7-2　B 树搜索算法

```
1  Search(root, key)
2     cur = root
3     while cur != null
4        i = FindFirstGreaterOrEqual(cur, key)
5        if i < cur.n and cur.key[i] == key
6           return (cur, i)
7        else if cur.leaf
8           return NOT_FOUND
```

```
9           else
10              cur = cur.c[i]
11      return NOT_FOUND
```

代码 7-2 描述了 B 树搜索算法的基本逻辑。B 树搜索算法需要输入两个参数：根结点 root 和待查找的键 key。该算法逻辑很简单：从根结点开始，对每个结点进行查找。如果找到 key，则返回其所在的结点和对应的下标；否则，则递归进入对应的子树查找。

具体步骤说明如下：

- 第 4 行：调用函数 FindFirstGreaterOrEqual 遍历当前结点的键，找到第一个大于或等于 key 的下标。若找不到，则返回 cur.n。
- 第 5、6 行：检查函数 FindFirstGreaterOrEqual 返回的键是否等于 key。如果是，则返回结果（键所在的结点和下标）。
- 第 7、8 行：如果当前结点是叶子结点且未找到 key，则说明 key 不存在，返回 NOT_FOUND。
- 第 9、10 行：如果 key<x.key[i]，则进入以 x.key[i]为分割点的左子树 x.c[i]继续查找。

需要注意的是，B 树的结点可能不在内存中而存储在硬盘中，因此查找过程可能会触发多次 I/O 操作。在最坏情况下，搜索过程会触发 h 次 I/O 操作，其中 h 为树的高度。

7.1.2 插入算法

向 B 树中插入一个键比向二叉搜索树中插入一个键要复杂得多。在 B 树中找到插入位置后，不能像在二叉搜索树中那样简单地创建一个新结点并将其插入。这样会破坏 B 树的结构，使其不再是合法的 B 树。相反，新的键需要插入到一个已存在的结点中。然而，这可能导致结点中键的数量超出 B 树的定义，即键 d 数量必须在[t−1,2t−1]之间。为了解决这种情况，需要对满结点（键数量为 2t−1）进行分裂操作。具体步骤如下：

- 分裂结点：将一个拥有 2t−1 个键和 2t 个子结点指针（对于非叶子结点）的结点 x 按其中间键 x.key[t−1]分裂为两个结点，每个结点各含 t−1 个键和 t 个子结点指针（非叶子结点）。
- 提升中间键：中间键 x.key[t−1]被提升到父结点中，成为分裂后两个结点的分割点。
- 递归分裂：如果 x 的父结点也是满的，则对父结点进行同样的分裂操作。
- 传播至根结点：分裂可能沿着树向上传播，直到遇到一个未满的结点。极端情况下，分裂会传播到根结点，根结点分裂后，树的高度会增加 1。

为了避免结点分裂时需要向上回溯，我们并不等到实际需要分裂的满结点时才进行分裂。相反，在沿树向下查找新键插入位置的过程中，会提前分裂沿途遇到的每个满结点（包括叶结点本身）。这样，每当分裂一个满结点时，可以确保它的父结点不是满的，从而不需要回溯分裂。

以图 7-4 为例，假设最小度数为 4，则结点中键的数量限制范围为[3,7]。所以子结点[2,3,4,5,6,7,8]是一个满结点，其分裂过程如下：

（1）以中间键 5 为分界点，将结点分裂为[2,3,4]和[6,7,8]两个结点。

（2）将中间键 5 提升到父结点，形成新的父结点[1,5,9]，并更新指针以指向新的子结点。

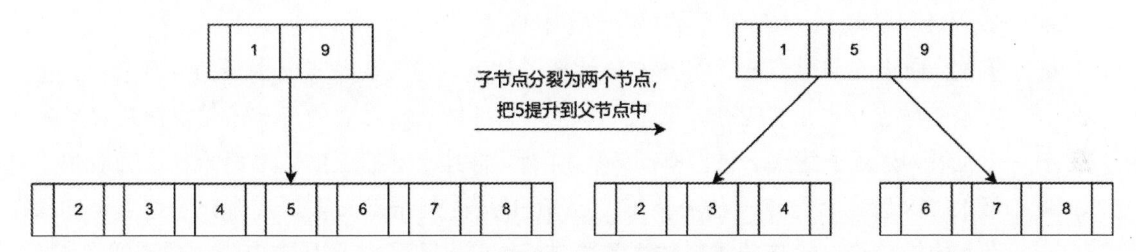

图 7-4　B 树结点分裂的示例

代码 7-3　分裂 B 树结点

```
1  SplitNode(x, i)
2     y = x.c[i]
3     z = AllocateNode()
4     z.leaf = y.leaf
5     z.n = t - 1
6     for j = 0 to t - 2
7        z.key[j] = y.key[j+t]
8     if not y.leaf
9        for j = 0 to t - 1
10          z.c[j] = y.c[j+t]
11    y.n = t - 1
12    for j = x.n down to i+1
13       x.c[j+1] =x.c[j]
14    x.c[i+1] = z
15    for j = x.n - 1 down to i
16       x.key[j+1] = x.key[j]
17    x.key[i] = y.key[t-1]
18    x.n = x.n + 1
```

代码 7-3 中的函数 SplitNode 的作用是对结点 x.c[i]进行分裂，其中 x 是一个非满的内部结点。

- 第 2 行：结点 y 为需要分裂的结点，初始状态下包含 2t−1 个键和 2t 个子结点（非叶子结点）。分裂后，结点 y 将保留左半部分的 t−1 个键和 t 个子结点（非叶子结点）。
- 第 3~10 行：创建一个新结点 z 用于存储从结点 y 分裂出来的数据，并对其进行初始化：以中间键 y.key[t−1]为分界点，结点 z 获取结点 y 右半部分的 t−1 个键（第 6、7 行）和 t 个子结点指针（第 8~10 行）。
- 第 11 行：结点 y 只保留左半部分的 t−1 个键。
- 第 12~14 行：将结点 z 作为结点 x 的新子结点，插入到结点 x 的子结点列表中，位置紧随结点 y 之后。因此，第 12~13 行，先将结点 y 之后的所有子结点向后移动一个位置，为新子结点 z 腾出空间。第 14 行，将结点 z 插入结点 x 的子结点列表中。
- 第 15~18 行：将结点 y 的中间键 y.key[t−1]提升到结点 x 中，成为分隔结点 y 和结点 z 的键。这一操作的逻辑和之前将结点 z 插入到子结点列表中的过程类似。

代码 7-4　插入未满的 B 树

```
1   InsertNonfull(x, k)
2       if x.leaf
3           i = x.n - 1
4           while i >= 0 and k < x.key[i]
5               x.key[i+1] = x.key[i]
6               i = i - 1
7           x.key[i+1] = k
8           x.n = x.n + 1
9       else
10          i = FindFirstGreaterOrEqual (x, k)
11          child = x.c[i]
12          if child.n == 2t - 1  SplitNode(x, i)
13          if k > x.key[i]  i = i + 1
14          InsertNonfull(x.c[i], k)
```

代码 7-4 中函数 InsertNonfull 从根结点开始向下查找插入键的合适位置。每当遇到键已满的结点，函数会先对其进行分裂，然后递归地继续向下查找。

- 第 2~8 行：描述了在叶子结点中插入键的逻辑。操作较为简单，即通过将现有数据向后腾移动，腾出一个空位给新插入的键。

- 第 9~14 行：描述了通过递归下降查找要插入的结点的过程。这里，我们假设要插入的键 k 在 B 树中不存在。根据 B 树的性质，键 k 应插入结点 x 中第一个大于 k 的键的左子树中（第 10、11 行）。在递归下降的过程中，会检查经过的每个结点是否已满，如果满了，则对其进行分裂（第 12 行）。分裂完成后，根据键值判断新键应插入分裂后的哪个子结点（第 13 行），然后递归调用 InsertNonfull 完成插入操作。

InsertNonfull 处理了大多数情况下的 B 树插入逻辑，但有一种特殊情况无法直接处理：根结点已满的情况。这种情况意味着整棵 B 树的结点都满了，此时需要先对根结点进行分裂，从而增加树的高度。

代码 7-5　B 树插入算法

```
1   Insert(root, k)
2       if root == null
3           root = AllocateNode()
4       if root.n == 2t - 1
5           s = AllocateNode()
6           s.leaf = false
7           s.n = 0
8           s.c[0] = root
9           SplitNode(s, 0)
10          InsertNonfull(s, k)
11          return s
12      else
13          InsertNonfull(root, k)
14          return root
```

在代码 7-5 的 Insert 函数中，我们对根结点已满的情况进行了特殊处理，使后续插入操作可以按照一般逻辑执行。

- 第 4~11 行处理了根结点已满的情况：创建一个新结点 s，使它成为新的根结点，并将原根结点 root 成为结点 s 的子结点。随后，按照前面的逻辑对结点 root 进行分裂。分裂完成后，再按照正常流程对适当的子结点执行插入操作。

与一般的二叉搜索树不同，B 树高度的增加发生在顶部而不是底部。因此，对根结点的分裂是增加 B 树高度的唯一途径。根结点分裂后，B 树的根结点会被替换，所以 Insert 函数的返回值是执行插入操作后的根结点。

7.1.3 删除算法

B 树的删除操作比插入操作略微复杂一些，因为可以从任意结点（不仅限于叶子结点）删除键。当从一个内部结点删除键时，需要重新调整该结点及其子结点的结构。另外，与插入操作必须确保结点不会因插入而变得过大类似，删除操作也必须确保结点不会因删除而变得过小——除根结点外，B 树结点的键数量必须始终不少于 t-1。

参考前面的插入操作，B 树的删除操作在沿树向下查找待删除键的过程中，会依次查看沿途结点的键数量是否大于或等于 t。如果某结点的键数量小于 t，则需要先对该结点进行调整，使其键数量达到或超过 t。这样，一旦遇到待删除的键，就可以直接删除它，而不会触发进一步的调整和回溯——因为在删除后，结点仍能保持至少 t-1 个键。

接下来，我们以图 7-5 所示的 B 树为初始状态，分析删除操作可能会遇到的各种情况。

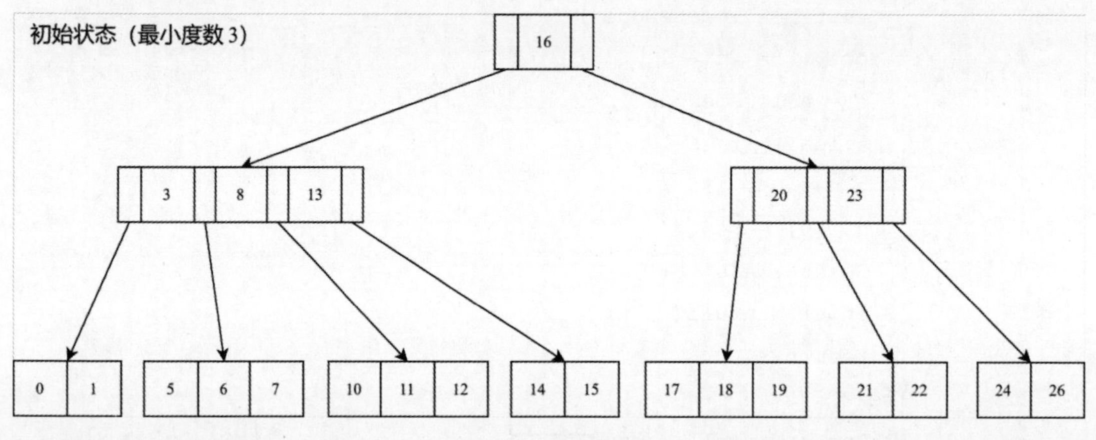

图 7-5 初始状态

1. 沿途结点的键数量都大于或等于 t

首先，我们分析一下比较简单的情况：在沿途结点的键数量都大于或等于 t 的前提下，B 树的删除操作应如何处理？可以分三种情况进行讨论。

情况一：待删除的键在叶子结点中。在这种情况下，只需从叶子结点中简单地删除对应的键即可。如图 7-6 所示，删除键 7 只需直接从叶子结点[5,6,7]中删除 7 即可。

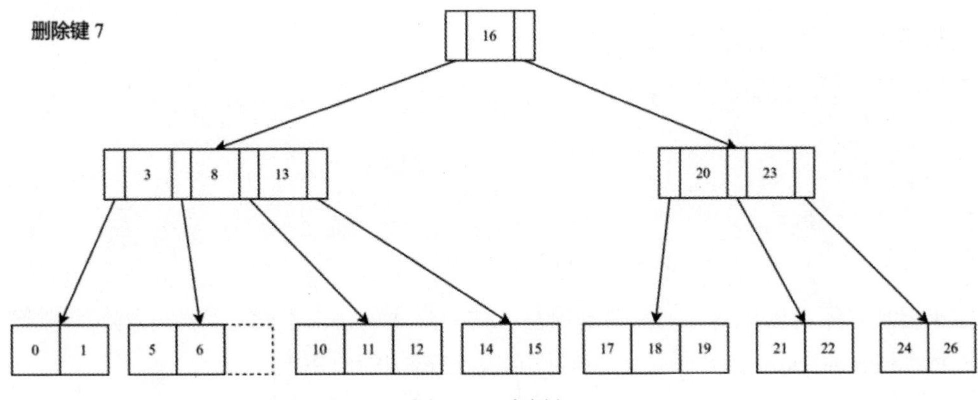

图 7-6　删除键 7

代码 7-6　从叶子结点删除键

```
1   RemoveFromLeaf (x, i)
2       for j = i + 1 to x.n - 1
3           x.key[j-1] = x.key[j]
4       x.n = x.n - 1
```

代码 7-6 中的 RemoveFromLeaf 函数描述了从叶子结点删除指定位置的数据的程序逻辑，只需将要删除的位置后面的数据向前移动一个位置即可。

情况二：待删除的键在内部结点中，且待删除的键的左右子结点中有一个键数量大于或等于 t。在这种情况下，左右子结点的键数量之和大概率超过 2t−1，不适合将左右子结点合并（见下面的情况三）。因此，我们可以从相邻子树中借用一个键来代替待删除的键，然后递归删除被借用的键。如图 7-7 所示，从结点[3,8,13]中删除键 13，由于其左子结点[10,11,12]有足够的键，因此可以从该子树结点借用键 12 替换 13。

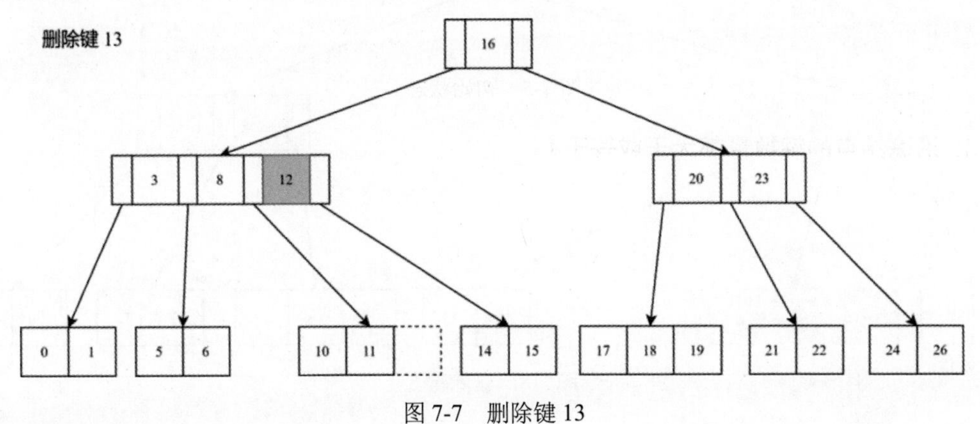

图 7-7　删除键 13

代码 7-7 获取子树的最大键

```
1   GetPredecessor(x, i)
2       cur = x.c[i]
3       while not cur.leaf
4           cur = cur.c[cur.n]
5       return cur.key[cur.n-1]
```

如果要从左子树借用键，则需要借用左子树中最大的键，也就是待删除键的前驱键。代码 7-7 的 GetPredecessor 函数描述了如何找到键 x.key[i]的前驱键。

代码 7-8 获取子树的最小键

```
1   GetSuccessor(x, i)
2       cur = x.c[i+1]
3       while !cur.leaf
4           cur = cur.c[0]
5       return cur.key[0]
```

同理，如果要从右子树借用键，则需要借用右子树最小的键，也就是待删除键的后继键。代码 7-8 的 GetSuccessor 函数描述了如何找到键 x.key[i]的后继键。

情况三：待删除的键在内部结点中，但待删除键的左右子结点的键数量都为 t-1，需要合并左右子树结点。如图 7-8 所示，键 8 的左右两个子结点的键数量都不满足不少于 t 的情况，无法借用键，那么只能将左右两个子结点[5,6]和[10,11]进行合并。

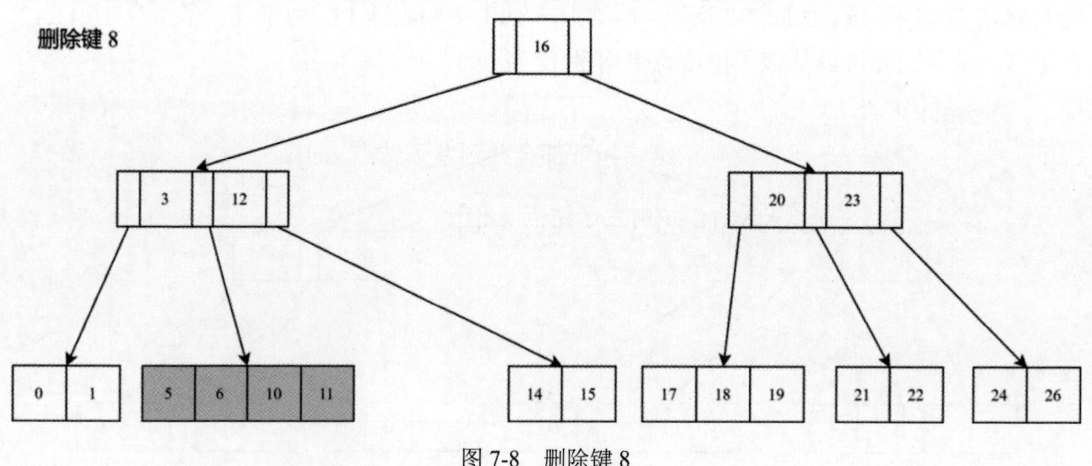

图 7-8 删除键 8

代码 7-9　合并左右子结点

```
1   Merge(x, i)
2       left = x.c[i]
3       right = x.c[i+1]
4       n_key = left.n
5       left.key[n_key] = x.key[i]
6       n_key = n_key + 1
7       for j = 0 to right.n - 1
8           left.key[n_key] = right.key[j]
9         n_key = n_key + 1
10      if not left->leaf
11          n_child = left.n + 1
12          for j = 0 to right.n
13              left.c[n_child] = right.c[j]
14              n_child = n_child + 1
15      for j = i + 1 to n - 1
16          x.key[j-1] = x.key[j]
17      for j = i + 2 to n
18          x.c[j-1] = x.c[j]
19      left.n += n_key
20      x.n = x.n - 1
21      Destroy(right)
```

代码 7-9 的 Merge(x,i)函数描述了将结点 x 的 x.key[i]与其左右两个相邻子结点 x.c[i]和 x.c[i+1]合并的逻辑——所有键和子结点指针都合并到左子结点 x.c[i]。

- 第 5、6 行：将 x.key[i]合并到左子结点 x.c[i]。
- 第 7~14 行：将结点 x.c[i+1]的键和子结点指针合并到结点 x.c[i]。
- 第 15~18 行：从结点 x 中删除键 x.key[i]和子结点指针 x.c[i+1]。
- 第 19~21 行：更新结点 x.c[i]的信息，并销毁结点 x.c[i+1]。

代码 7-10　从内部结点删除键

```
1   RemoveFromNonLeaf(x, i)
2       rm_key = x.key[i]
```

```
3        if x.c[i].n >= t
4            pred = GetPredecessor(x, i)
5            x.key[i] = pred
6            Remove(x.c[i], pred)
7        else if x.c[i+1].n >= t
8            succ = GetSuccessor(x, i)
9            x.key[i] = succ
10           Remove(x.c[i+1], succ)
11       else
12           Merge(x, i)
13           Remove(x.c[i], rm_key)
```

代码 7-10 中的 RemoveFromNonLeaf(x,i)函数综合了上述的情况二和情况三，描述了如何从 B 树的内部结点 x 中删除键 x.key[i]的程序逻辑。

- 第 3~6 行：从左子树借用要删除键的前驱键进行代替，然后递归地删除子树中的前驱键。
- 第 7~10 行：从右子树借用要删除键的后继键进行代替，然后递归地删除子树中的后继键。
- 第 11~13 行：当左右子树的键都不足以借用时，将 x.key[i]与其左右子结点合并，然后继续递归地删除键。

注意，这里的 Remove(x,key)函数表示从以结点 x 为根的 B 树中删除键 key，也就是 B 树完整的删除算法。该函数的完整实现将在后续内容中详细介绍。

2. 沿途遇到结点的键数量小于 t

如果在沿途遇到键数量小于 t 的结点，需要先对该结点进行调整，再继续往下查找。具体分为以下两种情况进行讨论。

情况一：兄弟结点没有足够的键可以借用，需要合并兄弟结点。如图 7-9 所示，假设要删除的键是 5。从根结点[16]沿路径搜索到结点[3,12]时，发现该结点的键数量未满足大于或等于 t 的条件，需要进行调整。由于它的右兄弟[20,23]没有足够的结点可以借用，因此只能将其合并。

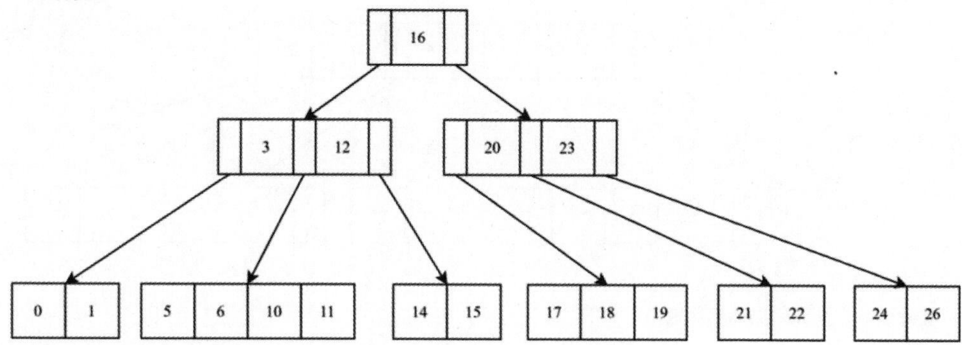

删除键 5：合并搜索路径上的结点

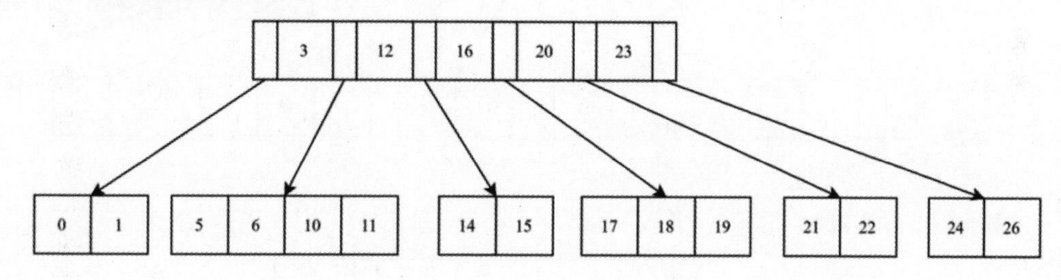

删除键 5：执行删除

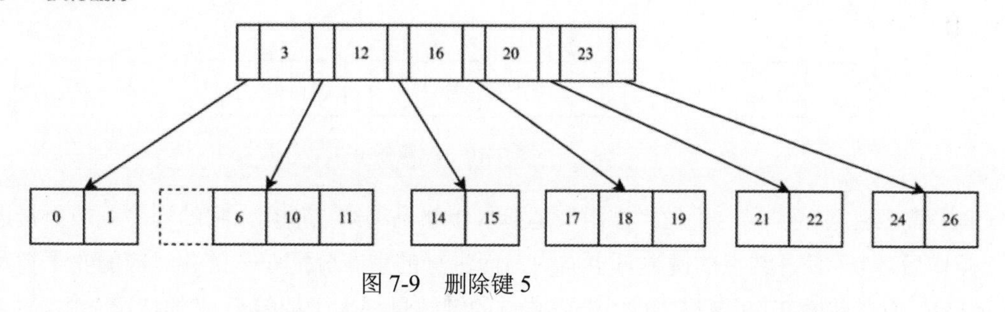

图 7-9　删除键 5

情况二：兄弟结点有足够的键可以借用。如图 7-10 所示，假设准备删除键 0。当遍历到结点[0,1]时，发现该结点的键数量未满足大于或等于 t 的条件，因此需要进行调整。由于结点[0,1]的右兄弟[6,10,11]键数量大于或等于 t，可以从它借用一个键。

删除键 0：初始状态

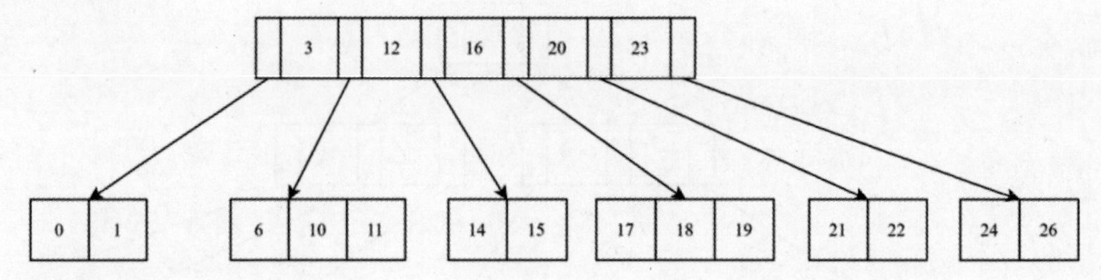

删除键 0：从兄弟结点借用键

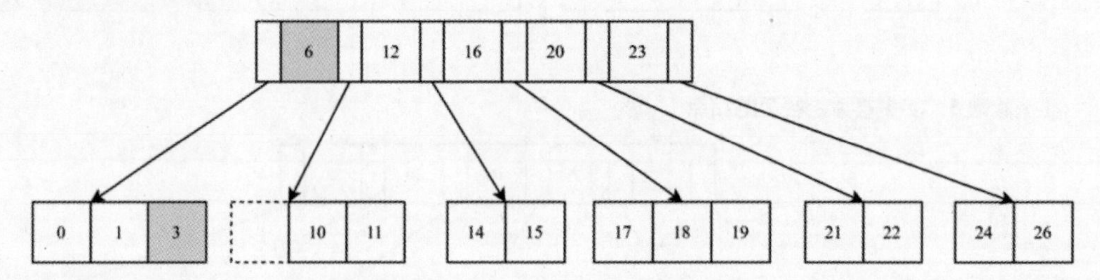

删除键 0：执行删除

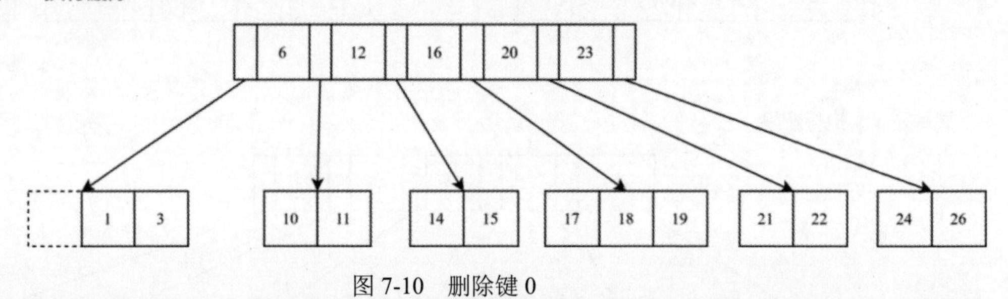

图 7-10　删除键 0

需要注意的是，这里的“借用”是指从相邻兄弟结点借用，它的程序逻辑更接近于删除操作后，为了使各结点的键数量更加均匀而进行的重新分配——键和对应的左子树都会同步移动。而在前面 7.1.3 节描述的“沿途结点的键数量都大于或等于 t”的情况二中的“借用”，则是从相邻子树的叶子结点借用键。此类借用要么借用左子树的最大键，要么借用右子树的最小键，因此必然发生在叶子结点上，并且仅涉及键的移动。

代码 7-11　从左兄弟结点借用键和子树

```
1   BorrowFromLeft(x, i)
2       child = x.c[i]
3       left = x.c[i-1]
```

```
4       for j = child.n - 1 down to 0
5           child.key[j+1] = child.key[j]
6       if !child.leaf
7           for j = child.n down to 0
8               child.c[j+1] = child.c[j];
9       child.key[0] = x.key[i-1]
10      if not child.leaf
11          child.c[0] = left.c[left.n]
12      x.key[i-1] = left.key[left.n-1]
13      child.n = child.n + 1
14      left.n = left.n - 1
```

代码 7-11 中的 BorrowFromLeft 函数实现了结点 x.c[i]从其左兄弟结点 x.c[i-1]借用一个键和子树的基本程序逻辑。

- 第 4~8 行：将结点 x.c[i]的键和子结点指针向后移动一个位置，以腾出第一个位置。
- 第 9 行：将键 x.key[i-1]插入结点 x.c[i]，使其成为 x.c[i]的第一个键。
- 第 10、11 行：将左兄弟结点的最右子结点变为结点 x.c[i]的最左子结点。
- 第 12 行，左兄弟的最大键成功“上位”，成为 x.c[i-1]和 x.c[i]之间新的索引键。

代码 7-12　从右兄弟结点借用键和子树

```
1   BorrowFromRight(x, i)
2       child = x.c[i]
3       right = x.c[i+1]
4       child.key[child.n] = x.key[i]
5       if not child.leaf
6           child.c[child.n+1] = right.c[0]
7       x.key[i] = right.key[0]
8       for j = 1 to right.n - 1
9           right.key[j-1] = right.key[j]
10      if not right.leaf
11          for j = 1 to right.n
12              right.c[j-1] = right.c[j]
13      child.n = child.n + 1
14      right.n = right.n - 1
```

代码 7-12 中的 BorrowFromRight 函数实现了结点 x.c[i]从其右兄弟结点 x.c[i+1]借用一个键和子树的操作，它的程序逻辑与函数 BorrowFromLeft 类似，但主要区别在于，从右兄弟结点借用的是右兄弟的最小键。

代码 7-13　调整键数量小于 t 的结点

```
1   Fill(x, i)
2       if i > 0 and x.c[i-1].n >= t
3           BorrowFromLeft(x, i)
4       else if i < x.n and x.c[i+1].n >= t
5           BorrowFromRight(x, i)
6       else
7           if i < n Merge(x, i)
8           else Merge(x, i-1)
```

代码 7-13 中的 Fill 函数描述了处理沿途遇到键数量小于 t 的结点的两种情况。它将键数量小于 t 的结点 x.c[i]调整为键数量大于或等于 t。

- 第 2~5 行：处理是从左兄弟或右兄弟结点借用键的情况。
- 第 6~8 行：处理合并左兄弟或右兄弟结点的情况。

代码 7-14　B 树删除算法

```
1   Remove(x, k)
2       i = FindFirstGreaterOrEqual(x, k)
3       if i < x.n and x.key[i] == k
4           if x.leaf
5               RemoveFromLeaf(x, i)
6           else
7               RemoveFromNonLeaf(x, i)
8       else if x.leaf
9           return NOT_FOUND
10      last_child = (i == x.n)
11      if (x.c[i].n < t)
12          Fill(x, i)
13      if (last_child and i > n)
14          Remove(x.c[i-1], k)
15     else
16          Remove(x.c[i], k)
```

代码 7-14 中的 Remove 函数描述了从以结点 x 为根的树上删除键 k 的程序逻辑，其中结点 x 为根结点或它的键数量大于或等于 t。

- 第 2~7 行：处理在结点 x 上找到键 k 的程序逻辑。
- 第 8、9 行：如果直到叶子结点都没找到键 k，说明键 k 不存在。

- 第 11、12 行：检查沿路结点是否满足键数量大于或等于 t。如果不满足，则调用函数 Fill 对结点的键数量进行调整。
- 第 13~16 行：递归调用 Remove 函数尝试从子树删除键 k。x.key[i]是结点 x 中第一个大于 k 的键。因此，大多数情况下，从子树 x.c[i]中递归删除键 k（第 16 行）。有一种特殊情况是：如果 x.c[i]是最右边的子结点（last_child），且第 12 行调用的 Fill 函数发生了结点合并（即 x.c[i-1]和 x.c[i]发生了合并，最终 x.c[i]被删除）。此时，需要从子树 x.c[i-1]中递归删除键 k（第 14 行）。

7.2 B+树

图 7-11 展示了由相同数据组成的 B 树和 B+树的对比。B+树是 B 树的变体，它们之间的主要区别有两点：

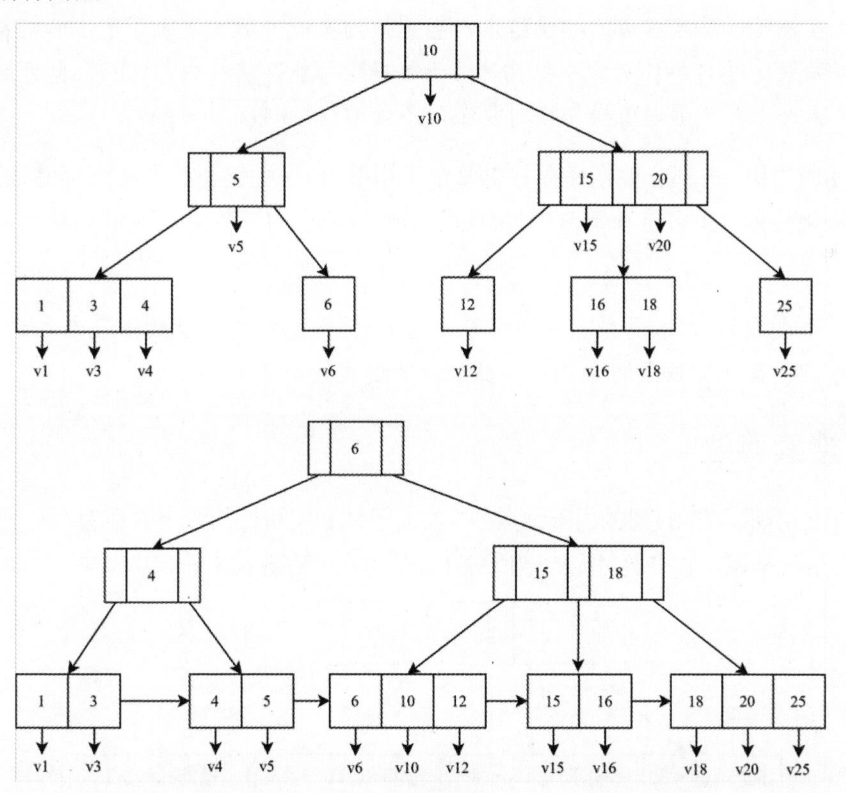

图 7-11 B 树（上半部分）和 B+树（下半部分）对比

- 完整键值对的存储位置。
  - ➢ B 树的内部结点和叶子结点均保存完整的键值对，每个键在树中仅出现一次。
  - ➢ B+树的内部结点只保存键作为索引，完整的键值对只会存储在叶子结点上。因此，对 B+树来说，同一个键可能既出现在内部结点（作为索引），又出现在叶子结点。
  - ➢ 由于 B+树的内部结点上只存储键而不存储值，因此每个内部结点能容纳比 B 树更多的键，从而使 B+树的度数（即结点的扇出）更大，这样特性降低了树的高度，有利于减少硬盘 I/O 的次数，因而提升了性能。
- 范围查询的执行效率。
  - ➢ B+树的键值对都存储在叶子结点，且所有叶子结点的高度相同。此外，叶子结点通过 next 指针串联起来，提高了范围查询的效率。例如，在执行 SQL 语句 **`select*from t where a>10 and a<100`** 时，如果列 a 使用 B+树索引，可以先定位到第一个键大于 10 的叶子结点，然后沿着它的 next 指针依次遍历所有在该叶子结点右边的叶子结点，直到找到第一个键大于或等于 100 的结点。
  - ➢ 如果使用 B 树作为索引结构，由于数据既可能存储在内部结点，也可能存储在叶子结点，范围遍历操作相对复杂，不如 B+树高效。

在实际应用中，大部分数据库存储引擎都采用 B+树这种仅在叶子结点存储数据的结构。而后续的优化变体，也多是基于 B+树实现的。B+树结点的键数量限制与 B 树类似，具体如下：

- 最小度数为 t，表示结点的扇出至少为 t，因此结点中的键数量最少为 t-1。
- 结点的最大度数限制为 2t，因此结点的键数量最多为 2t-1。

7.2.1 搜索算法

如图 7-12 所示，在 B+树的内部结点中，左右子树和索引键的大小关系为：左子树<索引键≤右子树，也就是说，索引键对应的键值对（如果存在）存储在右子树中。

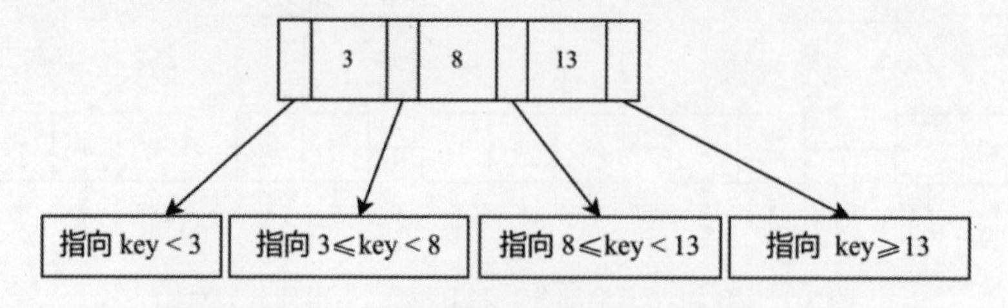

图 7-12　左右子树和索引键的大小关系

B+树的键值对都存储在叶子结点。因此，无论是搜索、插入还是删除，第一件事就是找到对应的叶子结点。代码 7-15 中的 FindLeafNode(root,key)函数描述了从根结点 root 开始找到键 key 所在叶子结点的程序逻辑。

代码 7-15　B+树查找叶子结点

```
1   FindLeafNode(root, key)
2       cur = root
3       while !cur.leaf
4           i = FindFirstGreater(cur, key)
5           cur = cur.c[i]
6       return cur
```

在第 3~5 行，自上而下搜索键 key 所在的叶子结点时，函数 FindFirstGreater 会在树结点中找到第一个大于 key 的位置，然后继续从对应的左子树往下查找。例如在，图 7-12 中，如果要搜索的键是 8，FindFirstGreater 函数会返回 2，对应索引键 13 的位置，然后从 13 的左子树继续查找。如果要搜索的键是 14，FindFirstGreater 函数会返回 3，然后从最右边的子树继续查找。函数 FindFirstGreater 的逻辑类似于前面介绍的函数 FindFirstGreaterOrEqual，这里不再赘述。

代码 7-16　B+树搜索算法

```
1   Search(root, key)
2       cur = FindLeafNode(root, key)
3       i = FindFirstGreaterOrEqual(cur, key)
4       if i < cur.n and cur.key[i] == key
5           return (cur, i)
6       else
7           return NOT_FOUND
```

代码 7-16 中的 Seach(root, key)函数描述了如何在一棵 B+树中搜索一个键。有了函数 FindLeafNode 的辅助，Search 的逻辑变得简单清晰。

- 第 2 行：通过函数 FindLeafNode 定位到键 key 所在的叶子结点。
- 第 3 行：通过函数 FindFirstGreaterOrEqual 在叶子结点中搜索第一个大于或等于 key 的位置。
- 第 4~7 行：判断键 key 是否存在，并返回相应的信息。

7.2.2 插入算法

在前面介绍B树的插入算法时，为了避免回溯，我们采用的方法是在自上而下查询的过程中，将遇到的满结点提前进行分裂。而在B+树的插入算法中，采用另一种方式：

（1）自上而下搜索要插入数据的叶子结点。

（2）判断叶子结点是否需要分裂，并将数据插入叶子结点。

（3）按需回溯调整父结点：

① 如果没有触发叶子结点分裂，则父结点无须调整。

② 如果触发了叶子结点分裂，则在父结点插入新的索引键和子结点。这可能会触发父结点分裂。

接下来，我们从一棵空树开始，看看在 B+树插入数据时可能会遇到的各种情况。假设B+树的最小度数为 2，所以每个结点的键数量限制为[1,3]。为了避免引入太多非核心的逻辑，我们假设插入的键都不存在。

如图 7-13 所示，向一棵空的 B+树插入一个键 5。这种情况需要为其分配一个根结点，同时该根结点也作为叶子结点。

图 7-13 向空树上插入键 5

代码 7-17 中描述了向空 B+树插入一个键的程序逻辑。

代码 7-17 向空树插入键

```
1   InsertEmpty(key)
2       root = AllocateNode()
3       root.key[0] = key
4       root.leaf = true
5       root.n = 1
6       return root
```

如图 7-14 所示，向一个未满的叶子结点插入一个键 15。这是一种较为简单且常见的场景：找到对应的叶子结点，将键插入该叶子结点中即可。代码 7-18 中描述了向未满的叶子结点插入键的程序逻辑。函数 InsertLeafNode(leaf,key)表示向叶子结点 leaf 插入键 key，它会直接调用函数 InsertNode。将键插入叶子结点和插入内部结点的逻辑相似，因此在这里统一用函数 InsertNode 表示。InsertNode 函数的返回值表示结点是否需要分裂。

图 7-14 向未满的叶子结点插入键 15

代码 7-18 向未满的叶子结点插入键

```
1   InsertLeafNode(leaf, key)
2       return InsertNode(leaf, key, NULL)
3
4   InsertNode(node, key, child)
5       i = FindFirstGreater(node, key)
6       for j = node.n down to i + 1
7           node.key[j] = node.key[j - 1]
8       node.key[i] = key
9       if !node.leaf
10          for j = node.n + 1 down to i + 2
11              node.c[j] = node.c[j - 1]
12          node.c[i + 1] = child
13      node.n = node.n + 1
14      return node.n > 2t + 1
```

如图 7-15 所示，插入键 25 时，由于结点还未满，插入过程与插入键 15 时相同。

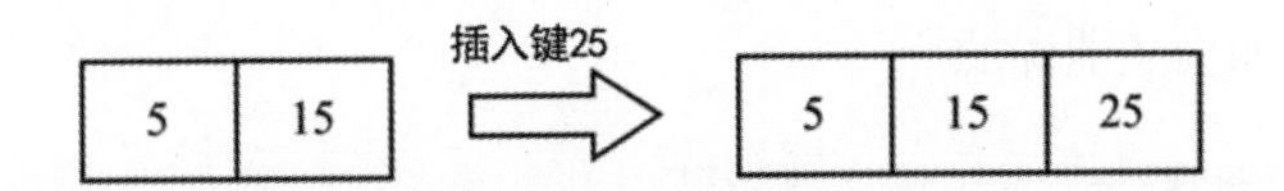

图 7-15 向未满的叶子结点插入键 25

如图 7-16 所示，插入键 35 时，叶子结点已满，因此需要对叶子结点进行分裂，得到一个新的叶子结点，并生产要插入父结点的索引键。分裂后，新结点成为分裂点的右结点，所以我们返回新结点的第一个键作为索引键。在图 7-16 中，我们将叶子结点分裂为[5,15]和[25,35]两个叶子结点，并返回 25 作为要插入父结点的索引键。代码 7-19 中描述了分裂叶子结点的程序逻辑。叶子结点的分裂逻辑较为简单，这里不再赘述。

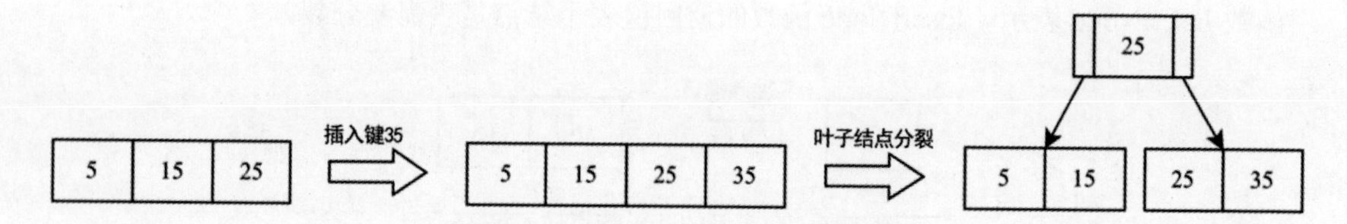

图 7-16　向已满的叶子结点插入键 35

代码 7-19　B+树叶子结点的分裂

```
1   SplitLeafNode(node)
2       new_node = AllocateNode()
3       new_node.leaf = node.leaf
4       split_n = node.n / 2
5       for i = split_n to node.n
6           new_node.key[i - split_n] = node.key[i]
7       new_node.n = node.n - split_n
8       node.n = split_n
9       return new_node.key[0], new_node
```

结点分裂完成后，向父结点插入索引键和子结点指针有两种情况：一是分裂的结点是根结点，这种情况需要生成新的根结点；二是分裂的结点不是根结点。图 7-15 中的例子属于情况一，代码 7-20 中描述了根结点分裂后生成新根结点的程序逻辑。

代码 7-20　生成新的根结点

```
1   InsertNewRoot(left, key, right)
2       new_root = AllocateNode()
3       new_root.key[0] = key
4       new_root.c[0] = left
5       new_root.c[1] = right
6       new_root.leaf = false
7       new_root.n = 1
8       return new_root
```

如图 7-17 所示，插入键 10，首先找到对应的叶子结点[5,15]，由于叶子结点未满，直接插入即可。

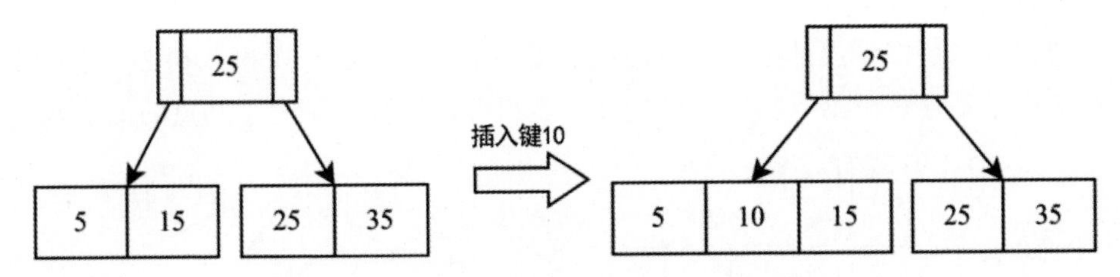

图 7-17　向未满的叶子结点插入键 10

如图 7-18 所示，插入键 20 时，首先找到对应的叶子结点[5,10,15]，插入键 20 后，叶子结点的键数量超过限制，需要进行分裂。按照叶子结点的分裂逻辑，叶子结点分裂为[5,10]和[15,20]两个结点，然后需要在父结点插入索引键 15 和结点[15,20]的指针。此时，父结点未满，直接插入即可。

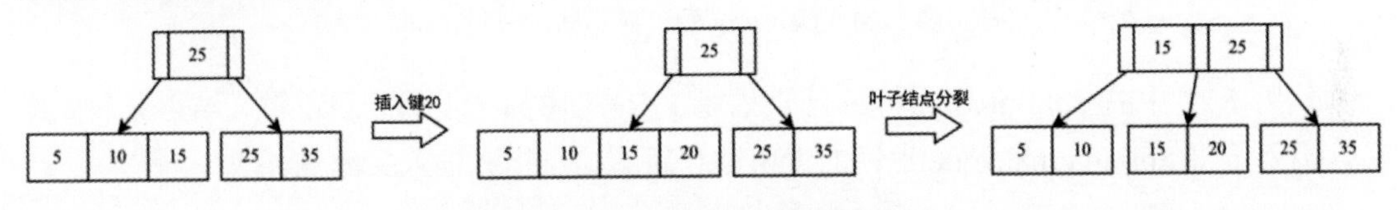

图 7-18　向已满的叶子结点插入键 20

代码 7-21 中描述了如何在内部结点中插入索引键和子结点指针，并直接调用了前面介绍的 InsertNode 函数。

代码 7-21　向未满的内部结点插入索引键和子结点指针

```
1  InsertInternalNode(internal, key, child)
2      return InsertNode(internal, key, child)
```

如图 7-19 所示，连续插入键 1、2 和 3 的过程会触发一次叶子结点分裂，最终得到一棵如图 7-19 右边所示的 B+树。

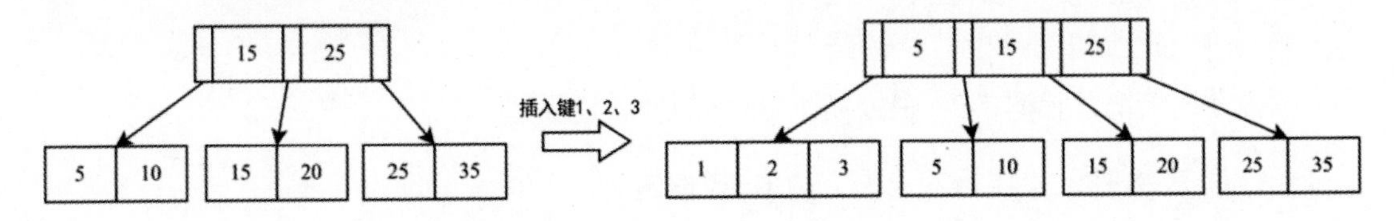

图 7-19　插入键 1、2 和 3

如图 7-20 所示，插入键 4。首先叶子结点[1,2,3]在插入 4 之后变成[1,2,3,4]，需要分裂成[1,2]和[3,4]两个结点。向父结点[5,15,25]插入索引键 3 和结点[3,4]的指针会触发父结点分裂。B+树的内部结点分裂和叶子结点分裂的主要区别是：由于子结点指针的存在，内部结点分裂后，需要提升一个键到内部结点的父结点中作为索引键，这一点和 B 树的结点分裂相似。而叶子结点由于不存在子结点指针，分裂后的索引键是直接复制右子结点的最小键。

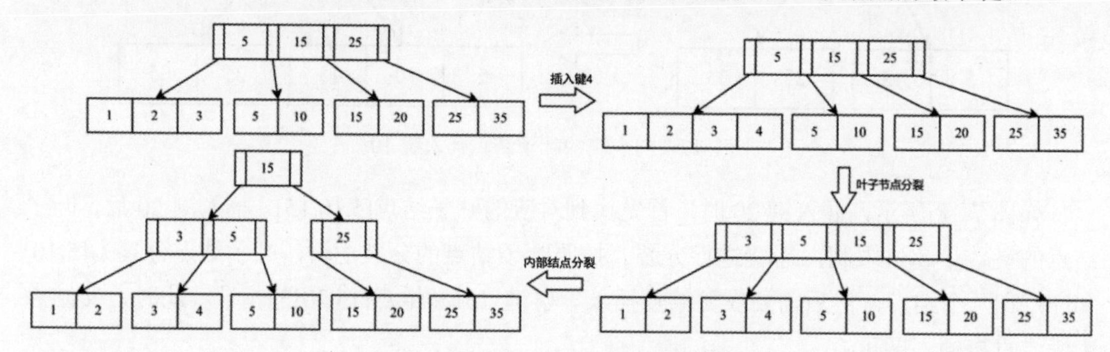

图 7-20 插入键 4 触发内部结点分裂

代码 7-22 中的 SplitInternalNode 函数描述了 B+树内部结点的分裂逻辑。结点分裂完成后，需要再将 SplitInternalNode 返回的索引键和新的结点指针插入父结点。

代码 7-22 B+树内部结点的分裂

```
1   SplitInternalNode(node)
2       new_node = AllocateNode()
3       new_node.leaf = node.leaf
4       split = node.n / 2
5       start = split + 1
6       for i = start to node.n - 1
7           new_node.key[i - start] = node.key[i]
8       for i = start to node.n
9           new_node.c[i- start] = node.c[i]
10      split_key = node.key[split]
11      new_node.n = node.n - start
12      node.n = split
13      return split_key, new_node
```

综合上述情况，代码 7-23 中描述了 B+树的插入逻辑。

- 第 7、8 行：处理插入一棵空的 B+树的情况。
- 第 9~12 行：将 key 插入对应的叶子结点。如果叶子结点没有溢出，则结束本次插入。大多数情况下，B+树的插入操作走的都是这条路径，效率较高。
- 第 14~21 行：处理结点溢出后的各种回溯分裂情况。

代码 7-23　B+树的插入算法

```
1   SplitNode(node)
2       if node.leaf
3           return SplitLeafNode(node)
4       return SplitInternalNode(node)
5
6   Insert(root, key)
7       if root == NULL
8           return InsertEmpty(key)
9       node = FindLeaf(root, key)
10      overflow = InsertLeaf(node, key)
11      if not overflow
12          return root
13
14      loop:
15          split_key, new_node = SplitNode(node)
16          if root == node
17              return InsertNewRoot(node, split_key, new_node)
18          overflow = InsertInternalNode(node.parent, split_key, new_node)
19          if not overflow
20              return root
21          node = node.parent
```

7.2.3　删除算法

B+树的删除算法的基本逻辑是：搜索到键所在的叶子结点，删除相应的数据，然后按需执行再平衡操作即可。需要注意的是，虽然在 B+树上，相同的键可能同时存在于内部结点和叶子结点，但我们不需要特意删除内部结点中的键，因为内部结点中的键只起到加速搜索的索引作用，不影响实际的数据存储。

下面我们以图 7-21 所示的 B+树为例，逐步讲解 B+树的删除逻辑。

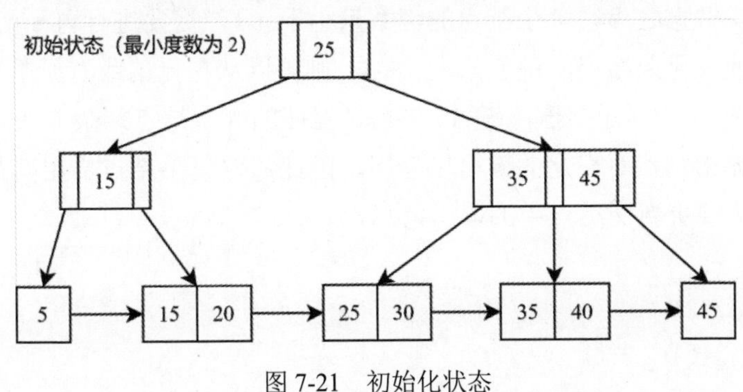

图 7-21　初始化状态

1. 叶子结点的再平衡

从叶子结点中删除键后，根据情况分为三种再平衡操作。

情况一：删除一个键之后，叶子结点的键数量依然大于或等于 t-1，不需要进行再平衡操作，直接返回即可。如图 7-22 所示，B+树的最小度数为 2，因此单结点的键数量限制为 1~3 个。删除键 40 之后，对应的叶子结点剩余一个键，满足 B+树的平衡条件。

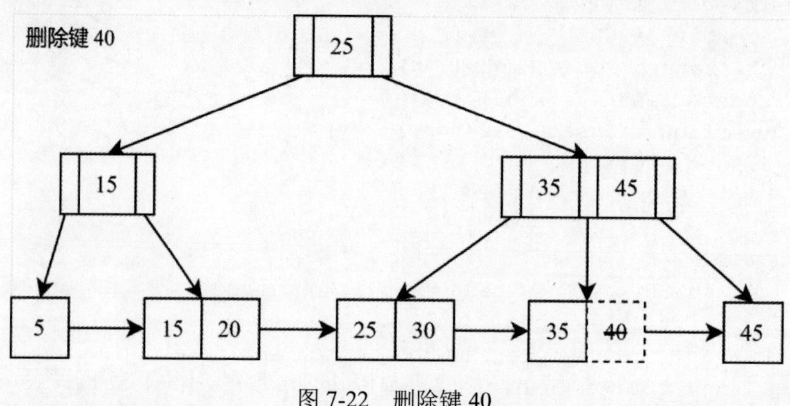

图 7-22 删除键 40

代码 7-24 中的 DeleteFromLeaf 函数描述了从叶子结点 leaf 上删除位置 i 的键，并返回执行删除操作后结点的键数量是否满足要求的基本程序逻辑。

代码 7-24 从叶子结点删除位置 i 的键

```
1   DeleteFromLeaf(leaf, i)
2       for j = i + 1 to node.n - 1
3           node.key[j - 1] = node[j]
4       node.n = node.n - 1
5       return node.n < t - 1
```

情况二：删除数据之后，叶子结点的键数量小于 t-1，需要进行再平衡调整。如果该叶子结点的左兄弟或右兄弟结点的键数量大于 t-1，则可以从左兄弟或右兄弟结点借用一个键，以保持平衡。如图 7-23 所示，删除键 35 之后，对应的叶子结点剩余 0 个键，不满足 B+树的平衡条件。左兄弟结点有充足的键可以借用，因此从左兄弟结点借用其最大的键 30。注意，借用之后还需要更新父结点中的索引信息。

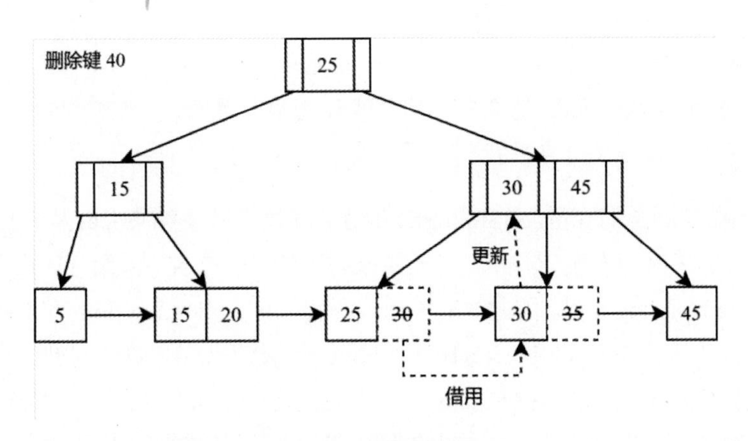

图 7-23　删除键 40

为了从左右兄弟结点借用键，首先需要通过当前结点找到其对应的左右兄弟。代码 7-25 中的 LeftSibling 函数和 RightSibling 函数分别描述了查找结点的左兄弟和右兄弟的基本程序逻辑。

代码 7-25　查找左/右兄弟结点

```
1   LeftSibling(node)
2       p = node.parent
3       if p == NULL
4           return NULL
5       if p.c[0] == node
6           return NULL
7       for i = 1 to p.n
8           if p.c[i] == node
9               return p.c[i - 1]
10
11  RightSibling(node)
12      p = node.parent
13      if p == NULL
14          return NULL
15      if p.c[p.n] == node
16          return NULL
17      for i = 0 to p.n - 1
18          if p.c[i] == node
19              return p.c[i + 1]
```

LeftSibling 函数和 RightSibling 函数的逻辑类似，这里以 LeftSibling 函数为例简单介绍一下：

- 第 2~4 行：结点 node 为根结点，没有左兄弟。
- 第 5、6 行：结点 node 是最左边的结点，没有左兄弟。
- 第 7~9 行：遍历父结点，找到左兄弟。

代码 7-26 中的 BorrowFromLeftSiblingLeaf 函数描述了叶子结点 leaf 从左兄弟 left_sibling 借用一个键的基本程序逻辑。需要借用的是左兄弟结点的最大键，即 left_sibling.key[left_sibling.n-1]。因此，第 3 行代码将 left_sibling.key[left_sibling.n-1]插入 leaf 结点中，第 4 行代码将 left_sibling.key[left_sibling.n-1]从左兄弟结点中删除。从左兄弟结点借用键后，破坏了父结点的索引键和 leaf 结点上的键之间的关系，因此，第 5 行使用叶子结点 leaf 的第一个键（即前面从左兄弟结点借用的键）更新父结点的索引键。

代码 7-26　从左兄弟结点借用键

```
1  BorrowFromLeftSiblingLeaf(leaf, left_sibling)
2      index = FindFirstGreater(leaf.parent, leaf.key[0]) - 1
3      InsertLeaf(leaf, left_sibling.key[left_sibling.n - 1])
4      DeleteFromLeaf(left_sibling, left_sibling.n - 1)
5      leaf.parent.key[index] = leaf.key[0]
```

代码 7-27 中的 BorrowFromRightSiblingLeaf 函数描述了叶子结点 leaf 从右兄弟 right_sibling 借用一个键的程序逻辑。总体上，这和从左兄弟结点借用类似，不过需要借用的是右兄弟结点的最小键，即 right_sibling.key[0]。最后，需要用右兄弟结点被借用键的最小键更新父结点的索引键。

代码 7-27　从右兄弟结点借用键

```
1  BorrowFromRightSiblingLeaf(leaf, right_sibling)
2      index = FindFirstGreater(right_sibling.parent, right_sibling) - 1
3      InsertLeaf(leaf, right_sibling.key[0])
4      DeleteFromLeaf(right_sibling, 0)
5      right_sibling.parent.key[index] = right_sibling.key[0]
```

情况三：如果相邻的兄弟结点的键数量都等于 t-1，不满足借用条件，就只能选择一个相邻的兄弟结点进行合并。合并后还需要回溯调整父结点：删除被合并结点在父结点中的索引键和指针。这个删除操作也可能导致父结点不满足平衡要求，需要再次向上回溯调整，直到某个结点平衡为止。

如图 7-24 所示，删除键 30 之后，叶子结点剩余的键数量为 0，不满足平衡条件，而相邻的两个兄弟结点都不满足借用条件。因此，这里选择与左兄弟结点[25]进行合并。合并之后需要回溯删除父结点中的相关索引和指针。

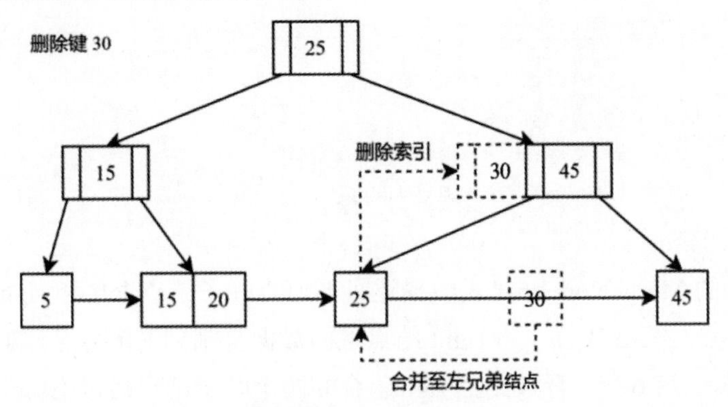

图 7-24　删除键 30

如图 7-25 所示，删除键 25 之后，只能选择和右兄弟结点[45]合并，以满足 B+树的平衡条件。合并后，同样需要回溯删除父结点中的相关索引和指针，这导致父结点同样不满足平衡条件，需要父结点与其兄弟结点合并，即将结点[15]和结点[25]合并成结点[15,25]，最终也会导致 B+树的高度变矮。

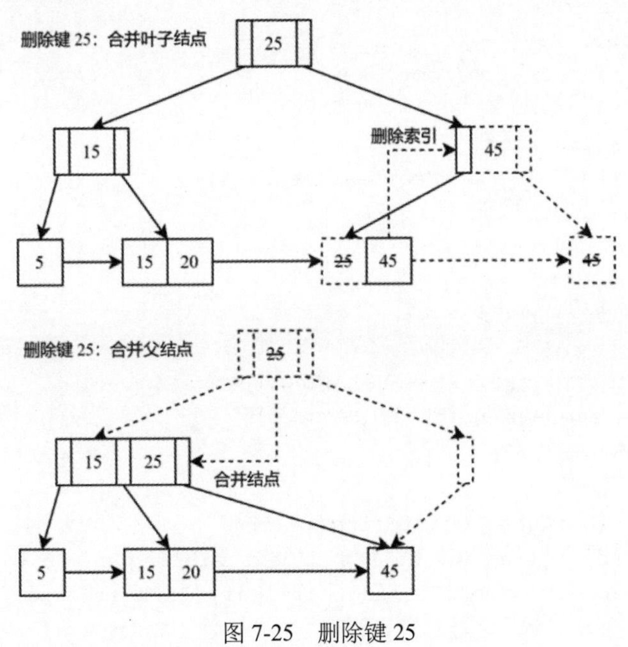

图 7-25　删除键 25

代码 7-28 合并叶子结点

```
1   MergeNodeLeaf(left, right)
2       for i = 0 to right.n - 1
3           left.key[i + left.n] = right.key[i]
4       left.n = left.n + right.h
5       left.sibling = right.sibling
6       DeallocateNode(right)
```

代码 7-28 中的 MergeNodeLeaf 函数描述了如何将叶子结点 left 和 right 合并到 left，最后释放掉 right 结点。第 2~4 行，将 right 结点上的数据复制到 left 结点。第 5 行，更新叶子结点的右兄弟指针。第 6 行，释放结点 right。合并两个叶子结点后，还需要删除父结点中对应的索引键和指针。

在介绍如何从内部结点中删除索引键和指针之前，我们先来总结一下如何从 B+树中删除一个键。代码 7-29 中的 Delete 函数描述了 B+树的完整删除算法，需要的参数是 B+树的根结点 root 和要删除的键 key，函数的返回值是 B+树的根结点。

代码 7-29 B+树的删除算法

```
1   Delete(root, key)
2       leaf, i = Search(root, key)
3       if leaf == NULL
4           return root
5       underflow = DeleteFromLeaf(leaf, i)
6       if not underflow
7           return root
8
9       if leaf == root
10          if root.n == 0
11              DeallocateNode(root)
12              root = NULL
13          return root
14
15      left_sibling = LeftSibling(leaf)
16      if left_sibling ! = NULL and left_sibling.n > t - 1
17          BorrowFromLeftSiblingLeaf(leaf, left_sibling)
18          return root
19
20      right_sibling = RightSibling(leaf)
21      if right_sibling != NULL and right_sibling.n > t - 1
```

```
22          BorrowFromRightSiblingLeaf(leaf, right_sibling)
23          return root
24
25      if left_sibling ! = NULL
26          MergeNode(left_sibling, leaf)
27          i = FindFirstGreater(left_sibling.parent, left_sibling.key[0])
28          return DeleteInternal(left_sibling.parent, i)
29      else /*if right_sibling != NULL*/
30          MergeNode(leaf, right_sibling)
31          i = FindFirstGreater(leaf.parent, leaf.key[0])
32          return DeleteInternal(leaf.parent, i)
```

- 第 3~7 行：查找到键 key 后，将其从叶子结点删除。如果叶子结点剩余的键数量满足要求，则可以直接返回。下面的代码处理的是叶子结点剩余的键数量不足的情况。
- 第 9~13 行：处理了根结点就是叶子结点的特殊情况。根结点的键数量可以少于 t-1。如果根结点的键数量等于 0，则将根结点释放。
- 第 15~23 行：处理的是从左兄弟或右兄弟结点借用键的情况。
- 第 25~32 行：处理的是合并左兄弟或右兄弟结点的情况。合并时，我们统一将右边的结点合并到左边的结点，并调用 DeleteInternal 函数删除右边的结点在父结点中的索引键和指针。DeleteInternal 函数的具体逻辑将在下一节介绍。

2. 内部结点的再平衡

原理上，内部结点删除键和指针后的再平衡和叶子结点基本一样，只不过细节处理上会有一些细微差别，同样可以分上述三种情况进行讨论。下面我们直接给出相关的代码逻辑和说明。

代码 7-30 中的 DeleteFromInternal 函数从内部结点 node 删除位置 i 上的键，并根据 pos 的值删除左指针（L）或右指针（R），并返回执行删除操作后剩余的键数量是否满足 B+树的平衡要求。

代码 7-30　从内部结点删除键和指针

```
1   DeleteFromInternal(node, i, pos)
2       for j = i + 1 to node.n - 1
3           node.key[j - 1] = node[j]
4       if pos == L
5           del_child = i
6       else if pos == R
7           del_child = i + 1
```

```
8       for j = del_child + 1 to node.n
9           node.c[j - 1] = node.c[j]
10      node.n = node.n - 1
11      return node.n < t - 1
```

代码 7-31 中的 BorrowFromLeftSiblingInternal 和 BorrowFromRightSiblingInternal 两个函数分别描述了从左兄弟和右兄弟结点借用键和指针的程序逻辑。

代码 7-31　从内部结点的左/右兄弟借用键和指针

```
1   BorrowFromLeftSiblingInternal(internal, left_sibling)
2       index = FindFirstGreater(internal.parent, internal.key[0]) - 1
3       InsertInternalLeft(internal, left_sibling.c[left_sibling.n],
internal.parent.key[index])
4       internal.parent.key[index] = left_sibling.key[left_sibling.n - 1]
5       DeleteFromInternal(left_sibling, left_sibling.n - 1, R)
6
7   BorrowFromRightSiblingInternal(internal, right_sibling)
8      index = FindFirstGreater(right_sibling.parent, right_sibling.key[0])
- 1
9       InsertInternalRight(internal, right_sibling.c[0],
right_sibling.parent.key[index])
10      right_sibling.parent.key[index] = right_sibling.key[0]
11      DeleteFromInternal(right_sibling, 0, L)
```

先来看 BorrowFromLeftSiblingInternal 函数。从左兄弟结点 left_sibling 借用的是最右边的索引键和子结点指针，即 left_sibling.key[left_sibling.n-1]和 left_sibling.c[left_sibling.n]。被借用的子结点指针 left_sibling.c[left_sibling.n]成为 internal 结点的最左子结点指针，但 left_sibling.key[left_sibling.n-1]不能成为 internal 结点的最左索引键。因为 internal 结点的最左索引键必须大于 left_sibling.c[left_sibling.n]上的任意键。因此，使用 internal 和 left_sibling 这两个内部结点之间的索引键作为 internal 结点的最左索引键，而 left_sibling.key[left_sibling.n-1]则成为 internal 和 left_sibling 之间新的索引键。

- 第 2 行：index 指向 internal 和 left_sibling 这两个内部结点的索引键。
- 第 3 行：InsertInternalLeft 函数向内部结点 internal 插入一个索引键和子结点指针，并且这个子结点指针是索引键的左子结点。
- 第 4 行：更新 internal 和 left_sibling 之间的索引键。
- 第 5 行：删除 left_sibling 结点被借用的键及其右指针。

BorrowFromRightSiblingInternal 函数从右兄弟借用的是最左边的索引键和子结点指针，逻辑和 BorrowFromLeftSiblingInternal 是对称的，这里不再赘述，可以自行理解。

最后一种情况，代码 7-32 中的 MergeNodeInternal 函数描述了将两个内部结点 left 和 right 合并的程序逻辑。合并内部结点和合并叶子结点的不同之处在于：需要将结点 left 和 right 在父结点的索引键下降到合并后的结点中。因此，MergeNodeInternal 函数多了一个 key 参数。

代码 7-32　合并内部结点

```
1   MergeNodeInternal(left, key, right)
2       left.key[left.n] = key
3       left.n = left.n + 1
4       for i = 0 to right.n - 1
5           left.key[i + left.n] = right.key[i]
6       for i = 0 to right.n
7           left.c[i + left.n] = right.c[i]
8       DeallocateNode(right)
```

代码 7-33 综合了上述三种情况，从内部结点 internal 删除位置 i 的键及其右指针。

代码 7-33　从内部结点删除键和右指针

```
1   DeleteInternal(root, internal, i)
2       underflow = DeleteFromInternal(internal, i, R)
3       if not underflow
4           return root
5
6       if internal == root
7           if root.n == 0
8               DeallocateNode(root)
9               root = NULL
10          return root
11
12      left = LeftSibling(internal)
13      if left != NULL and left.n > t - 1
14          BorrowFromLeftSiblingInternal(internal, left)
15          return root
16
17      right = RightSibling(internal)
18      if right != NULL and right.n > t - 1
19          BorrowFromRightSiblingInternal(internal, right)
20          return root
```

```
21
22      if left != NULL
23          i = FindFirstGreater(left.parent, left.key[0])
24          MergeNodeInternal(left, left.parent.key[i], internal)
25          return DeleteInternal(root, left_sibling.parent, i)
26      else /*if right != NULL*/
27          i = FindFirstGreater(internal.parent, internal.key[0])
28          MergeNodeInternal(internal, internal.parent.key[i], right)
29          return DeleteFromInternal(root, internal.parent, i)
```

- 第 2~4 行：最普通的情况，删除后内部结点依然保持平衡。下面从第 6 行开始的部分，处理的是删除后内部结点不平衡的情况。
- 第 6~10 行：删除的是根结点的最后一个键和指针。
- 第 12~20 行：处理左/右兄弟结点借用键和子结点指针的情况。
- 第 22~29 行：处理左/右兄弟结点合并，并递归地向上删除父结点中的索引键的情况。

7.3 并发控制

在前文介绍 B 树和 B+树的各种操作时，我们专注于算法逻辑，而没有关注多线程并发访问的问题。然而，作为影响数据库系统性能的关键因素之一，索引结构在高并发场景下的表现对数据库系统的性能具有重大的影响。因此，在过去几十年中，无论是学术界还是工业界，都有大量的论文和实践来尝试优化 B+树在多线程场景下的性能。

并发控制的实现一般与“锁”相关。在数据库中，有两个容易混淆的“锁”概念。一个叫 lock，用来控制一些逻辑对象的并发访问，例如行锁、表锁。lock 属于事务层面的概念，用于支持事务的并发控制，后面我们会详细介绍各种事务并发控制机制。另一个叫 latch，它主要用于控制一些物理数据结构（如树结点）的并发访问，以保证并发读写的正确性。简单来说，latch 就是代码中的互斥锁、读写锁等。本节将介绍如何在 B+树的数据结构上使用 latch 或 latch-free 等方法对 B+树的读写进行并发控制，从而保证读写的正确性，并提高读写性能。

在介绍 B+树的并发控制机制之前，我们需要思考 B+树的并发控制要解决哪些问题。简单来说，B+树的并发控制机制旨在保证 B+树的读写操作的正确性。具体而言，这种“正确性”包括以下几个方面：

（1）不会发生读写冲突。在 B+树中，读写冲突的表现主要有两方面：

① 不会读到一个处于中间状态的键值对，即不会出现读操作访问中的键值对正在被另一个写操作修改的情况。

② 不会读不到一个已存在的键值对。这种情况通常与树结点的分裂和合并有关：如果读操作正在访问目标键值对所在的结点，而该结点正在被另一个操作分裂或合并到另一个结点，最终可能导致读操作没有找到目标键值对。

（2）不会发生写写冲突：两个写操作不会同时修改同一个键值对。

（3）不会发生死锁：两个或多个线程不会无限期互相等待对方释放资源。

为了满足这些正确性要求，最简单的方案是直接在读写 B+树时加一把树级别的大锁，读操作加读锁，写操作加写锁。然而，虽然这个方案解决了并发控制的问题，但它的锁粒度过粗，导致 B+树上的操作只能串行执行，从而在性能上存在很大问题。

7.3.1　锁分支

一个比较直接的优化方案是缩小锁的粒度，将锁改为结点级别。对于单个结点，可以通过结点级别的锁来防止非法的并发访问，从而避免单个结点的数据一致性问题。

对于写操作，流程从根结点开始，自上而下对相关结点加写锁，获得子结点的锁后，需要判断子结点是否安全。如果子结点是安全的，则可以释放所有祖先结点的锁。简单来说，如果本次写操作不会导致子结点分裂或合并，就可以认为子结点是安全的。具体而言：

（1）对于插入操作，子结点不能处于已满的状态，否则插入新记录后需要进行分裂；

（2）对于删除操作，子结点必须至少保持半满状态，否则删除一条记录后可能导致需要进行合并。

如果子结点发生分裂或合并，则需要在子结点分裂或合并之后，更改父结点中的索引和指针信息，因此需要对父结点加写锁。为了避免回溯（自下而上）加锁与正常的自上而下加锁之间出现冲突，造成死锁，在自上而下枷锁的过程中，只有在确认子结点不需要分裂或合并后，才会释放所有祖先结点的写锁。

对于读操作，流程也是从根结点开始，自上而下对相关结点加读锁，获得子结点的锁后，可以释放父结点的锁。根据上述写操作的加锁流程，如果子结点要进行分裂或合并，父结点一定是持有写锁的。因此，其他线程无法获取父结点的锁，就会被阻塞，从而避免出现在父结点获取到子结点的指针后，子结点发生分裂或合并，导致读不到已存在数据的情况。

因此，锁分支（Latch Crabbing）方案是没有正确性问题的。与锁住整棵树的方案相比，锁分支方案大大提高了 B+树的并发访问性能。但是，仍然存在一些问题，例如根结点是锁争用的热点，如果子结点不安全，仍然需要锁住子树。

7.3.2 乐观锁分支

7.3.1 节介绍的锁分支属于悲观策略的加锁方案——写操作预先假设子结点需要分裂或合并，因此先加了写锁，只有在确认子结点是安全的情况下，才会释放祖先结点的写锁。

一般情况下，对于 B+树来说，读写操作触发结点进行分裂或合并应当是低概率事件。因此，对于写操作，我们可以采取更加乐观的策略，假设子结点不需要分裂或合并。在执行写操作时，从根结点自上而下对结点加读锁。到达叶子结点后，对叶子结点加写锁并释放祖先结点的读锁，判断叶子结点是否安全。如果叶子结点是安全的，则可以直接写入。如果叶子结点不安全，则使用悲观锁分支进行重试。

显然，这个乐观锁分支的方案非常适合读多写少的场景，但对于写密集场景并不友好。

7.3.3 锁分支方案的问题

悲观锁分支和乐观锁分支方案在很大程度上减少了线程间的锁冲突。然而，随着 CPU 核心数的增加和 NUMA 架构的普及，锁分支方案依然存在一个不可忽略的问题：加锁操作过去频繁。

无论是悲观锁分支还是乐观锁分支，在访问树结点之前都需要对其加锁（写锁或读锁）。加锁和解锁的本质至少是一个原子写操作。原子写操作会导致其他处理器核心相关缓存行的失效。因此，频繁的加锁和解锁操作会导致多核处理器中每个核心的缓存频繁失效。尤其在 NUMA 架构下，多核处理器的缓存同步和失效问题会导致更大的性能开销。这严重影响了 B+树在多核处理器上的性能表现和可扩展性。论文 *Cache-Conscious Concurrency Control of Main-Memory Indexes on Shared-Memory Multiprocessor Systems*（共享内存多处理器系统上主存索引的缓存感知并发控制）详细讨论了这个问题。

这里借用论文中的例子，说明为什么频繁加锁会导致处理器缓存频繁失效。如图 7-26 所示，假设有 4 个处理器核心 P1/P2/P3/P4，每个处理器有自己的私有缓存 C1/C2/C3/C4。

- 步骤 1: P1 访问树结点 n1→n2→n4，并将它们放在缓存 C1 中。
- 步骤 2: P2 访问树结点 n1→n2→n5，并将它们放在缓存 C2 中。P2 对 n1 和 n2 加了读锁，导致缓存 C1 中的 n1 和 n2 失效，尽管实际上 n1 和 n2 的内容并没有被修改。
- 步骤 3: 同理，P3 访问树结点 n1→n3→n6，导致缓存 C2 中的 n1 失效。

- 步骤 4：P4 访问树结点 n1→n3→n7，导致缓存 C3 中的 n1 和 n3 失效。

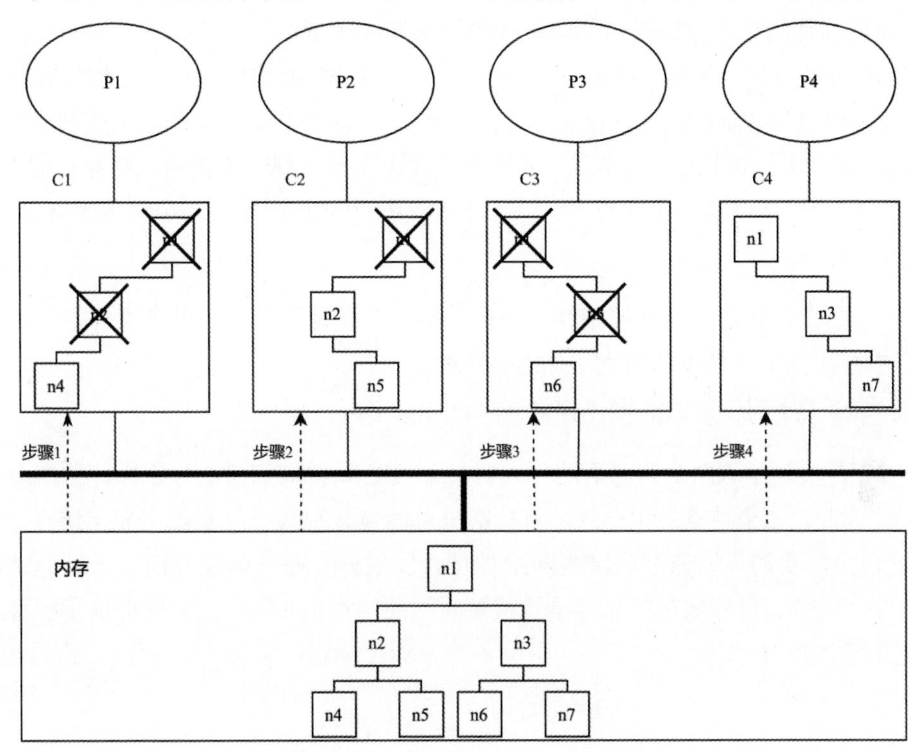

图 7-26　频繁加锁导致缓存频繁失效

虽然在内存中，我们可以将锁和结点分开维护，确保它们不在同一个缓存行中，但是，实际上访问锁所带来的缓存失效问题依然存在。

事实上，在锁分支并发控制机制中，大部分获取到的锁其实是无意义的，尤其是在 B+树的上层，因为离根结点越近的树结点被更新的概率越低。因此，比较理想的加锁策略是：只有在树结点需要分裂或合并的情况下，才对被修改的树结点加锁，从而最大限度地减少加锁的频率和减小加锁的范围，提高 B+树的多线程扩展性。为了实现这个目标，首先需要支持在不持有锁的情况下，从根结点安全地访问叶子结点的功能。

7.4　Blink 树

本节主要参考论文 *Efficient Locking for Concurrent Operations on B-Trees*（B 树并发操作的高效锁机制）的内容，对 Blink 树的设计思路进行介绍。Blink 树是对无锁遍历 B+树发起的一次“冲锋”。虽然 Blink 树假设树结点的读写操作都是原子操作的这一前提有些理想化，但 Blink 树的设计思路对后续提出的改进提供了重要的参考。

虽然 Blink 树的结点的读写都是原子的，但在遍历 Blink 树的过程中，读操作是不持有锁的。当读操作准备访问某个子结点时，这个子结点可能被其他写操作分裂成两个结点，导致目标键被移动到子结点的兄弟结点，最终使得读操作找不到一个其实已经存在的键。为了应对遍历过程中树结点发生分裂的情况，Blink 树为每个结点增加了两个对无锁遍历 B+树至关重要的信息：

（1）一个指向相邻右兄弟的指针，下面简称“右指针”。对于叶子结点，这个信息本来就是有的，所以主要是内部结点增加这个指针。

（2）结点的子树中最大的键，称为高键（High Key）。

图 7-27 是增加了这两个信息后的 B+树结点。Blink 树规定树的分裂操作顺序必须是从左至右的。因此，如果结点发生分裂，目标键只可能被分裂到子结点的右兄弟结点。在遍历 B+树的过程中，我们可以通过高键判断结点是否发生分裂——如果高键小于目标键，则说明结点发生了分裂，目标键在右兄弟结点或更右边的结点中。而右指针则提供了一种高效地访问右兄弟结点的方式。

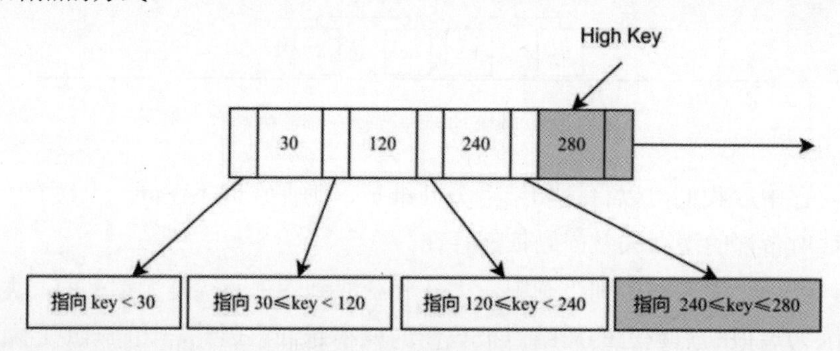

图 7-27　Blink 树的结点

7.4.1　搜索算法

代码 7-34 中描述了 Blink 树的搜索算法，总体上和 B+树类似：从根结点出发，自上而下进行遍历，直到找到某个叶子结点（第 4~6 行）。在这个过程中，Blink 树是不持有锁的。关键在于，每到达一个树结点后，Blink 树的搜索算法都会调用 ScanNode 函数来获取下一个要搜索的结点。这个 ScanNode 函数是 Blink 树的精髓所在。因为在遍历树结构的过程中是不持有锁的，这导致它访问的某个树结点可能被其他写操作所分裂。ScanNode 函数的作用是，通过高键判断结点是否发生分裂。如果结点发生分裂，并且查找的键被移动到右边的兄弟结点，则根据右指针找到右兄弟结点（第 12~13 行）。否则，按照正常的 B+树查找逻辑查找下一个树结点。这里要注意的是，到达叶子结点后，叶子结点也可能发生分裂，所以需要判断是否继续向右查找（第 7~8 行）。

代码 7-34 Blink 树的搜索算法

```
1   Search(root, key)
2       cur = root
3       A = AtomicReadNode(cur)
4       while !A.leaf
5           cur = ScanNode(A, key)
6           A = AtomicReadNode(cur)
7       while (cur = ScanNode(A, key)) != NULL
8           A = AtomicReadNode(cur)
9       if key is in A then done "success" else done "failure"
10
11  ScanNode(node, key)
12      if node.high_key < key
13          return cur.right_sibling
14      if node.leaf
15          return NULL
16      i = FindFirstGreater(node, key)
17      return node.c[i]
```

7.4.2 插入算法

代码 7-35 是 Blink 树的插入算法，看起来比较复杂。

第 2~14 行：使用与搜索算法类似的方式定位到目标叶结点 cur 并加锁。为了支持自底向上加锁，遍历过程中将访问到的树结点压入栈 stack 中。

第 16~19 行：如果结点是安全的，直接插入后释放锁即可。

第 20~36 行：如果结点不是安全的，则进行结点分裂。然后，写操作从栈顶弹出上一层的父结点并加锁。由于父结点也可能被分裂，因此需要通过 moveRight 函数移动到正确的上一层结点，然后重复上述的 DoInsertion 过程。

MoveRight 函数的作用是在加锁的状态下（获取到右结点的锁后，便可以释放当前结点的锁），沿着右指针遍历结点，直到找到正确的结点。

代码 7-35 Blink 树的插入算法

```
1   Insert(root, key)
2       cur = root
3       A = AtomicReadNode(cur)
4       while !A.leaf
5           t = cur
6           cur = ScanNode(cur, key)
7           if cur != t.right_sibling
8               stack.push(t)
9           A = AtomicReadNode(cur)
10      Lock(cur)
11      A = AtomicReadNode(cur)
12      cur, A = MoveRight(cur, A)
13      if key is in A then stop "key already exists"
14      child = NULL
15      DoInsertion:
16          if A is saft then
17              Insert key and child into A
18              Write A to cur
19              Unlock(cur)
20          else
21              u = AllocateNode()
22              A, B = rearrange old A, adding key and child, to make 2 nodes
23              B.right_sibling = A.right_sibling
24              A.right_sibling = u
25              y = min key store in B
26              Write B to u
27              Write A to cur
28              old = cur
29              key = y
30              child = u
31              cur = stack.pop()
32              Lock(cur)
33              A = AtomicReadNode(cur)
34              MoveRight(cur)
35              Unlock(old)
36              goto DoInsertion
37
38  MoveRight(cur, A, key)
39      while A.high_key < key
```

```
40          t = A.right_sibling
41          Lock(t)
42          Unlock(cur)
43          cur = t
44          A = AtomicReadNode(cur)
```

7.4.3　删除算法

Blink 树的论文没有提出完善的删除算法，而是假设删除是低频操作，并且在执行删除时只需删除叶子结点上的键值对，不进行再平衡操作。因此，Blink 树不会进行结点合并。这样，Blink 树的删除算法类似于不需要再平衡操作的插入算法。然而，很明显，这种方式完全无法满足通用数据库系统的需求。

7.5　OLFIT 树

2001 年在 VLDB 上发表的一篇论文 *Cache-Conscious Concurrency Control of Main-Memory Indexes on Shared-Memory Multiprocessor Systems*（共享内存多处理器系统中内存索引的缓存感知并发控制）提出了 OLFIT 树。OLFIT 的全称是 Optimistic Lock-Free Index Traversal，翻译过来就是“乐观无锁的索引遍历”。OLFIT 树的最大贡献在于为解决 Blink 树的两大问题——结点读写的原子性和删除操作提出了有效的解决方案。首先，OLFIT 树在 Blink 树的基础上为每个树结点引入了版本号，解决了无锁读取树结点的原子性问题。其次，它采用了基于 epoch 的垃圾回收（epoch-based reclamation）算法来解决删除问题。

7.5.1　结点的无锁原子读取

代码 7-36　原子读写结点

```
1   AtomicUpdateNode(node)
2       Lock(node)
3       UpdateContent(node)
4       IncrementVersion(node)
5       Unlock(node)
6
7   AtomicReadNode(node)
8       ReadVersion(node)
9       ReadContent(node)
```

```
10        If node is locked, retry AtomicReadNode
11        If version is changed, retry AtomicReadNode
```

为了防止写写冲突，OLFIT 树的结点写操作需要加排他锁。而树结点的读操作则是无锁的。

在代码 7-36 中，AtomicUpdateNode 函数描述了如何更新一个树结点，它的逻辑非常简单：首先锁住这个结点（第 2 行），接着更新这个结点的内容（第 3 行），然后递增树结点的版本号（第 4 行），最后释放这个结点的锁（第 5 行）。

代码 7-36 中的 AtomicReadNode 函数描述了如何无锁地读取树结点：首先记录树结点的版本号（第 8 行），接着读取该结点的内容（第 9 行），然后判断该结点是否被上锁，如果上锁了，说明该结点正在被修改，需要重新读取该结点（第 10 行）；最后再次读取该树结点的版本号，并检查读取结点的前后版本号是否发生变化。如果发生变化，说明结点已被修改，需要重新读取该结点（第 11 行）。

7.5.2 删除算法

合并树结点后，需要删除废弃的树结点。然而，由于读取树结点不持有锁，因此在删除树结点时需避免删除被其他读操作访问的结点。具体而言，当决定删除某个树结点时，OLFIT 树首先只删除指向该结点的树指针，以保证新请求无法再访问该树结点；随后，将该结点注册到垃圾回收器中。只有当确定树结点不再被任何线程访问时，垃圾回收器才会回收这个树结点的物理空间。

关于 OLFIT 树的无锁垃圾回收机制，论文中没有详细介绍，仅仅一笔带过，并提到参考了论文是 *Logical and Physical Versioning in Main Memory Databases*（主内存数据库中的逻辑与物理版本控制）。根据该论文第三节 Physical Versioning 的描述，这应该是一种基于 epoch 的无锁垃圾回收算法。

基于 epoch 的垃圾回收算法是一种常见的无锁编程并发控制算法，它的基本原理如下：

（1）维护一个全局的 global_epoch。global_epoch 有三个取值，分别是 0、1、2，初始值为 0。每个取值对应一个 retired_list，用于存放删除后等待垃圾回收的指针。

（2）每个线程维护一个局部的 local_epoch 和一个线程活跃标志 active_flag。

（3）这里，我们将访问 OLFIT 树结点的代码区间称为临界区（critical section）。

① 线程进入临界区前，将 active_flag 设置为 true，并将自己的 local_epoch 设置为 global_epoch 的当前值。

② 线程删除树结点时，将结点指针放入 retired_list[local_epoch]。

③ 线程离开临界区时，将 active_flag 设置为 false。

（4）垃圾回收时，检查所有活跃（active_flag 为 true）线程的 local_epoch 是否等于 global_epoch。如果相等，递增 global_epoch（取值为(global_epoch+1)%3）。至此，在任何时刻，线程的 local_epoch 的值只可能是 global_epoch 或(global_epoch-1)%3。因此，global_epoch-2 的 retired_list 上的指针可以安全回收。

除上述基于 epoch 的垃圾回收算法外，还有其他无锁垃圾回收算法，例如引用计数（reference count）和冒险指针（hazard pointer），它们各有优缺点。感兴趣的读者可以参考论文 *Practical lock-freedom*。

7.6　Bw 树

2013 年，微软在论文 *The Bw-Tree: A B-tree for New Hardware Platforms*（w-Tree：适用于新型硬件平台的 B 树）中提出了一种无锁的 B+树变体，为关系数据库 SQL Server 的内存存储引擎 Hekaton 提供了高性能索引。本节将探讨 Bw 树背后的设计思想和基本原理。

Bw 树的设计动机在于更好地适应现代硬件的发展趋势：多核处理器、大容量内存、高速存储设备。

首先，大容量内存和高速存储设备的普及，使得数据库在某些场景下的性能瓶颈从 I/O 转移到了 CPU。为充分挖掘 CPU 的多核能力，软件设计与实现需要尽量避免锁冲突，同时降低高速缓存失效的概率。为了降低锁冲突，提高程序执行的并行度，Bw 树采用无锁（Latch-Free）的并发控制机制，通过轻量的 CAS（Compare-And-Swap，比较并交换）操作替代传统锁操作，从而避免了因锁争用导致的堵塞问题，有效提高了 CPU 的利用率。在传统的 B+树总，原地更新操作是引发 CPU 高速缓存失效的主要原因之一。为了降低高速缓存失效的概率并减少 CPU 之间的同步开销，Bw 树通过维护增量记录（Delta Record）来避免对原数据的本地更新，从而防止其他处理器缓存中的原数据失效。

另一方面，虽然 SSD 的随机读性能显著优于 HDD 的随机读性能，但由于 SSD 不支持覆盖写，并且擦除操作代价昂贵，写入与擦除粒度不对等（擦除的最小单元远大于写入的最小单元），随机写会触发 SSD 内部频繁的垃圾回收任务，从而影响 SSD 的外部性能。因此，在大多数情况下，SSD 的顺序写性能明显优于随机写性能，并且顺序写具有更好的延时稳定性。为此，Bw 树借鉴了日志结构（Log-Structured）的设计思想，将随机写转换成顺序写，从而更好地利用 SSD 的性能优势。

7.6.1 整体结构

如图 7-28 所示，整个 Hekaton 存储引擎主要由 Bw 树索引层、缓存层（包括地址映射表）以及基于日志结构的存储层组成：

- 索引层将数据页组织成一棵类 B+树，提供增删改、点查询和范围查询的访问接口。它针对内存中的数据页实现了提供无锁的读写机制，从而提升了并发性能。
- 缓存层提供索引层访问的逻辑页抽象，用于管理物理页面在内存和硬盘之间的换入换出。缓存层内部包含一个地址映射表（Address Mapping Table），维护了逻辑页面到物理页面的映射关系。
- 基于日志结构的存储层支持大块数据的顺序写入操作，避免了硬盘内部为了对齐数据而进行的字节填充，从而提升存储设备的性能。此外，它还负责对过期数据进行垃圾回收，确保存储空间的有效利用。

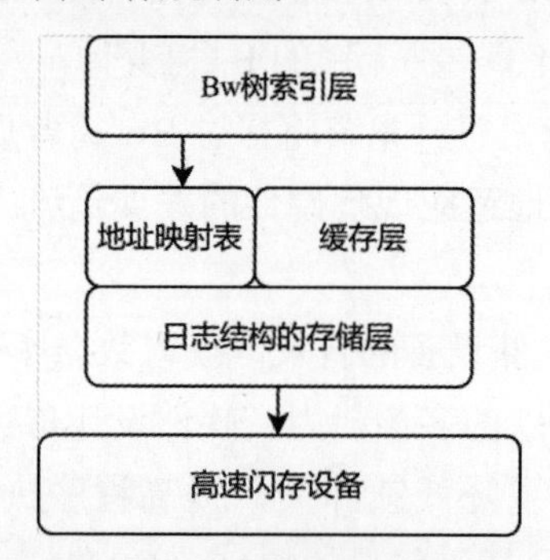

图 7-28 Bw 树的整体结构

总的来说，Hekaton 存储引擎可以分为两大部分。

（1）无锁内存结构：由 Bw 树索引层和部分缓存层（包括地址映射表）组成，专为多核处理器设计。

（2）持久化存储结构：由部分缓存层和基于日志结构的存储层组成，专为高速存储设备设计。

接下来将重点介绍第一部分，特别是与索引层相关的内容。对于第二部分内容感兴趣的读者，可以参考论文 *LLAMA: A Cache/Storage Subsystem for Modern Hardware*（LLAMA：适用于现代硬件的缓存/存储子系统）。

对于 B+树这种复杂的数据结构来说，由于存在结点分裂和合并这种涉及多个树结点的操作，想要实现无锁化，其实是非常复杂的。原论文主要阐述了 Bw 树索引层的设计思路，但在许多关键细节上语焉不详，例如结点分裂和合并的具体实现。另一篇论文 *Building a Bw-Tree Takes More Than Just Buzz Words*（构建 Bw-Tree 不仅仅是靠一些时髦词汇）比较详细地讲述了实现 Bw 树时需要注意哪些细节，特别是关于 Bw 树结点的分裂与合并流程的设计。

7.6.2 Bw 树的基本结构

图 7-29 展示了一棵典型的 Bw 树的基本结构，其中包含几个核心概念：逻辑引用（图中用虚线表示）、地址映射表以及结点的增量链表（Delta Chain）。

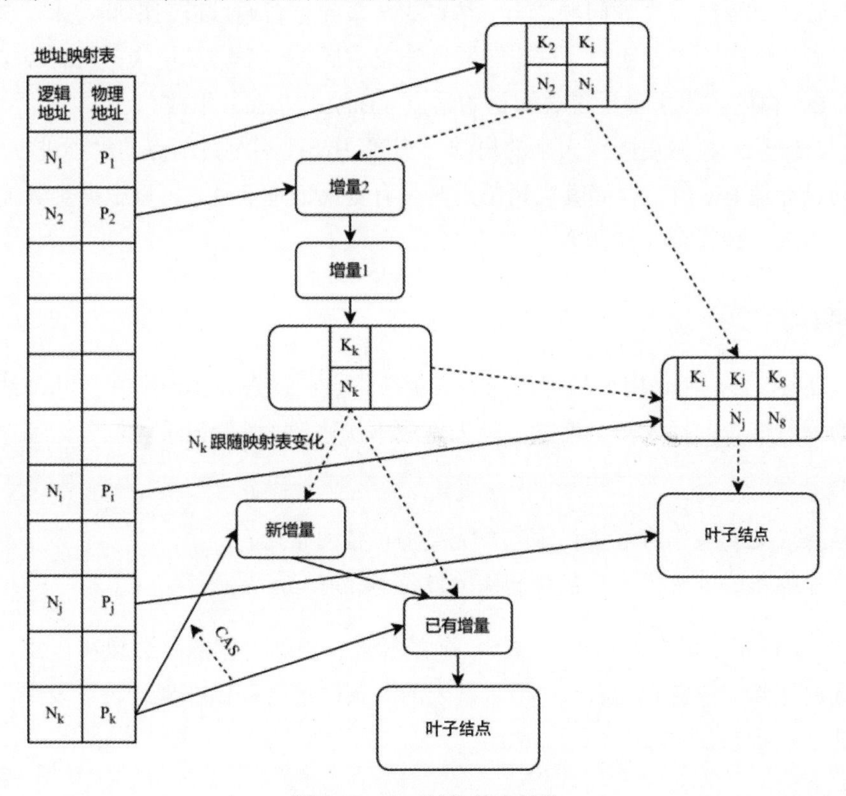

图 7-29 Bw 树的基本结构

首先，与传统的 B+树不同，Bw 树的页面在内存和硬盘中没有固定的物理位置。树结点之间的链接关系用页面 ID 来表示，逻辑引用在图 7-29 中用虚线标注。页面 ID 可以视为页面的逻辑地址，任何访问树结点的操作都需要通过地址映射表将页面 ID 转换为树结点的实际物理地址。

地址映射表是 B 树的核心模块之一，其主要作用是维护逻辑地址到物理地址的映射关系。地址映射表本质上是一个高性能的无锁哈希表。由于物理页面可能在内存中，也可能在硬盘上，因此物理地址分为两类：硬盘偏移和内存指针。

（1）硬盘偏移，表示页面在硬盘上的起始地址。

（2）内存指针，表示页面在内存中的起始地址。

其次，与传统 B+树采用原地更新的方式不同。为了避免高速缓存失效，Bw 树采用增量记录的方式记录结点每次更新的信息，而不是原地修改对应的结点。这种设计有效避免了由于修改而导致的高速缓存失效问题。一个结点的一系列更新通过链表串联起来，这个链表被称为增量链表。每次结点更新时，只需在增量链表中插入一个增量记录，从而轻松实现无锁化。因此，Bw 树的结点由增量链表和初始结点（Based Node）组成。

最后，与传统 B+树采用固定大小的树结点不同，Bw 树不对树结点的大小进行严格限制。这种灵活的设计使 Bw 树在存储真实树结点时具有更高的适应性，可以根据实际需要在适当时机执行结点的分裂或合并操作。

7.6.3 增量记录

如前文所述，Bw 树采用增量记录的方式更新结点：在查找到键所在的叶子结点后，通过在结点的增量链表上插入一个增量记录来完成本次修改。增量记录中包含记录单次操作的具体信息：

- 插入或更新操作的增量记录包含完整的键值对信息。
- 删除操作的增量记录只包含删除的键信息。

如图 7-30 所示，所有对结点的修改（包括插入、更新、删除、分裂和合并）都以增量记录的形式追加到增量链表的表头。增量链表的表头地址会存储在地址映射表中，以便快速定位最新的结点状态。

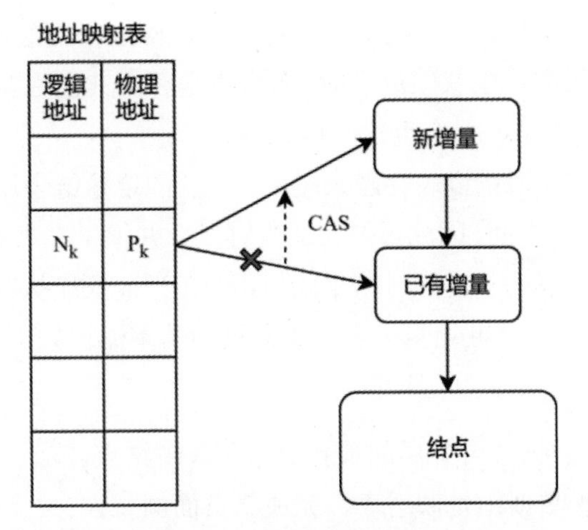

图 7-30　增量更新示意图

因此，Bw 树写操作的基本流程如下：

（1）查找叶子几点：定位键所在的叶子结点。

（2）插入增量记录：创建增量记录结点，并通过 CAS 操作将增量记录结点插入增量链表的头部。如果 CAS 操作失败，说明有其他线程正在修改该结点，需重新尝试该操作。

（3）更新地址映射表：利用 CAS 操作将增量链表新表头的内存地址更新至地址映射表。如果 CAS 操作成功，该增量记录即成为该数据页的新物理地址，完成页更新。如果 CAS 操作失败，说明有其他线程正在修改该数据页，需重新尝试该操作。

7.6.4　查询操作

在结点上执行查找操作时，需要遍历增量链表。

对于点查询，如果遇到键对应的删除增量记录（Delete Delta），说明键已被删除。如果遇到键对应的插入增量记录（Insert Delta），说明读到了最新的键。如果遇到分裂增量记录（Split Delta）或合并增量记录（Merge Delta），需根据增量记录和键的比较，决定向下搜索的路径。

对于范围查询，为了提高执行 next-record 操作的效率，Bw 树在首次访问包含查询范围内键的数据页时，会根据增量链表和结点的当前状态构建一个记录向量，该记录向量包含这个数据页中查询范围所需的所有记录。

高效场景。大部分数据页的增量链表长度为零，此时构建记录向量的开销很低，而获取下一个键值对的效率则较高。

一致性检查。范围查询并非原子操作，在两次 next-record 操作之间，数据页可能已被更新。因此，Bw 树在从记录向量中获取记录前，会检查是否有其他更新操作影响了查询结果。如果发现影响了查询结果，Bw 树会重建向量数组。

随着写入操作的增多，增量链表会越来越长。过长的增量链表不仅会降低 Bw 树的读性能，还占用大量存储与内存空间，因此需要在适当时机合并增量链表和数据页。一般情况下，当遍历增量链表时发现链表的长度超过某个阈值，可在当前操作执行完成后，合并增量链表和数据页。如图 7-31 所示，合并增量链表和数据页的基本流程如下：

（1）分配新的结点。

（2）将增量链表和数据页合并后的最新数据写入新结点。

（3）通过 CAS 操作更新地址映射表，完成新页面的替换。

（4）新页面替换成功后，旧页面及其对应的增量链表会进入垃圾回收流程。这时，旧页面可能仍被其他线程访问。Bw 树未采用锁机制来保护正在被访问的页面，而是采用基于 epoch 的垃圾回收机制来避免正在被访问的页面被物理删除。

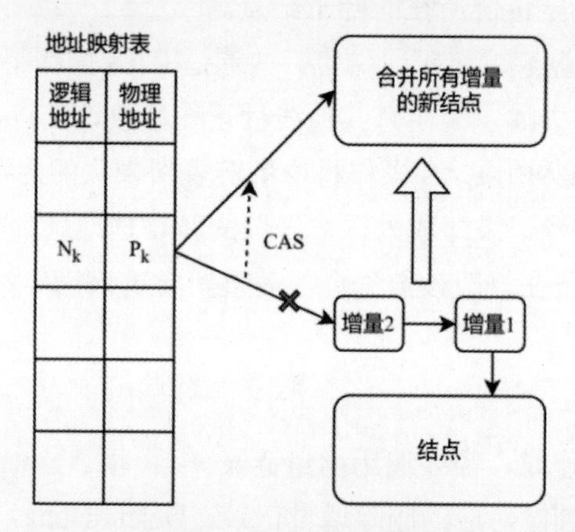

图 7-31　合并增量链表

7.6.5　结点分裂

一次结点分裂至少涉及父子两个结点的修改，而 CAS 操作只能保证一个结点修改的原子性，所以实现无锁的结点分裂较为复杂。一个 B+树结点的分裂操作可以分为两个阶段：

（1）创建新结点：将需要分裂结点的右半部分数据复制到该新结点。

（2）更新父结点：在父结点插入新结点。这可能导致父结点本身需要分裂，回到第（1）步。

如图 7-32 所示，为了实现无锁的结点分裂操作，Bw 树引入了两种特殊的增量记录：分裂增量（Split Delta）和索引增量（Index Delta），并将整个分裂过程划分为两个可中断的独立步骤，分别对应到图 7-32 中的步骤（2）和步骤（3）。

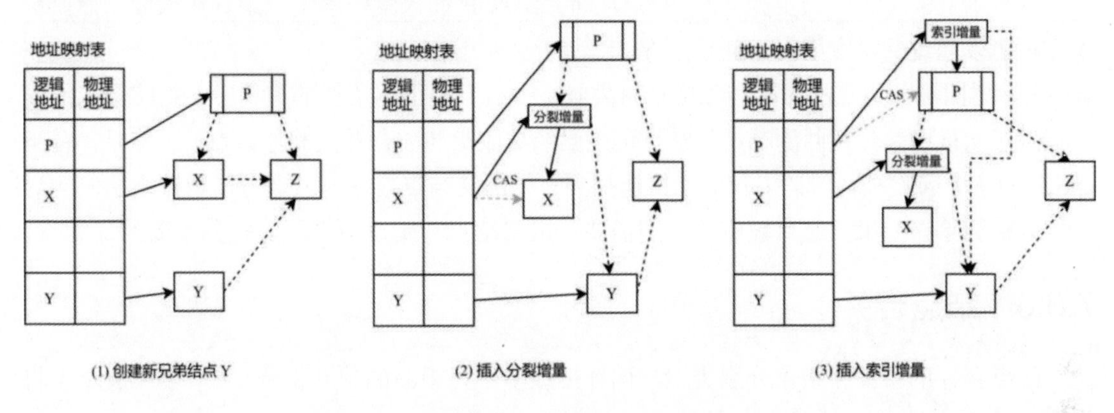

图 7-32　Bw 树的结点分裂

以分裂结点 X 为例，具体流程如下：

（1）如图 7-32 中的步骤（1）所示，创建新兄弟结点 Y：结点 Y 作为结点 X 的右兄弟结点，复制结点 X 右半区间的键值对到结点 Y 上，并将结点 Y 的右兄弟指针指向结点 X 的右兄弟结点 Z。然后，将结点 Y 的信息更新到地址映射表中。此时，结点 Y 仍然对其他线程不可见。

（2）生成结点 X 的分裂增量记录，分裂增量记录中主要包含两部分信息：

① 分裂键 K_x，大于分裂键的所有键值对都被移动到新结点 Y 中。

② 右兄弟指针指向新结点 Y。

（3）如图 7-32 中的步骤（2）所示，在结点 X 的增量链表上插入分裂增量记录。如果插入成功，则分裂操作成功。自此，Bw 树完成了第一个原子操作。此时虽然还未将新结点的信息更新到父结点中，但通过结点 X 的分裂增量记录，那些要访问结点 Y 上的键值对的请求会通过右兄弟指针访问结点 Y。

（4）生成结点 Y 在父结点 P 上的索引增量记录，该记录表示将新结点 Y 插入父结点 P 中。索引增量记录的内容包括：

① 分裂键 K_x，用于区分结点 X 和结点 Y。

② 结点 Y 的逻辑指针。

③ 分裂键 K_y，用以区分结点 Y 和结点 Z。

④ K_x和K_y的作用是优化搜索的速度。如果搜索一个键 K，在遍历增量链表时，就会发现 $K>K_x$且$K \leqslant K_y$，此时可以直接沿着逻辑指针到结点 Y 进行搜索。

（5）如图 7-32 中的步骤（3）所示，向父结点 P 插入索引增量记录。插入成功后，树操作就可以通过父结点直接访问结点 Y。

Bw 树回溯父结点的方式和 Blink 树类似，在自上而下遍历树的过程中，将路径上的结点指针压入栈中。分裂回溯时，父结点可能已经被删除（被合并到其他结点）。但是，基于 epoch 的垃圾回收机制保证了我们始终能找到有效的父结点信息，并通过增量链表检测到这个结点被删除。如果父结点被删除，则需要从祖父结点开始重新遍历，找到最新的父结点。

7.6.6 结点合并

结点合并的步骤和结点分裂类似，同样拆成多个可中断的独立步骤。图 7-33 展示了将结点 Y 合并到结点 X 的三个步骤。

（1）在结点 Y 插入移除结点的增量记录，并将结点 Y 标记为删除。此步骤完成后，访问结点 Y 的请求在遍历增量链表时，会遇到移除结点的增量记录，读写都会被重定向到结点 X。通过结点 X 的右兄弟指针，仍然可以访问到结点 Y。

（2）在结点 X 插入合并结点的增量记录。合并结点的增量记录中包含结点 X 和结点 Y 的指针。成功插入合并结点的增量记录后，意味着结点 Y 在逻辑上已经是结点 X 的一部分。

（3）在父结点 P 插入索引删除的增量记录，删除结点 Y 在父结点中的索引信息。

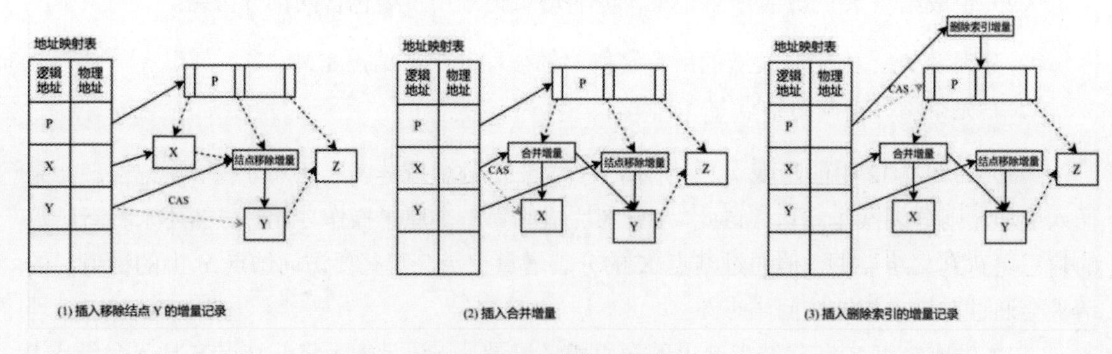

图 7-33　Bw 树的结点合并

第8章 故障恢复

故障问题是不可避免的。自关系数据库诞生以来，故障恢复的问题就始终伴随左右，并深刻影响着数据库的发展和变化。故障的发生可能会导致运行中的事务非正常中断，若处理不当，可能影响数据的正确性，甚至造成全部或部分数据丢失。故障恢复机制的目标是：当系统发生故障时，数据库中的数据必须受到保护。完善的故障恢复机制是数据库系统实现事务的原子性（Atomicity）和持久性（Durability）的基础，进而保障数据的一致性（Consistency）。当遇到故障时，数据库系统需要确保：

- 持久性：所有已提交的事务的修改，在故障恢复后仍然存在。
- 原子性：所有未提交的事务的修改，对外部不可见。

为了在故障发生时有足够的信息将数据库恢复到正确的状态，数据库必须在正常事务处理期间维护一些冗余的数据。在故障恢复时，再利用这些冗余的数据将数据库恢复到确保原子性、持久性和一致性的状态。同时，故障恢复机制必须避免对系统性能产生明显影响。

前述章节已经介绍过，存储引擎的存储结构主要分成基于日志（Log-Structured）和面向页面（Page-Oriented）两大类。

基于日志的存储结构的存储引擎，所有写入操作均为追加写，且数据在写入后不可修改。因此，这类存储引擎的故障恢复相对简单：

（1）所有写入操作先写入日志（Redo Log），再写入内存表中攒批（即进行批量积累）。

（2）当内存表的大小达到限制时，将其持久化到硬盘，并删除对应的日志。

（3）如果发生重启，恢复时通过重放日志来恢复内存表。

面向页面存储结构的存储引擎的故障恢复相对复杂一些，本章后文将主要基于这类存储引擎的故障恢复进行讨论。

8.1 故障类型

在介绍数据库系统如何应对各种故障之前，我们先来了解一下数据库系统所面临的故障有哪些。下面列出的是最重要的数据库系统故障类型及其应对方式。

- 事务故障（Transaction Failure）。有两种类型的错误可能导致事务故障：
  - 逻辑错误：事务主动回滚或因不满足一致性要求而被强制终止，例如输入数据格式不符合要求或计算结果溢出。
  - 系统错误：事务执行过程中遇到非预期的状态，导致无法继续正常执行，例如死锁检测发现死锁，需要强制终止事务。
  - 事务故障一般需要通过冗余数据(如回滚日志 Undo Log)来撤销当前事务的修改。
- 系统故障（System Failure）。主要可以分为软件故障和硬件故障两种情况：
  - 软件故障：操作系统或数据库的实现缺陷导致的故障。例如访问空指针或者内存溢出（OOM）。
  - 硬件故障：指不会损坏已持久化数据的硬件故障，例如电源故障导致的机器宕机。
- 系统故障会导致未持久化的状态完全丢失。因此，故障恢复需要对未提交的事务可能已经持久化的数据进行回滚，并对已提交的事务但未持久化的数据进行重做。
- 介质故障（Media Failure）。简单来说，就是硬盘损坏，导致数据库的数据全部或部分丢失。介质故障可以通过检验和检测发现，但无法单独恢复，只能通过备份进行恢复。现代数据库系统通常采用多副本复制技术来解决介质故障问题。介质故障的解决不在本章的讨论范围内。

8.2 影子分页

论文 *The Recovery Manager of the System R Database Manager*（System R 数据库管理器的恢复管理器）采用了一种非常直观的故障恢复解决方案——影子分页（Shadow Paging）。

如图 8-1 所示，在无写入事务的情况下，存储引擎通过一个页表（Page Table）来索引所有页面。页表中维护了逻辑页面到物理页面的映射关系。

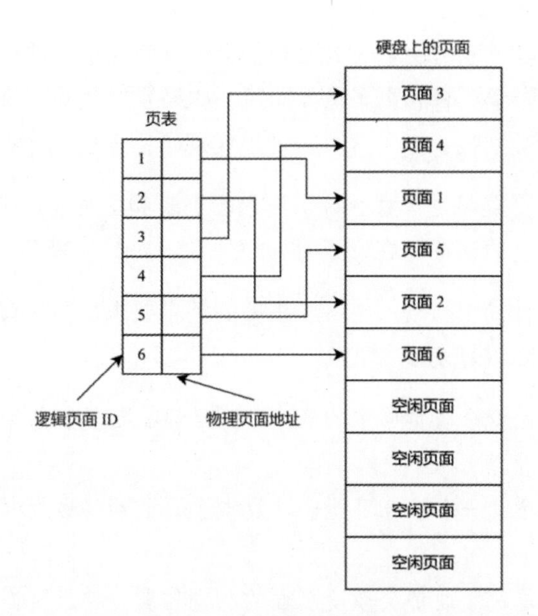

图 8-1　影子分页的原理

影子分页的原理其实就是写时复制（Copy-on-Write）。如图 8-2 所示，当发起一个写事务时，先将页表复制一份，形成影子页表（Shadow Page Table）。写事务的操作都以影子页表为入口。如果需要修改一个页面，则先将该页面复制一份，形成“影子页面”，并更新影子页表中的映射关系，写事务只在影子页面上进行修改。

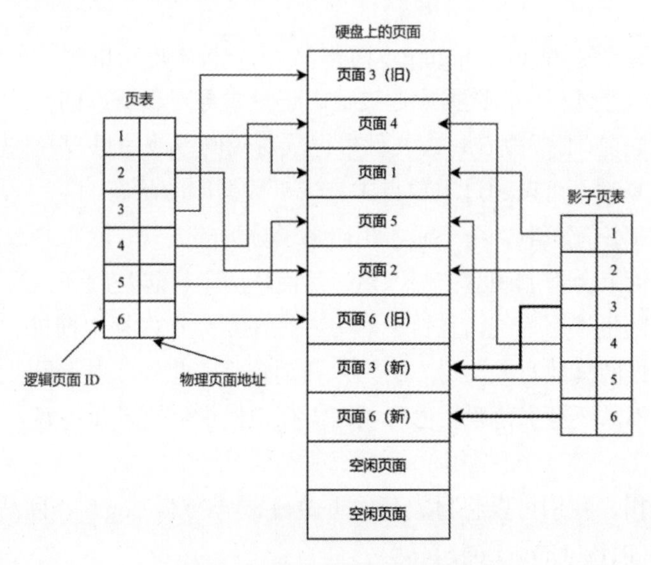

图 8-2　影子页面的写时复制

事务提交时，通过原子地切换影子页表和主页表来完成事务的提交。如果事务发生中断需要回滚，则只需丢弃影子页表和影子页面即可。如果发生故障，只需恢复页表即可，未被页表索引的页面都可以被回收。影子分页方便地实现了事务的两个基本要求：

- 持久性：所有页面都是落盘后再切换影子页表和主页表，完成事务的提交。
- 原子性：未提交的事务都在影子页面中修改，对其他事务不可见。

虽然影子分页的设计简单直观，也符合事务的基本要求，但它有一些明显的缺点，使其一直未能成为主流的故障恢复实现方式。

- 写放大明显。无论修改页面中的多少数据，都需要复制并重写整个页面，并在事务提交之前持久化。
- 支持并发事务差。一个事务可能会涉及多个页面的修改，难以实现安全地并发更新页表。
- 页面碎片化。每次修改都会改变页面的物理位置，导致页面碎片化，难以将相关的页面维护在一起，破坏了数据的局部性。
- 垃圾回收负担大。每次写入都会产生需要回收的页面。

8.3 预写式日志

预写式日志（Write-Ahead Logging，简称 WAL）技术广泛应用于现代数据库的故障恢复机制中。在正常运行过程中，数据库通过日志记录事务对数据库的修改信息。事务对数据的所有修改在生效之前，必须先在日志文件中记录对应的修改信息。日志先于数据内容落盘，因此在进行故障恢复时，可以通过重放日志来恢复数据库的状态。

基于日志的故障恢复机制，乍一看，相比影子分页的方式，除了修改的数据外，还需要多写一份日志，理论上会增加硬盘的写入量。然而，由于日志是顺序读写的，而硬盘的顺序读写性能普遍优于随机读写性能，且日志的写入往往是先在内存中攒批，然后批量落盘。因此，相较于页面数据的离散写入，日志的写入开销较小。此外，由于日志先于数据落盘，事务提交后，数据并不需要马上落盘，也可以在内存中攒批后再批量落盘，这部分也有助于提升性能。

根据日志的作用，我们可以将日志分成重做日志（Redo Log）、回滚日志（Undo Log）和重做-回滚日志（Redo-Undo Log）三类。

8.3.1 重做日志

重做日志记录的是事务修改后的新值。在进行故障恢复时，已提交事务的未落盘修改可以通过重做日志进行重做，从而确保事务的持久性。为了保证事务的原子性，只记录重做日志的存储引擎，在事务提交之前，数据不能覆盖已提交的事务的数据。这样就不会有失败事务的数据需要回滚。因此，采用重做日志的存储引擎的落盘顺序依次为：日志→事务提交标记→数据页面。

仅记录重做日志的方式难以实现同一个页面内多个事务的并发执行。因为如果页面中有一个事务未提交，就无法将页面落盘。这些数据需要全部保留在内存中，从而造成较大的内存压力。

8.3.2 回滚日志

与重做日志相反，回滚日志记录的是事务修改前的旧值。在故障恢复时，未提交事务的已落盘修改可以通过回滚日志进行回滚，从而确保了事务的原子性。然而，为了保证事务的持久性，在事务提交时，必须强制对应事务的所有数据落盘。这样，故障恢复时就不会存在已提交但未刷盘的事务数据需要恢复的问题。因此，采用回滚日志的数据库系统的落盘顺序依次为：日志→数据页面→事务提交标记。

只记录回滚日志依然不能解决数据页内多个事务并发执行的问题。如果多个事务的修改落到同一个页面，一个事务提交前强制落盘会导致该页面的所有事务的数据同时落盘，此时其他事务的回滚日志可能还没落盘，破坏了 WAL 的基本要求。

8.3.3 重做-回滚日志

从前述内容可以看出，只有重做日志或只有回滚日志的事务提交和数据落盘顺序有严格的顺序限制。造成这种限制的根本原因是日志信息中对新值或旧值的缺失。重做-回滚日志采用同时记录重做日志（新值）和回滚日志（旧值）的方式，综合了两者的优点，从而消除了事务提交和数据落盘之间的顺序限制。

简而言之单，重做日志保证了事务的持久性，所以在进行事务提交时，数据页面不要求强制刷盘。回滚日志保证了事务的原子性，因此在事务未提交时，数据页面仍可落盘。如此一来，因不需要强制数据页面的落盘或者不落盘，同一页面内不同并发事务的提交变得非常简单。同时，数据页面攒着进行批量落盘，以充分利用硬盘较高的顺序写性能。

8.4 物理日志和逻辑日志

前面介绍的重做日志和回滚日志是从日志的作用的角度考虑的，实际上它们只规定了日志应该保存事务修改前后的内容：回滚日志保存事务修改前的内容，而重做日志保存事务修改后的内容。然而，这并没有规定日志应该如何记录这些事务修改前后的内容。那么，日志应如何记录事务的修改？通常有以下两种方式。

- 物理日志（Physical Logging）：记录对页面所做的字节级别的更改。例如<TransactionID,PageID,Offset,OldValue,NewValue>这样的格式。
- 逻辑日志（Logical Logging）：记录事务中的一个操作。例如，事务中的 INSERT、DELETE 和 UPDATE 语句。

8.4.1 物理日志

假设有一个表 t，表结构有两个字段：id 和 val，其中有一条记录为{id:1,val:ABC}。现在执行 SQL 语句：**`UPDATE t SET val = XYZ WHERE id = 1`**。

使用物理日志记录重做-回滚日志，其基本内容如下：<T1,100,1024,ABC,XYZ>。其中，T1 是产生日志的事务 ID；100 是更新操作作用的页面 ID；1024 表示更新操作在页面内的偏移；ABC 是旧值，属于回滚日志；XYZ 是新值，属于重做日志。

8.4.2 逻辑日志

继续根据上面的例子，使用逻辑日志记录重做回滚日志，其基本内容为：<T1,Update,t,1,ABC,XYZ>。其中，T1 是产生日志的事务 ID；Update 表示本次写入是更新操作；t 是表名（或表 ID）；1 是记录 ID；ABC 是旧值，属于回滚日志；XYZ 是新值，属于重做日志。

与物理日志直接指定页面和页面内的位置不同，逻辑日志不指明更新操作具体作用于哪个页面，而是指定具体的记录 ID。更简单地说，逻辑日志可以理解为与一条 SQL 语句非常类似的信息。

8.4.3 物理日志和逻辑日志对比

1. 记录的内容

- 逻辑日志记录的内容非常高效，一个逻辑日志可以对应多条物理日志，例如一次更新操作可能涉及多个页面。

- 物理日志记录的内容非常冗余，例如一次删除操作可能导致页面数据重新组织，此时需要记录的内容可能非常多。

2. 重放效率

- 物理日志中包含页面 ID，在重放日志时可以直接修改对应页面的物理数据，不需要通过索引等信息查找页面的位置，因此重放效率非常高。当系统判断两个物理日志作用于不同页面时，就可以并行处理。
- 逻辑日志在重放日志时，需要重新解释更新语句，并通过索引等信息查找实际页面的位置，然后进行修改。此外，由于逻辑日志难以携带并发执行顺序的信息，因此一般情况下逻辑日志只能串行重放。

3. 幂等性

- 物理日志能够容易实现幂等性。因为其本质上是记录状态机的某些字段在更新前后的状态，无论执行多少次，最终的状态都是相同的。
- 逻辑日志则不能提供幂等性的语义。因为部分更新操作本身并不具备幂等性。因此，重放逻辑日志时，需要严格保证每条日志只重放一次。

8.4.4 物理-逻辑日志

为了同时获得物理日志和逻辑日志的优点，大部分数据库选择了一种被称为物理-逻辑日志（Physiological Logging）的方式。物理-逻辑日志的特点如下：

- 与物理日志相同，每一条日志只涉及一个页面的修改，重放日志时不需要定位页面，且不同页面的日志可以并发重放。
- 与逻辑日志相同，日志内容记录的是更新语句本身，而不是状态机中某些字段更新前后的状态，从而减少每个页面需要记录的内容。

使用物理-逻辑日志记录前面例子的重做-回滚日志，其基本内容如下：<T1,100,Update,t,1,ABC,XYZ>。

8.5 刷盘策略

从前面的内容可以看出，重做日志可以保证事务的持久性，而回滚日志可以保证事务的原子性。为了弥补信息的缺失，需要采用严格的刷盘顺序。这里讨论的刷盘顺序包含两个维度：

- Force/No-Force：事务提交时是否需要强制数据刷盘。
  - Force 策略表示事务提交时强制数据刷盘。
  - No-Force 策略表示事务提交时不强制数据刷盘。
  - 采用 Force 策略可能会导致硬盘上发生大量随机写 I/O，但由于它保证了所有已提交事务的数据已经存在于硬盘上，自然而然地保证了事务的持久性。因此，采用 Force 刷盘策略时，不需要重做日志来辅助故障恢复。
- Steal/No-Steal：未提交的事务数据是否可以覆盖已提交的事务数据。
  - Steal 策略表示事务提交前，未提交的事务数据可以覆盖已提交的事务数据。
  - No-Steal 策略表示事务提交前，未提交的事务数据不可以覆盖已提交的事务数据。
- 采用 No-Steal 策略通常需要在内存中维护事务的所有修改，这对于大事务来说并不友好，容易导致内存耗尽。但是，由于它保证事务提交前的修改不会出现在硬盘上，自然而然地确保了事务的原子性，因此采用 No-Steal 刷盘策略时，不需要回滚日志来辅助故障恢复。

如图 8-3 所示，数据库系统的刷盘策略共有 4 种组合。理论上，No-Force+Steal 刷盘策略的性能最好。因为事务提交时不用强制数据页面刷盘，并且允许异步线程在任意时刻刷盘，因此数据页面的刷盘时机更加灵活。

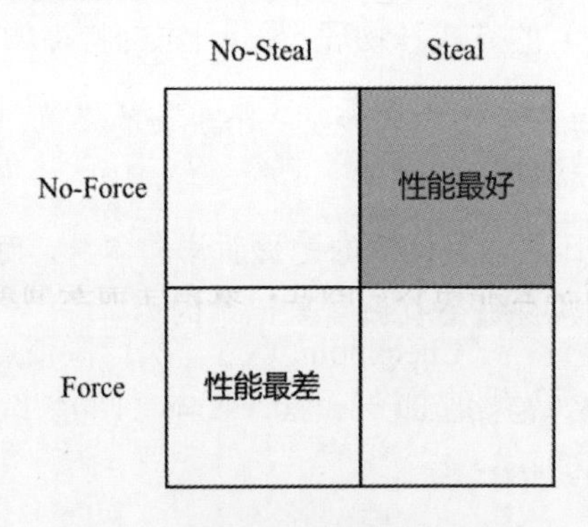

图 8-3　不同刷盘策略的理论性能

回过头来看，影子分页机制实际上属于 Force+No Steal 的刷盘策略——因为没有重做日志，影子页面必须在事务提交前强制落盘以保证事务的持久性；事务提交前，影子页面不能覆盖主页面。理论上，这种组合的性能最差。

如图 8-4 所示，简单来说，事务的持久性可以通过重做日志或 Force 刷盘策略（事务提交时数据强制刷盘）来实现。事务的原子性可以通过回滚日志或 No-Steal 刷盘策略（事务提交前数据不能覆盖已提交的事务数据）来实现。

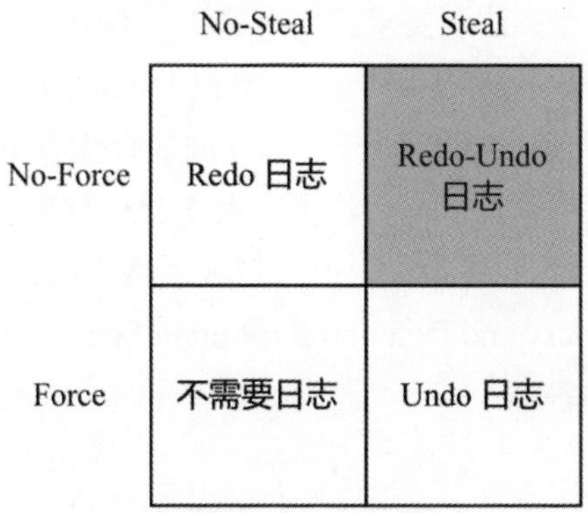

	No-Steal	Steal
No-Force	Redo 日志	Redo-Undo 日志
Force	不需要日志	Undo 日志

图 8-4　不同刷盘策略和日志配合

Steal+No-Force 刷盘策略实现高性能的代价是需要同时维护重做日志和回滚日志，以保证数据的完整性和一致性。后文我们将介绍的数据库故障恢复的标准算法 ARIES，就采用了 Steal+No-Force 的刷盘策略。

8.6　检　查　点

理论上，如果不采取额外措施，日志将会永远增长下去，这是不可接受的。一方面，存储空间是有限的，无法支持日志无限增长；另一方面，数据库在重启恢复时需要重放日志，如果日志太大，重放的时间就会非常长。因此，数据库需要周期性地将数据持久化，并截断日志，这个过程被称为“检查点（Checkpoint）”。执行检查点操作时，数据库通常需要获得一个“干净”的全局视图。最简单的方式是：

（1）阻塞所有写请求。

（2）将所有未落盘的日志持久化。

（3）将所有脏页持久化。

（4）在日志中写入检查点。

（5）恢复正常请求。

（6）数据库重启恢复时，从最新的检查点标记之后的日志开始重放。

以上检查点算法虽然简单易懂且易于实现，但存在一个明显的问题：在执行检查点操作时，不能有任何正在执行的写事务。也就是说，检查点操作会影响数据库服务的可用性，这几乎是不可接受的。此外，该算法还要求将所有的脏页强制落盘，而脏页的数量和数据库负载息息相关，这导致执行一次检查点操作的资源开销和耗时均难以预估。

以上两个问题的叠加，导致很难确定一个合理的执行检查点操作的频率：如果频率过高，会影响写事务的性能；如果频率过低，会让单次操作的耗时很长，同样会影响数据库的服务质量。那么，如何设计一个不阻塞请求、不强制脏页落盘的检查点算法？在第 8.7 节中，ARIES（Algorithm for Recovery and Isolation Exploiting Semantics，利用语义实现恢复与隔离的算法）算法将为我们提供答案。

8.7 ARIES

ARIES 是论文 *ARIES: A Transaction Recovery Method Supporting Fine-Granularity Locking and Partial Rollbacks Using Write-Ahead Logging*（ARIES：一种支持细粒度锁和基于预写日志的部分回滚的事务恢复方法）中提出的一种通用算法，旨在恢复数据库系统的状态并处理系统崩溃重启带来的问题。目前，许多数据库的恢复逻辑都是基于 ARIES 实现的。

在正常执行流程下，ARIES 采用 Steal 和 No-Force 两种数据刷盘策略，同时通过重做-回滚日志来持久化每个事务的变更信息，并定时通过检查点来减少恢复时需要处理的日志量。ARIES 的恢复过程包括分析、重做和回滚三个阶段：

- 分析阶段：分析日志以确定重启前正在执行的事务和脏页。
- 重做阶段：重放日志以将数据库恢复到重启前的精确状态。
- 回滚阶段：回滚重启前未提交的事务。

8.7.1 日志序列号

ARIES 算法为日志记录引入了一个重要的概念——日志序列号（Log Sequence Number，LSN）。LSN 是一个单调递增的值，用于标记日志记录的位置。LSN 之间的顺序代表着事务修改数据的顺序。在 ARIES 算法中，在多个环节中会用到 LSN。

除了日志记录外，每个数据页面也会维护一个 LSN 字段，我们称之为 PageLSN。PageLSN 记录的是该页面最新更新操作对应的日志记录的 LSN。进行重放日志以恢复数据时，可以通过 PageLSN 判断页面中内容的新旧程度，如果遇到小于或等于 PageLSN 的日志记录，则可以直接跳过，这有利于缩短恢复时长和实现幂等性。

8.7.2 事务提交

正常情况下，事务在修改数据之前，首先会追加写日志记录：每个日志记录对应一个标记其在日志中位置的单调递增的 LSN，日志内容同时包含重做和回滚信息。日志记录追加写成功后，更新操作会应用到数据页面，并更新 PageLSN。因此，一个正常提交的事务的日志至少包括：

- 事务开始日志：LSN:<txn_id, begin>。
- 一个或多个事务写入日志：LSN:<txn_id, key, old_value, new_value>。
- 事务提交日志：LSN:<txn_id, commit>。

为了减少恢复时需要处理的日志量，后台任务会定时执行检查点操作。需要注意的是，为了在执行检查点操作时数据库仍能正常提供服务，ARIES 算法设计了非常轻量的非阻塞检查点算法——模糊检查点（Fuzzy Checkpoint）。这里的“模糊”指的是 ARIES 算法的检查点记录的信息不精确，因此在恢复时需要通过日志内容进行修正。后续章节我们将详细介绍模糊检查点的算法逻辑。

接下来，我们来看一个简单的例子。假设有两个页面 P1 和 P2，其中 P1 上有两个键值对[A=0,B=0]，P2 上也有两个键值对[C=0,D=0]。事务操作序列如下：

（1）事务 T1 开始。
（2）事务 T2 开始。
（3）事务 T1 修改 A=1。
（4）事务 T2 修改 B=2。
（5）事务 T2 修改 C=2。
（6）事务 T1 修改 D=1。
（7）事务 T1 提交。
（8）事务 T2 修改 B=3。
（9）……

最终，P1 和 P2 两个页面的状态和两个事务的日志如图 8-5 所示。

P1：PageLSN=8,A=1,B=3

P2：PageLSN=6,C=2,D=1

LSN	txn_id	page_id	type	content
1	T1	-	begin	-
2	T2	-	begin	-
3	T1	P1	update	<A, 0, 1>
4	T2	P1	update	<B, 0, 2>
5	T2	P2	update	<C, 0, 2>
6	T1	P2	update	<D, 0, 1>
7	T1	-	commit	
8	T2	P1	update	<B, 2, 3>

图 8-5　ARIES 算法基本日志的示例

8.7.3　事务回滚

事务回滚时，需要根据日志记录中的回滚信息将页面恢复到事务开始前的状态。由于并发事务的存在，同一个事务的日志记录在物理上不一定是连续的。为了方便找到一个事务的所有日志记录，我们需要在每一条日志记录上增加一个 PrevLSN 字段，表示同一个事务的上一条日志记录的 LSN。这样，PrevLSN 字段将同一个事务的日志记录逆序串联起来。事务回滚时，可以根据这个逆序，使用日志记录中的回滚信息来回滚之前的修改。

另外，我们还需要在内存中维护每个事务最后写入的日志记录的 LSN——LastLSN。事务回滚时，从 LastLSN 开始处理。维护这些事务运行时状态的数据结构，我们称之为活跃事务表（Active Transaction Table，ATT）。活跃事务表在执行模糊检查点操作时也会用到。活跃事务表中存储的事务信息主要包括：

- txn_id：事务的 ID。
- status：事务的状态，主要包括 Running（正在运行）、Undo（准备回滚事务）。
- LastLSN：事务最后的日志记录的 LSN。

事务回滚的过程中也可能发生宕机，这时就需要记录事务回滚到哪里。记录回滚进度的日志被称为补偿日志记录（Compensation Log Record，CLR）。补偿日志记录和普通的事务修改日志记录的格式基本相同，但需要新增一个 UndoNextLSN 字段，表示回滚操作中下一个需要回滚的日志。例如，假设补偿日志记录 C 是普通日志记录 N 的回滚操作，那么 C.UndoNextLSN=N.PrevLSN。

基于第 8.7.2 节的例子，假设接下来事务 T2 中断回滚：

（1）事务 T1 开始。

（2）事务 T2 开始。

（3）事务 T1 修改 A=1。

（4）事务 T2 修改 B=2。

（5）事务 T2 修改 C=2。

（6）事务 T1 修改 D=1。

（7）事务 T1 提交。

（8）事务 T2 修改 B=3。

（9）事务 T2 中断回滚。

最终，P1 和 P2 两个页面的状态和两个事务的日志如图 8-6 所示。

P1：PageLSN=8,A=1,B=3

P2：PageLSN=6,C=2,D=1

LSN	TxnID	PageID	Type	Context	PrevLSN	UndoNextLSN
1	T1	-	begin	-	-	-
2	T2	-	begin	-	-	-
3	T1	P1	update	<A, 0, 1>	1	-
4	T2	P1	update	<B, 0, 2>	2	-
5	T2	P2	update	<C, 0, 2>	4	-
6	T1	P2	update	<D, 0, 1>	3	-
7	T1	-	commit	-	6	-
8	T2	P1	update	<B, 2, 3>	5	-
9	T2	-	abort	-	8	-
10	T2	-	CLR	Undo LSN 8		5
11	T2	-	CLR	Undo LSN 5		4
12	T2	-	CLR	Undo LSN 4		2
13	T2	-	end	-	12	-

图 8-6　ARIES 算法回滚日志的示例

8.7.4　模糊检查点

为了减少重启恢复过程中需要处理的日志数量，ARIES 会定期在日志中记录检查点的信息。检查点的本质是记录数据库在某一时刻的持久化状态和对应的日志 LSN——CheckpointLSN。这样，数据库在重启恢复时只需要从最新的 CheckpointLSN 开始重放日志。

最简单的检查点算法是在执行检查点操作期间拒绝所有写入，然后将所有脏页刷盘，最后写一条检查点执行成功的日志记录。虽然这个检查点算法简单，但它严重降低了数据库的服务质量。同时，如果每次执行检查点操作都需要强制将所有脏页刷盘，也很容易引发数据库的性能波动。

为了确保在执行检查点操作期间数据库依然能够正常提供读写服务，ARIES 算法将事务运行时的状态，即前文说的“活跃事务表”，也加入检查点的日志中。同时，为了避免在执行检查点操作期间将所有脏页强制刷盘，ARIES 还维护了一个名为脏页表（Dirty Page Table，DPT）的数据结构。脏页表中保存了每个脏页的信息，主要包括以下两个字段：

- PageID：页面 ID。
- RecLSN：Recover LSN 的简称。RecLSN 是第一条修改这个页面并使它变成脏页的日志的 LSN。要恢复此页面的数据，只需要从 RecLSN 开始重放。

总之，ARIES 在构建检查点的过程中允许并发事务日志写入，并且无须强制对脏页刷盘。刷盘操作由缓冲池根据其策略自动执行，而检查点操作的主要任务是记录当前时间点的刷盘状态（脏页表）和事务状态（活跃事务表）等关键信息，以便后续快速恢复。

ARIES 执行一次检查点操作需要记录以下三条信息，包括检查点开始和结束的两条日志记录以及 MasterRecord：

- LSN:<checkpoint_begin>：本轮检查点操作起始点的标志。
- LSN:<checkpoint_end,ATT,DPT>：本轮检查点操作结束点的标志，同时包含当前活跃事务表（Active Transaction Table，ATT）和脏页表（Dirty Page Table，DPT）的信息。只有检查点结束日志成功写入后，该检查点才被视为是完整的，否则该检查点的信息将被忽略。
- 主记录（MasterRecord）：单独记录本轮检查点开始和结束的 LSN。

需要注意的是，在检查点开始日志和结束日志之间，可能会穿插其他事务的日志。这些事务既可能是检查点开始前已经存在的，也可能是检查点开始之后新发起的，并且这些事务的结束时间可能早于或晚于检查点操作的完成时间。

此外，检查点操作中获取活跃事务表和脏页表的过程并非原子操作，可以分批完成以降低对读写事务的影响。由于检查点操作记录的信息可能不完全精确，恢复时需要结合检查点后续的日志进行分析和计算。因此，这种检查点算法被称为“模糊检查点”。

8.7.5　恢复

ARIES 算法的故障恢复分为分析阶段、重做阶段、回滚阶段。

1. 分析阶段

分析阶段的主要任务是利用检查点和日志中的信息确认后续重做和回滚阶段的操作范围。通过日志修正检查点中记录的脏页表信息，并以脏页表中最小的 RecLSN 作为重做阶段的起点 RedoLSN。同时修正检查点记录的活跃事务表，作为回滚阶段的回滚对象。

分析阶段从 MasterRecord 开始，通过 MasterRecord 获取最近一次检查点的开始和结束 LSN。然后读取检查点结束日志，恢复活跃事务表和脏页表。接着，从检查点开始的日志位置逐条扫描，修正活跃事务表和脏页表。假设当前扫描到的日志记录的 LSN 为 CurrentLSN：

- 如果遇到事务开始的日志记录，说明是检查点开始之后发起的事务，将事务加入活跃事务表中，并将事务标记为回滚状态，将事务的 LastLSN 设置为 CurrentLSN。
- 如果遇到事务提交的日志记录，说明事务已经提交成功，将其从活跃事务表中删除。
- 如果遇到其他日志记录，将对应事务的 LastLSN 设置为 CurrentLSN。
- 如果日志记录对应的页面不在脏页表中，则将其加入脏页表，并将页面的 RecLSN 设置为 CurrentLSN。
- 通过日志记录恢复的脏页表是真实脏页表的超集。
- RedoLSN 为脏页表中的最小 RecLSN。

2. 重做阶段

重做阶段从分析阶段获得的 RedoLSN 开始，重放日志中的所有重做操作，包含未提交的事务。从 RedoLSN 开始扫描日志，假设当前扫描到的日志记录的 LSN 为 CurrentLSN：

- 如果日志记录修改的页面不在脏页表中，说明该页面已经被持久化到硬盘，直接忽略即可。正常情况下，RedoLSN 小于检查点开始的 LSN（即在时间线上 RedoLSN 早于检查点开始的 LSN），因此可能会扫描到一些不在脏页表中的日志记录。
- 如果日志记录修改的页面在脏页表中:
  - 如果 RecLSN>CurrentLSN，则直接忽略。否则，从硬盘加载对应的页面。
  - 如果 PageLSN ⩾ CurrentLSN，则直接忽略。否则，将日志应用到页面上。这是因为在执行检查点的过程中，缓冲池可能会将脏页刷盘，因此存在遇到 PageLSN ⩾ CurrentLSN 的情况。

3. 回滚阶段

重做阶段完成后，数据库会恢复到崩溃前的精确状态。接下来，为了使数据库恢复到一致性状态，需要对未提交的事务进行回滚。回滚阶段的任务是对活跃事务表中的所有事务依次回滚。通过活跃事务表中的 LastLSN 和每条日志记录中的 PrevLSN，可以定位一个事务的所有相关日志并依次回滚。当通过 PrevLSN 找到该事务的起始日志记录时，说明该事务的回滚已完成。

8.8 MARS 和 WBL

ARIES 算法通过同时维护重做日志、回滚日志和页面数据三份信息，以换取硬盘顺序写的性能，并减少同步写入硬盘的操作（无须强制脏页同步落盘）。这是因为传统存储设备（SSD 和 HDD）的性能远低于内存，容易成为系统的瓶颈，同时 SSD 和 HDD 的顺序访问性能显著优于随机访问性能。然而，持久化内存的出现打破了这一假设。

持久化内存（Persistent Memory，PMEM），又称非易失性内存（Non-Volatile Memory，NVM），是指一类性能接近内存的存储硬件。它具备以下特性：顺序读写和随机读写性能接近内存、支持字节寻址，可通过 CPU 指令直接操作，并且断电后不丢失数据。在持久化内存上使用 ARIES 算法的顺序写策略显得不划算，因为其硬件特性使得顺序写的优势不再明显。

近年来，基于持久化内存的硬件特性而设计的故障恢复机制逐渐成为学术界研究的热点。但是，由于商业化进程受阻，英特尔公司已于 2022 年 3 月宣布放弃持久化内存相关业务[1]，使它的持久化内存的大规模商用前景遥遥无期。因此，我们在此只简单介绍与 MARS 和 WBL 关联的两篇具有代表性的论文。

8.8.1 MARS

MARS 算法源自 2013 年的一篇论文 *From ARIES to MARS: Transaction support for next-generation, solid-state drives*（从 ARIES 到 MARS：面向下一代固态硬盘的事务支持）。MARS 算法取消了回滚日志，但保留了重做日志，它本质上是一种 No-Force 和 No-Steal 的实现：

[1] https://www.tomshardware.com/news/intel-kills-optane-memory-business-for-good

- No-Force：由于保留了重做日志，因此事务提交时无须强制脏页刷盘。
- No-Steal：由于没有回滚日志，因此事务提交前不能将脏页刷盘。

尽管 MARS 算法保留了重做日志，但它的形式与传统追加写的日志不同，而是支持随机访问。正常访问时，所有的数据修改都在对应的重做日志中进行，不影响已提交的数据。从这个角度看，MARS 算法的重做日志更类似于影子分页中的影子页面。

与影子分页不同的是，MARS 算法在事务提交时选择的是数据复制而非修改页表信息：

- 事务提交时，首先将事务状态设置为已提交，然后利用持久化内存的内部高带宽，将重做日志中的内容并发复制到实际数据的位置。
- 如果在设置事务已提交标记后发生故障，可在恢复时通过重做日志进行重放，从而完成数据恢复。

理论上，在影子分页中，原子性地修改页表以满足各种场景的性能要求是极具挑战的。因此，MARS 算法在事务提交时选择了数据复制的方式，而不是像影子分页那样修改页表信息。尽管数据复制看似增加了数据处理量，但因为得益于持久化内存的高并行和高带宽的硬件特性，所以数据复制的效率可能更高。

8.8.2 WBL

WBL 算法出自 2016 年的一篇论文：*Write Behind Logging*（延迟写入日志）。与 MARS 算法保留重做日志的设计思路不同，WBL 算法选择取消重做日志，仅保留回滚日志，其核心思想是“The key idea is that the DBMS logs what parts of the database have changed rather than how it was changed.”（关键的思路在于，DBMS（数据库管理系统）记录的是数据库的哪些部分发生了改变，而不是记录这部分是如何改变的）。

由于不保留重做日志，采用 WBL 算法的事务在提交前必须将所有修改强制刷盘，随后在日志中记录事务的提交标记。恢复时，通过分析事务的提交标记，对未提交的事务利用回滚日志进行回滚。

以上是 WBL 算法的基本原理，其本质上是一种 Force 和 Steal 的实现，逻辑清晰且实现简单。在此基础上，论文中还提出了一系列优化措施，包括：

- 组提交（Group Commit）：定期将内存中的所有修改刷盘后，然后写入日志。日志记录中包含两个关键时间戳：
  - cp（commit persisted，提交持久化）：提交并落盘的最新事务时间戳，保证早于 cp 的所有事务的修改都已经落盘。

 - cd（commit dirty，提交脏数据）：当前已分配的最大事务时间戳，表示所有未提交但修改已持久化的事务的时间戳，范围在cp和cd之间。因此，恢复时只需对这一范围内的数据进行回滚。
- 利用回滚日志实现多版本控制（MVCC）：回滚日志不仅记录回滚信息，还能用于多版本控制的辅助数据。
- 延迟回滚：数据库重启后无须立即对未提交的事务进行回滚，而是直接提供服务。
  - 论文中将每对<cp,cd>时间戳的组合称为“间隙（gap）”。每次故障恢复可能引入新的间隙，因此重启后需要维护一个间隙集合。
  - 读取数据时，通过对比事务的时间戳和间隙集合，可以判断数据的可见性。
  - 后台运行的垃圾回收线程会逐步对相关事务进行回滚，同时清理间隙集合。

8.9 总 结

故障恢复的本质在于确保在发生故障时数据的完整性和一致性。这主要涉及两个方面：原子性和持久性。

- 原子性：通过回滚日志或No-Steal刷盘策略来实现。
- 持久性：通过重做日志或Force刷盘策略来保证。

如图8-7所示，这些日志和策略的组合演化出了四种典型的故障恢复算法：影子分页、ARIES、MARS和WBL。

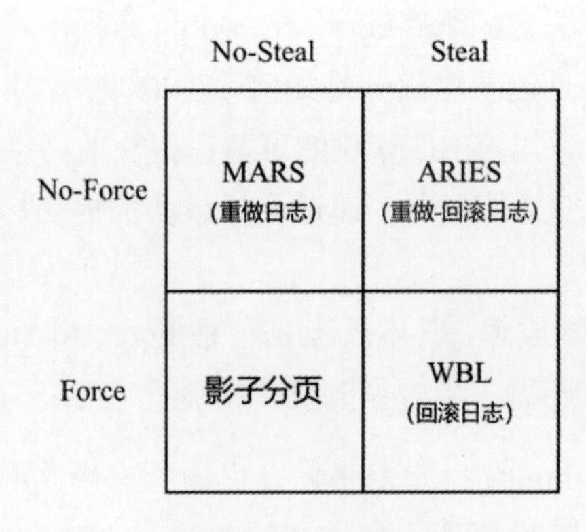

图8-7 刷盘策略和故障恢复算法

影子分页算法采用Force和No-Steal策略，不需要维护日志信息。在事务提交时，通过原子地修改页表信息完成数据的持久化更新。采用影子分页算法的存储引擎包括 LMDB、BoltDB 等。然而，由于影子分页对页内并发更新的限制以及页表修改的可扩展性问题，因此该算法未能成为主流算法。

ARIES 算法同时维护重做日志和回滚日志，完全放松了对脏页刷盘顺序的限制，使得数据库能够尽量用顺序写代替随机写，以获得较好的性能。这使得 ARIES 算法成为传统关系数据库故障恢复的标准解决方案，著名的数据库系统如 Oracle、MySQL 和 PostgreSQL 都采用了类似的故障恢复机制。

MARS 算法在持久化内存中维护可随机访问的重做日志，并采用 No-Force 和 No-Steal 的刷盘策略，充分发挥持久化内存在随机读写性能和并行处理方面的优势。

WBL 算法重新审视了日志的设计。在持久化内存环境中，随机读写与顺序读写的性能差距并不明显，因此维护重做日志和回滚日志来换取顺序写的做法并不划算。因此，WBL 算法取消了重做日志，但为了实现 MVCC 和 Steal 刷盘策略，仍然保留了回滚日志，并通过组提交和延迟回滚等优化措施提升性能，缩短恢复时间。

第9章

并发控制

前面介绍的存储结构、缓冲池、索引结构和故障恢复这几个组件，在设计时一般只会考虑自身的正确性问题。然而，当这些组件之间进行交互时，它们可能相互影响，导致最终的执行结果满足各个组件的局部正确性，但不一定满足数据库的全局一致性。

在数据库中，并发控制的作用是确保各种操作并发执行时功能保持“全局正确性”。引入并发控制意味着对操作进行约束，这通常会导致并发度和性能的下降。为了以尽可能高的效率实现操作的一致性和正确性，与更简单的顺序执行相比，并发控制可能会引入额外的实现复杂度。

9.1 事　务

事务是数据库操作的逻辑单位，包含一个或多个数据库操作。例如，一个典型的从 A 账户向 B 账户转账的事务需要三步操作：

（1）检查 A 账户的余额是否足够。

（2）从 A 账户扣款。

（3）向 B 账户入账。

数据库事务具有原子性（Atomicity）、一致性（Consistency）、隔离性（Isolation）和持久性（Durability），合称 ACID 特性。

- **原子性**保证一个事务的所有操作要么全部成功，要么全部失败。例如，在转账事务中，原子性保证不会出现扣款成功而入账失败的情况。
- **一致性**指的是数据处于一种“有意义”的状态。这个“有意义”的状态是由应用层定义的。严格来讲，一致性是数据事务的目标，而原子性、隔离性和持久性是实现一致性的手段。应用程序通过利用事务的原子性、隔离性和持久性来实现满足业务要求的一致性。例如，转账业务的一致性要求是：账户之间无论怎么转账，总额都不应该发生改变，也不允许账户出现负余额的情况。应用程序在设计事务时可以利用事务的原子性、隔离性和持久性来保证事务的执行不打破这些约束，从而确保事务从一个一致的状态转移到另一个一致的状态。总的来说，原子性、隔离性和持久性完全由数据库的实现保证，而一致性既依赖于数据库的实现，也依赖于应用程序编写的事务逻辑。

- **隔离性**是为了提高资源利用率和事务执行效率，数据库通常允许多个事务并发执行。在多个事务同时执行的情况下，即使保证单个事务的原子性，仍然有可能导致数据不一致。以转账为例，假设账户 A 的余额为 100 元，同时向账户 B 和账户 C 发起两笔各 60 元的转账。假设这两个并发执行的事务分别称为事务 T1 和事务 T2。显然，由于账户 A 的余额不足以支付这两笔转账，这两个事务不可能都执行成功。但是，如果没有对并发事务做好隔离保护，这两个事务可能都执行成功，导致数据的一致性被破坏。图 9-1 展示了账户 A 同时向账户 B 和账户 C 转账的一种事务操作执行序列，最终结果是：账户 B 和账户 C 均入账 60 元，账户 A 还剩余 40 元，这显然不符合预期。隔离性的作用是保证事务执行不受并发事务的影响，使应用可以专注于单个事务的逻辑。

时间	事务 T1	事务 T2	说明
t0	Read(A)		T1 读取账户 A 的余额为 100
t1		Read(A)	T2 读取账户 A 的余额为 100
t2	Write(A-60)		T1 从账户 A 扣款 60，余额为 40
t3		Write(A-60)	T2 从账户 A 扣款 60，余额为 40
t4	Write(B+60)		T1 向账户 B 入账 60
t5		Write(C+60)	T2 向账户 C 入账 60
t6	Commit		T1 提交
t7		Commit	T2 提交

图 9-1 并发事务导致数据不一致

- **持久性**保证事务只要提交成功，它的结果就不能被改变。即使遇到系统宕机，重启后数据库的状态也必须与宕机前一致。

总的来说，事务的持久性和故障发生时的原子性一般通过 WAL 来实现，具体可以参考前面第 8 章的相关内容。事务的隔离性和正常执行时的原子性，则由后续介绍的并发控制来实现。

9.1.1 事务的冲突

如果有两个并发事务 T1 和 T2 对同一条记录进行操作，并且至少其中一个操作是写操作，就会产生冲突。因此，总共有三种冲突类型：

- 读写冲突：事务 T1 读取的值被事务 T2 覆盖，可能会导致不可重复读、写偏序等异常。
- 写读冲突：事务 T1 写入的值被事务 T2 读取，可能会导致脏读等异常。
- 写写冲突：事务 T1 写入的值被事务 T2 覆盖，可能会导致丢失更新等异常。

9.1.2 事务的异常

事务冲突会导致各种事务异常的出现。SQL 于 1986 年被 ANSI 标准化，在定义隔离级别之前，首先定义了脏读（Dirty Read）、不可重复读（Non-repeatable Read）和幻读（Phantom Read）三种数据库的读异常。除此之外，丢失更新（Lost Update）和写偏斜（Write Skew）也是两种常见的写异常。

- 脏读指的是事务读取到其他并发事务尚未提交的修改。如图 9-2 中的例子所示，事务 T2 在时间点 t2 读取了未提交事务 T1 修改的 A 的值，此时就会发生脏读。接下来，事务 T2 根据读取到的 A 的值对数据进行更新，并在时间点 t4 提交成功。而事务 T1 在时间点 t5 中断回滚，导致事务 T2 实际上读取到了一个不存在的值，破坏了数据的一致性。

时间	事务 T1	事务 T2	说明
t0	Read(A)		T1 读取 A 的值，结果为 10
t1	Write(A+10)		T1 更新 A 的值，结果为 20
t2		Read(A)	T2 读取 A 的值为 20（脏读）
t3		Write(A+10)	T2 更新 A 的值，结果为 30
t4		Commit	T2 提交成功
t5	Abort		T1 中断回滚

图 9-2 脏读的示例

- 不可重复读是指在一个事务中，对同一行数据读取两次，数据虽然都已经提交，但结果却不一样。如图 9-3 中的例子所示，事务 T1 在时间点 t0 和 t4 读取的 A 的值都是已提交的，但第一次的结果为 10，第二次的结果为 20。

时间	事务 T1	事务 T2	说明
t0	Read(A)		T1 读取 A 的值，结果为 10
t1		Read(A)	T2 读取 A 的值，结果为 10
t2		Write(A+10)	T2 更新 A 的值为 20
t3		Commit	T2 提交成功
t4	Read(A)		T1 读取 A 的值为 20（不可重复读）
t5	Commit		T1 提交成功

图 9-3 不可重复读的示例

- 幻读指的是，在一个事务中，对同一个范围读取两次，读取到的结果集不一样，可能会有新增记录或删除记录。幻读和不可重复读有点类似，同样是一个事务，前后两次读取的结果不一致。但不可重复读针对的是单条记录，而幻读针对的是一个范围。
- 丢失更新指的是，两个并发事务对同一条记录进行更新，后一个事务的更新覆盖了前一个事务的更新。具体可以参考图 9-4 中的例子。

时间	事务 T1	事务 T2	说明
t0	Write(A)		T1 更新 A
t1		Write(A)	T2 覆盖 T1 对 A 的更新（丢失更新）
t2		Write(B)	T2 更新 B
t3	Write(B)		T1 覆盖 T2 对 B 的更新（丢失更新）
t4		Commit	T2 提交成功
t5	Commit		T1 提交成功

图 9-4 丢失更新的示例

- 写偏斜发生在事务之间存在读写冲突的场景。通俗地理解，就是事务提交的前提被破坏了(事务读取的数据被其他事务修改了)，导致写入违反了业务一致性的数据。这样说可能有点抽象，这里我们借用一个来自论文 *Serializable Snapshot Isolation in PostgreSQL*（PostgreSQL 中的可序列化快照隔离）中的例子：假设我们正在为医院设计一个值班管理程序，要求任何时刻至少要有一位医生值班。医生可以放弃自己的班次（例如，如果他们自己生病了），只要至少有一位同事在这一班次中继续工作。因此，放弃自己班次的事务包含两个步骤：① 检查是否有其他人值班；② 如果有其他人值班，则将自己修改为下班状态。假设 Alice 和 Bob 是两位值班医生，两人都感到不适，所以他们决定早点下班。他们恰好在同一时间点击下班按钮：Alice 发现 Bob 在值班，Bob 发现 Alice 在值班，最后 Alice 和 Bob 都将自己改成下班状态，最终导致无人值班，违反了“任何时刻至少要有一位医生值班”的要求，破坏了数据库的一致性。具体的执行顺序如图 9-5 所示。

时间	Alice	Bob	说明
t0	是否有其他人值班		Bob 在值班
t1		是否有其他人值班	Alice 在值班
t2	将自己修改为下班状态		Alice 下班
t3		将自己修改为下班状态	Bob 下班
t4	Commit	Commit	

图 9-5　写偏斜的示例

9.1.3 隔离级别

SQL 标准根据是否会出现上述三种读异常，定义了 4 种隔离级别：读未提交（Read Uncommitted）、读已提交（Read Committed）、可重复读（Repeatable Read）和可序列化（Serializable）。随着各种并发控制技术的发展，一些不在 SQL 标准中的隔离级别也开始流行，比如快照隔离（Snapshot Isolation）。图 9-6 展示了各种事务隔离级别下是否可能出现对应的异常现象。

	脏读	不可重复读	幻读	写偏斜
读未提交	可能	可能	可能	可能
读已提交	不可能	可能	可能	可能
可重复读	不可能	不可能	可能	不可能[1]
快照隔离	不可能	不可能	不可能	可能
可串行化	不可能	不可能	不可能	不可能

图 9-6　事务的隔离级别与异常

图 9-7 总结了上述几种常见隔离级别的关系。可串行化隔离级别是最严格的隔离级别，不会出现任何事务读写异常现象。在可序列化隔离级别下，所有事务并发执行的结果和这些事务按照某个顺序串行执行的结果是一样的。由于可序列化隔离级别对事务的执行顺序要求较高，且对并发度和性能的影响较大，因此大部分数据库默认的隔离级别并非可序列化隔离

[1] 可重复读隔离级别是否会发生写偏斜异常，理论上并没有明确的定义。这里是参考论文 *A Critique of ANSI SQL Isolation Levels*（对 ANSI SQL 隔离级别的批评）给出的结论。

级别。例如，Oracle 和 PostgreSQL 的默认隔离级别是读已提交，而 MySQL 的默认隔离级别是可重复读。理论上，隔离级别越高，并发控制越严格，事务的并发度越低，事务并发越安全，但性能较差。反之，隔离级别越低，并发控制越宽松，事务的并发度越高，性能越好，但并发事务越有可能遇到异常情况。如果为了性能而降低隔离级别，应用层应妥善处理可能出现的异常。

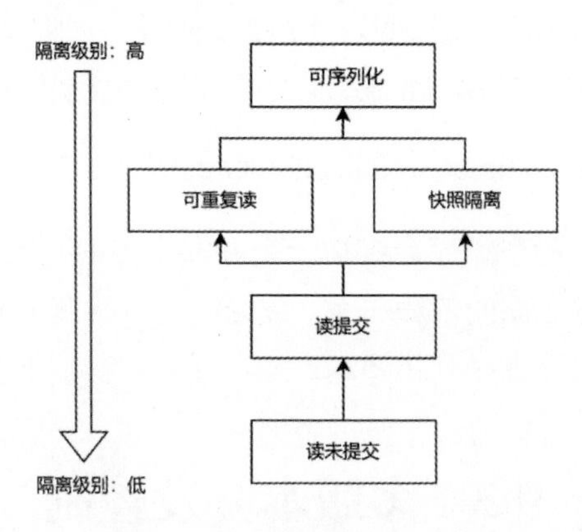

图 9-7　常见隔离级别的关系

随着多版本并发控制（Multiversion Concurrency Control，MVCC）技术的普及，快照隔离成为一种较为常见的隔离级别。虽然快照隔离不在 SQL 标准的定义中，但这一问题应归咎于 SQL 标准的滞后，感兴趣的读者可以参考论文 *A Critique of ANSI SQL Isolation Levels*（对 ANSI SQL 隔离级别的批评）。快照隔离保证一个事务中的所有读操作都能看到一致的视图，且只有在没有发生写写冲突的情况下，事务才能提交成功。因此，快照隔离既不会出现脏读，也不会出现不可重复读和幻读。但是，它依然不满足可序列化隔离级别的要求，因为它可能会出现写偏斜。

9.2　并发控制算法

- 基于锁的并发控制算法

两阶段锁（Two-phase Locking，2PL）是最基础且最常用的并发控制算法。该算法将事务的执行过程分为增长（Growing）和收缩（Shrinking）两个阶段：增长阶段只能加锁，不能释放锁；收缩阶段只能释放锁，不能加锁。

- 基于时间戳顺序（Timestamp Ordering，T/O）的并发控制算法每个事务在开始时都会获得一个全局递增的时间戳。在数据项上维护最近的读时间戳和最近的写时间戳。每次读写操作时，事务需要将它的时间戳与数据项的读写时间戳进行比较，并确保并发事务按事务的时间戳顺序执行。

- 乐观并发控制（Optimistic Concurrency Control，OCC）算法

乐观并发控制算法将事务的生命周期划分为3个阶段：读阶段（Read Phase）、验证阶段（Validation Phase）和写阶段（Write Phase）。事务的序列化检测被推迟到事务提交时进行。

- 基于有向序列化图（Direct Serialization Graph，DSG）的并发控制算法

采用这种并发控制算法的数据库会维护一个并发事务的有向序列化图或其他等价信息。有向序列化图记录并发事务之间的依赖关系。数据库通过检测序列化图中是否存在“危险结构”，以判断事务调度是否符合序列化要求。

9.3 多版本并发控制

大部分数据库实现会为一条记录维护多个物理版本：事务写入时会创建数据的新版本；而读请求则根据事务开始时的快照信息读取相应版本的数据。基于这项技术的并发控制称为多版本并发控制（MVCC）。MVCC带来的最直接的好处是：写不阻塞读，读也不阻塞写。只读事务通过时间戳实现快照读取，无须持有锁或进行其他冲突检测，因此不会因为冲突而失败或等待。对数据库请求来说，读请求往往多于写请求，因此主流数据库几乎都采用了MVCC技术。

MVCC是一种用于优化事务并发读写的技术，但它并没有规定具体的事务并发控制的实现方式，而需要与前面提到的并发控制算法配合使用。除并发控制算法外，MVCC还有以下几个关键点需要考虑：

- 如何高效存储多版本数据？
- 如何对过期的多版本数据进行垃圾回收？
- 如何管理多版本数据和索引？

9.4 基于锁的并发控制算法

加锁保护要访问的数据是最常用的并发控制算法之一。该算法的核心原则是：只有成功获取锁的事务，才有权限对相关数据进行操作。

9.4.1　锁的类型

锁可以简单分成两类：共享锁（Shared Lock，SLock）和排他锁（Exclusive Lock，XLock）。读请求要先获取共享锁，写请求要先获取排他锁。如果多个事务持有相互兼容的锁，它们可以同时操作同一数据；否则，这些事务必须串行执行。对于共享锁和排他锁来说，只有共享锁和共享锁之间是相互兼容的，相关请求才可以同时执行；但共享锁和排他锁、排他锁和排他锁是不兼容的，因此这些请求会因为锁冲突而必须串行执行，如图 9-8 所示。

	共享锁	排他锁
共享锁	✔	✕
排他锁	✕	✕

图 9-8　锁的兼容性（✔：兼容；✕：不兼容）

9.4.2　基础两阶段锁

两阶段锁（Two-phase Locking，2PL）是数据库中最常见的基于锁的并发控制协议。顾名思义，两阶段锁的执行过程分为两个阶段（见图 9-9）：

- 增长阶段（Growing Phase）：事务只加锁，不解锁。
- 收缩阶段（Shrinking Phase）：事务只解锁，不加锁。

两阶段锁的基本流程如图 9-9 所示。

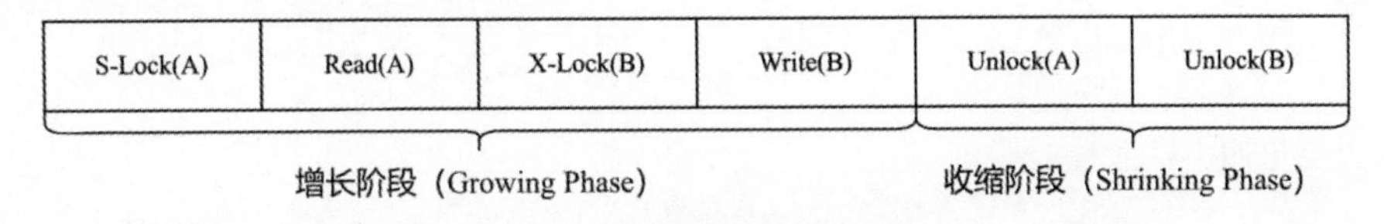

图 9-9　两阶段锁的基本流程

也就是说，如果事务中有锁被释放，那么之后便不能再进行加锁操作。为什么加锁和解锁要分为两个时间互不相交的阶段呢？这是因为，如果允许在释放锁后再次申请锁，就可能导致事务内部两次操作同一记录之间有其他事务修改了这一记录，从而引发数据不一致的问题。接下来，我们来看图 9-10 中的例子，在事务 T1 对记录 A 的两次加锁操作之间，事务 T2 修改了记录 A 的值。结果，事务 T1 在第二次加锁后，读取到了事务 T2 修改后的值，这不符合事务的可序列化要求。

时间	事务 T1	事务 T2	说明
t0	SLock(A)		T1 获取 A 的共享锁
t1	Read(A)		T1 读取 A
t2	Unlock(A)		T1 释放 A 的共享锁
t3		XLock(A)	T2 获取 A 的排他锁
t4		Write(A)	T2 更新 A
t5		Unlock(A)	T2 释放 A 的排他锁
t6	SLock(A)		T1 获取 A 的共享锁：违反两阶段锁的规则
t7	Read(A)		T1 读取 A：读到 T2 的更新，脏读
t8	Unlock(A)		T1 释放 A 的共享锁
t9	Commit		T1 提交成功
t10		Abort	T2 中断回滚

图 9-10 违反两阶段锁的示例

9.4.3 严格两阶段锁和强严格两阶段锁

在图 9-11 的示例中，事务的加锁和解锁虽然符合两阶段锁的要求，但如果事务 T1 回滚，事务 T2 也必须随之回滚，否则将产生脏读。这种因为事务 T1 回滚而导致事务 T2 也需要回滚的情况，称为级联回滚（cascading aborts）。级联回滚可能引发多个相关联事务执行大量无效操作，严重影响数据库的性能。

时间	事务 T1	事务 T2	说明
t0	XLock(A)		T1 获取 A 的排他锁
t1	SLock(B)		T1 获取 B 的共享锁
t2	Read(B)		T1 读取 B
t3	Write(A)		T1 更新 A
t4	Unlock(A)		T1 释放 A 的锁
t5	Unlock(B)		T1 释放 B 的锁
t6		XLock(A)	T1 获取 A 的排他锁
t7		Read(A)	T2 读取 A：读到 T1 的更新
t9		…	T2 继续执行其他操作
t10	Abort		T1 中断回滚→触发 T2 级联回滚

图 9-11 两阶段锁导致级联回滚的示例

为了避免级联回滚，我们引入了严格两阶段锁（Strict Two-phase Locking，S2PL）和强严格两阶段锁（Strong Strict Two-phase Locking，SS2PL）的概念。

S2PL 在满足 2PL 的前提下，要求事务持有的排他锁必须在事务提交之后才能释放，从而避免级联回滚：

- 如果当前事务已不再需要某些锁，则持有的共享锁可以在事务提交之前释放。
- 在事务提交之前，持有的排他锁不会释放，因此事务的修改数据不会被其他事务访问，从而避免脏读。

然而，在事务提交或回滚之前，判断两阶段锁的第一个阶段是否结束（即是否不需要再加锁）并不容易。因此，难以确定持有的共享锁何时可以开始释放。为此，主流数据库普遍采用另一种两阶段锁的变种——SS2PL。SS2PL 在满足 2PL 的前提下，要求所有锁必须在事务提交之后才释放，这种严格的锁管理方式进一步确保了事务间的隔离性。

9.4.4　多版本两阶段锁

多版本两阶段锁（MV2PL）是一种将多版本数据和两阶段锁结合的并发控制算法。如果要实现可序列化隔离级别，则需要对读写、写读和写写这三种类型的冲突进行检查。这意味着，MV2PL 的读操作依然需要加锁，否则无法检查读写冲突和写读冲突。因此，使用 MV2PL 实现可序列化隔离级别时，难以充分利用多版本的优势。出于性能的考虑，大多数情况下，基于 MV2PL 并发控制的数据库倾向于实现快照隔离：

- 事务开始时：申请一个开始时间戳（StartTS）。
- 读操作：基于 StartTS 实现无锁快照读，即读取提交时间戳小于或等于 StartTS 的最大时间戳对应版本的数据。
- 写操作：通过排他锁避免出现写写冲突。
- 事务提交时：申请一个提交时间戳 CommitTS 作为事务的提交时间，确保 CommitTS 大于当前所有事务的 StartTS。

在快照隔离下，由于事务不会读取到并发事务写入的数据，写读冲突得以避免，但读写冲突仍可能发生，这是快照隔离可能出现写偏斜的根本原因。

9.4.5　死锁处理

死锁是指两个或多个事务相互持有对方等待的锁，导致这些事务无法继续执行。如图 9-12 的例子所示，事务 T1 持有 A 锁并等待 B 锁，而事务 T2 持有 B 锁并等待 A 锁。如果没有外力介入，这两个事务将无限期互相等待下去。

时间	事务 T1	事务 T2	说明
t0	XLock(A)		T1 获取 A 的排他锁
t1		XLock(B)	T1 获取 B 的排他锁
t2		SLock(A)	T2 获取 A 的共享锁：等待 T1 释放 A 的锁
t3	SLock(B)		T1 获取 B 的共享锁：等待 T2 释放 B 的锁
t4	…	…	T1 和 T2 互相等待彼此的锁：死锁

图 9-12　死锁的示例

目前，解决死锁问题主要有两种方式：死锁检测（Deadlock Detection）、死锁预防（Deadlock Prevention）。死锁检测允许数据库发生死锁，但数据库通过内部的某些机制检测到发生死锁的事务，会执行死锁恢复（Deadlock Recovery）。死锁预防则采用比较保守的策略，通过拒绝所有可能导致死锁的事务请求，从根本上避免死锁的发生。

1. 死锁检测

为了检测事务是否发生死锁，数据库需要维护一个等待图（Waits-for Graph）。等待图中记录了事务之间的等待关系，其中图结点代表事务，有向边表示一个事务正在等待另一个事务释放锁。当等待图中出现环时，说明存在事务互相等待的情况，即发生死锁了。如图 9-13 所示，事务 T1 等待事务 T2 释放 B 的锁，事务 T2 等待事务 T3 释放 C 的锁，事务 T3 等待事务 T1 释放 A 的锁。此时，三个事务的等待关系在等待图中构成一个环，表明发生了死锁。

时间	事务 T1	事务 T2	事务 T3	说明
t0	X-Lock(A)			T1 获取 A 的排他锁：成功
t1		X-Lock(B)		T2 获取 B 的排他锁：成功
t2			X-Lock(C)	T3 获取 C 的排他锁：成功
t3	X-Lock(B)			T1 获取 B 的排他锁：等待 T2 释放
t4		X-Lock(C)		T2 获取 C 的排他锁：等待 T3 释放
t5			X-Lock(A)	T3 获取 A 的排他锁：等待 T1 释放

图 9-13　事务等待图的示例

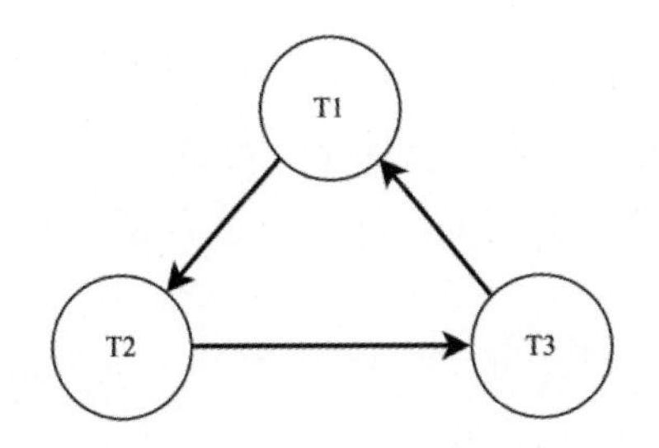

图 9-13　事务等待图的示例（续）

后台线程会定时检测等待图，如果发现环，则需要选择一个合适的事务并强行中止它。一般情况下，通常会选择一个持有资源（如持有的锁数量）最少的事务进行中止，以减少重启事务的开销。

2. 死锁预防

与死锁检测在死锁发生后进行亡羊补牢不同，死锁预防是在事务执行前采取策略，避免死锁的发生。死锁预防的常见策略有 3 种：No-Wait、Wait-Die 和 Would-Wait。

No-Wait 是一种非常谨慎的死锁预防策略：当事务请求一个已被其他事务持有的锁时，为了防止死锁，数据库会立即中止该事务。此策略不允许锁等待，因此不会发生死锁。虽然这种策略简单且不需要额外维护锁和事务的信息，但会增加事务被重启的概率。

Wait-Die 策略要求数据库为每个事务分配一个单调递增的时间戳。如果请求事务的时间戳小于持有锁的事务的时间戳，则请求事务进入等待；否则，数据库会重启请求事务。简单来说，Wait-Die 策略是：“遇到锁冲突时，旧事务等待新事务（Wait），否则重启事务（Die）”。

Would-Wait 策略有点类似 Wait-Die 策略的“抢占版”。如果请求事务的时间戳小于持有锁的事务的时间戳，则强行中止和重启持有锁的事务，抢占该锁；否则，请求事务会进入等待锁的队列，等待锁的释放。因此，Would-Wait 策略的总结是“遇到锁冲突时，旧事务抢占新事务（Would），否则进入等待（Wait）”。

Wait-Die 和 Would-Wait 两种策略都利用单调递增的时间戳来实现新旧事务之间的单向等待，从而避免循环等待，进而避免死锁的发生。

9.4.6　锁的粒度

在前面的内容中，我们主要以行锁为例进行讲解的。但是，如果只使用行锁，事务需要更新一亿条记录时，就需要获取一亿个行锁，这将占用大量的 CPU 和内存资源。为了优化不同场景下的锁性能，数据库通常会实现不同粒度的锁，如行锁、页面锁和表锁。对于更新一亿条记录的事务，加一个表锁可能是更好的选择。如何在并发度和锁开销之间进行权衡是数据库实现时需要考虑的重要问题——应该使用更少的粗粒度锁，还是更多的细粒度锁？

9.4.7 热点优化

在数据库中，热点数据是指那些被大量事务频繁访问或更新的一小部分数据。在并发控制中，这些数据可能会造成大量的竞争，最终成为数据库的性能瓶颈。例如，在电商秒杀场景中，大量的事务会在短时间内频繁更新一行的库存记录。

前面提到，主流的 2PL 实现通常是更严格的 SS2PL，也就是说，事务只有在进入提交阶段之后，才会开始释放锁。然而，对于某些热点数据来说，它们在整个事务的生命周期中可能只会被访问短暂时间，但这个热点数据的锁却要等到整个事务处理完毕才能释放，这会阻塞所有需要访问这些数据的其他事务。例如，在电商秒杀场景中，事务的第一件事通常是减库存，减库存成功后再为用户生成订单，最后才提交事务。减库存这一步导致这些并发事务都只能串行执行。

图 9-14（1）展示的是在经典的 SS2PL 下，事务执行和等待的情况。事务 T1、T2 和 T3 都要更新热点数据 A。如果事务 T1 首先获得了记录 A 的排他锁，那么事务 T2 和 T3 在尝试获取记录 A 的排他锁时就会发生冲突，只能等待。事务 T1 更新完 A 后，继续执行其他事务逻辑，并在最后提交事务时释放记录 A 的锁。如果此时事务 T2 成功获得记录 A 的排他锁，事务 T3 仍需继续等待，直到事务 T2 执行完成并释放记录 A 的锁，事务 T3 才可以开始执行。在这个例子中，更新 A 可能只是这三个事务中的一个小操作，但却导致这三个事务完全串行执行，非冲突部分没有任何并行性。

图 9-14（2）展示了理想情况下的事务执行和等待情况。在理想状态下，为了保证一致性，只需保证有冲突的部分顺序执行即可。事务 T2 只需要等待事务 T1 更新完记录 A 后，就可以继续更新 A。同样地，T3 只需要等待 T2 更新完 A 后，就可以继续更新 A。在这种情况下，只有更新 A 的这个操作需要顺序执行，其他没有冲突的部分，这三个事务仍然可以并发执行。但是，这种理想的并发控制模式违反了 SS2PL 的规定，会出现前面提到的两个问题：

（1）可能发生脏读。事务 T1 在提交前就释放了记录 A 的锁，导致事务 T2 读到了事务 T1 未提交的数据，如果之后事务 T1 没有成功提交，事务 T2 也不能提交成功，否则就会发生脏读。

（2）级联回滚影响性能。事务 T2 读到了事务 T1 未提交的数据，而事务 T3 又读到了事务 T2 未提交的数据。在事务 T1 发生回滚时，事务 T2 和 T3 都需要回滚。

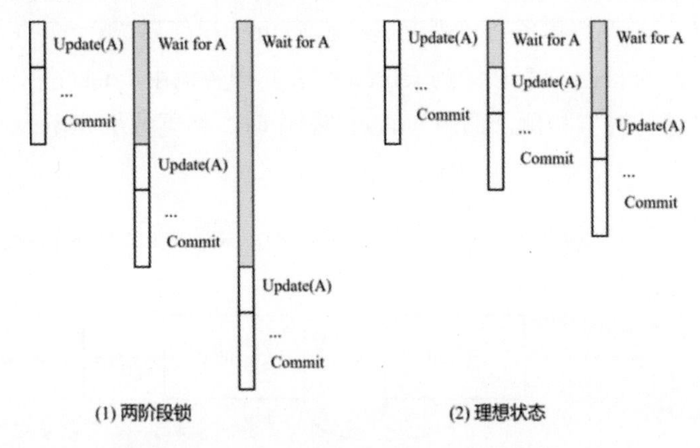

图 9-14　两阶段锁和理想情况下的事务执行状态

论文 *Releasing Locks As Early As You Can: Reducing Contention of Hotspots by Violating Two-Phase Locking*（尽早释放锁：通过违反两阶段锁定来减少热点争用）提出了名为 Bamboo 的算法来解决上述两个问题。除了常规的 Lock()和 Unlock()操作外，Bamboo 算法还引入了一个新的锁操作 Retire()，用于在事务提交之前释放锁。

如图 9-15 所示，事务 T1 更新完热点数据 A 后，调用 Retire()释放该锁的独占权，其他事务可以获取该锁。事务结束后，仍然需要调用 Unlock()才能真正释放该锁。如果完全不调用 Retire()操作，则该算法退化成传统的两阶段锁。

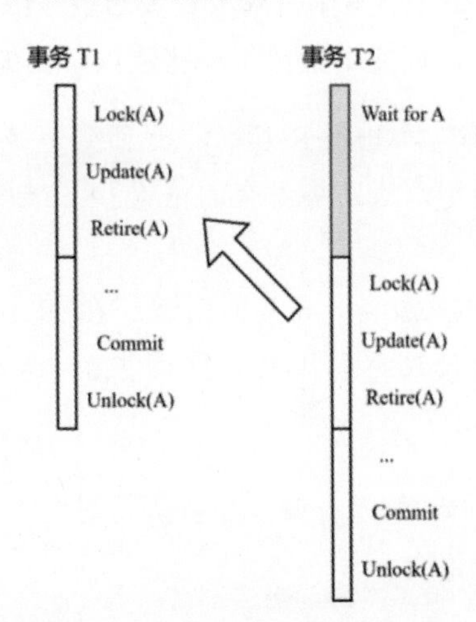

图 9-15　Bamboo 算法中的事务依赖

在传统的 2PL 算法中，锁对象只需要维护 owners 列表（保存持有该锁的事务）和 waiters 列表（保存等待该锁的事务）。如图 9-16 所示，在 Bamboo 算法中，锁对象还需要维护一个 retired 列表，用来表示哪些事务在该锁上调用了 Retire()操作。如果一个事务调用了 Retire()操作，则将该事务从 owners 列表移动到 retired 列表。事务调用 Lock()操作时，依然只需要与 owners 中的事务进行冲突检测。调用 Unlock()操作时，将事务从 owners 或 retired 列表中移除。

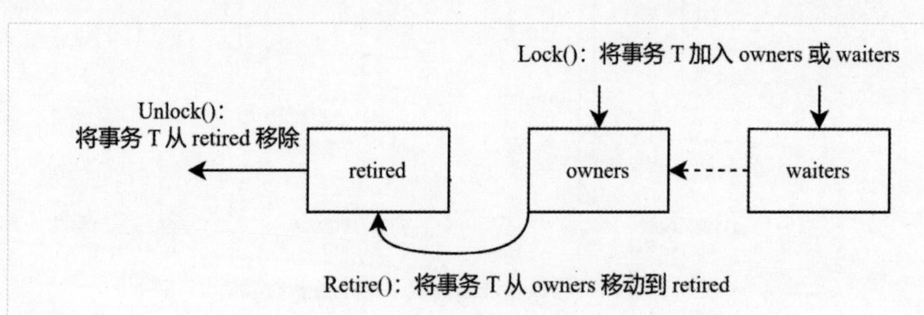

图 9-16　Bamboo 算法的锁信息

Retire()接口和 retired 列表的主要作用是维护事务之间的依赖关系。每个事务维护了一个依赖数，用来记录它依赖的其他事务的数量。事务每次成功加锁后，需要和该锁的 retired 列表中的事务进行冲突检测。如果有冲突，则依赖数加一。每当有一个依赖的事务提交时，依赖数就减一。只有当依赖数为零时，该事务才可以提交。如果某个事务回滚了，则所有依赖它的事务都需要回滚。

由于 Bamboo 算法中的 Retire()操作引入了更多的事务依赖关系，这可能会增加级联回滚的概率。为了减少级联回滚，论文中给出了一些建议，例如：

- 在 Retire()收益较少时，不进行 Retire()，退回到传统的两阶段锁。通常来说，如果数据更新出现的位置越靠近事务结束的位置，Retire()的收益就越小，因为锁提前释放的时间变短了。
- 减少读后写（read-after-write）导致的回滚。在 Retire()操作之前，事务本地保存对应数据的副本，后续只需要从本地副本中读，而不需要回滚已更新该数据的其他事务。

论文中还详细分析了Bamboo算法在减少事务等待时间方面的收益以及级联回滚时的损失，感兴趣的读者可以参考原论文。

9.5　基于时间戳顺序的并发控制算法

基于时间戳顺序（Timestamp Ordering，T/O）的并发控制是一种非阻塞并发控制。它的基本原理是：在每个事务开始时，为事务生成一个单调递增的时间戳（事务 Ti 的时间戳记为 TS(Ti)），并以此决定事务的执行顺序——如果 TS(Ti)<TS(Tj)，那么数据库系统需要保证并发控制的结果等价于事务 Ti 发生于事务 Tj 之前。

9.5.1　基础 T/O 算法

除需要在每个事务开始时为事务生成一个单调递增的时间戳外，基于时间戳顺序的并发控制还需要：

- 为每个事务维护一个其依赖的其他事务的集合。事务 Ti 依赖的事务集合记为 DEP(Ti)。
- 维护每个事务更新的记录的旧值，用于事务回滚。事务 Ti 更新的记录的旧值记为 OLD(Ti)。
- 为每行记录维护两个时间戳：
  - 最近读取这行记录的事务的时间戳 R-TS。记录 A 的 R-TS 记为 R-TS(A)。
  - 最近写入这行记录的事务的时间戳 W-TS。记录 A 的 W-TS 记为 W-TS(A)。

对每行记录进行读写操作时，都需要将事务的时间戳与 R-TS、W-TS 进行比较——如果事务想要访问一行“来自未来”的记录，则中止并重启事务。

对于读操作：

- 如果 TS(Ti)<W-TS(A)，则中止当前事务，获取一个新的时间戳重新执行事务。
  - TS(Ti)<W-TS(A)说明记录 A 已经被 TS 更大的事务写入过，存在写读冲突。如果直接读取，则相当于读取了一条“未来的”记录。
- 如果 TS(Ti)>W-TS(A)，则允许读取数据，并将 R-TS(A)更新为 MAX(R-TS(A),TS(Ti))。同时，将 W-TS(A)加入依赖的事务集合 DEP(Ti)中。

对于写操作：

- 如果 TS(Ti)<W-TS(A)或 TS(Ti)<R-TS(A)，则中止当前事务，获取一个新的时间戳重新执行事务。
  - TS(Ti)<W-TS(A)，说明记录 A 已经被 TS 更大的事务写入过，存在写写冲突。

  - TS(Ti)<R-TS(A)，说明记录 A 已经被 TS 更大的事务读取过，存在读写冲突。
- 如果 TS(Ti)>W-TS(A)且 TS(Ti)>R-TS(A)，则允许更新记录。首先，将记录 A 的值和 W-TS 加入旧值集合 OLD(Ti)中，然后更新记录 A 并将 W-TS(A)更新为 TS(Ti)。

对于事务提交操作：

- 事务 Ti 提交时，需要等待其依赖的所有事务 DEP(Ti)提交。如果依赖的事务 DEP(Ti)中有事务中止，则中止事务 Ti。
- 中止事务 Ti 时，需要对修改的记录进行回滚：遍历 OLD(Ti)中的所有记录，如果记录的 W-TS 等于 TS(Ti)，则使用 OLD(Ti)中对应的值和时间戳进行回滚。

9.5.2 托马斯写入规则

托马斯写入规则（Thomas write rule）是对 T/O 算法的一个小优化，概括起来就是：忽略过期的写入。我们先来看一个例子。如图 9-17 所示，假设事务 T1 的时间戳 TS(T1)为 1，事务 T2 的时间戳 TS(T2)为 2。根据第 9.5.1 节的 T/O 算法逻辑，时间点 t3 之后，我们应该中止掉事务 T1。但是，由于 TS(T1)<TS(T2)，因此事务 T1 对记录 C 的修改最终会被事务 T2 覆盖，因此事务 T1 对记录 C 的修改实际上可以直接跳过。但是，是否直接跳过就可以呢？

时间	事务 T1	事务 T2	说明
t0		Read(A)	R-TS(A)=2
t1	Read(B)		R-TS(B)=1
t2		Write(C)	W-TS(C)=2
t3	Write(C)		TS(T1)<W-TS(C)，T1 和 T2 存在写写冲突
t4	…	…	

图 9-17　托马斯写入规则的示例一

接下来，我们来看图 9-18 的例子。在 t3 时刻，由于 TS(T1)<W-TS(C)，忽略事务 T1 对记录 C 的写入，然后提交事务 T1。然而，随后事务 T2 中止，记录 C 被回滚到事务 T1 之前的状态，这就间接导致事务 T1 对记录 C 的修改丢失了。事务 T1 提交的前提是事务 T2 已经提交，因此需要将事务 T2 加入事务 T1 的依赖事务集合中：对于写操作，如果 TS(Ti)<W-TS(A)，说明记录 A 已经被 TS 更大的事务写入过。事务 Ti 的提交依赖 W-TS(A)对应的事务的提交，将 W-TS(A)加入依赖的事务集合 DEP(Ti)中。

然而，这又引入了一个新的问题：读取数据时，需要将读取的记录的 W-TS 也加入依赖的事务集合中，并且这些 W-TS<TS(Ti)。结合托马斯写入规则之后，事务 Ti 依赖的时间戳既可能大于 TS(Ti)，也可能小于 TS(Ti)，很容易导致循环依赖。

时间	事务 T1	事务 T2	说明
t0		Read(A)	R-TS(A)=2
t1	Read(B)		R-TS(B)=1
t2		Write(C)	W-TS(C)=2
t3	Write(C)		TS(T1)<W-TS(C)，跳过
t4	Commit		事务 T1 提交成功
t5		Abort	事务 T2 中止，事务 T1 对 C 的修改丢失了

图 9-18　托马斯写入规则示例二

9.6　乐观并发控制算法

乐观并发控制（Optimistic Concurrent Control，OCC）的设计思想是：如果事务冲突的概率很小，就没必要在事务执行过程中进行冲突检测，而是让事务尽可能地并发执行，将序列化的检测推迟到事务准备好提交时。

9.6.1　算法原理

在乐观并发控制中，每个事务需要创建一个独立的事务缓存，用于保存事务提交前的读写数据。如图 9-19 所示，乐观并发控制将事务的生命周期划分成三个阶段：读阶段、验证阶段和写入阶段。

1. 读阶段（Read Phase）

- 事务的写操作都保存在自己的事务缓存中，不对数据库中的数据进行更新。
- 事务的读操作首先访问事务缓存，若缓存中没有相应数据，再从数据库中读取，并将从数据库读取的数据保存在事务缓存中，以避免不可重复读和后续的序列化验证。

2. 验证阶段（Validation Phase）

- 检查当前事务是否满足可序列化的要求。乐观并发控制有两种序列化验证方法：
- 向后验证(Backward Validation):检查当前事务是否与之前通过验证的事务有冲突。
- 向前验证(Forward Validation):检查当前事务是否与当前正在执行的事务有冲突。

3. 写入阶段（Write Phase）

- 如果验证通过，将事务缓存中的新数据写入数据库，使其全局可见。
- 如果验证不通过，则中止并重启事务。

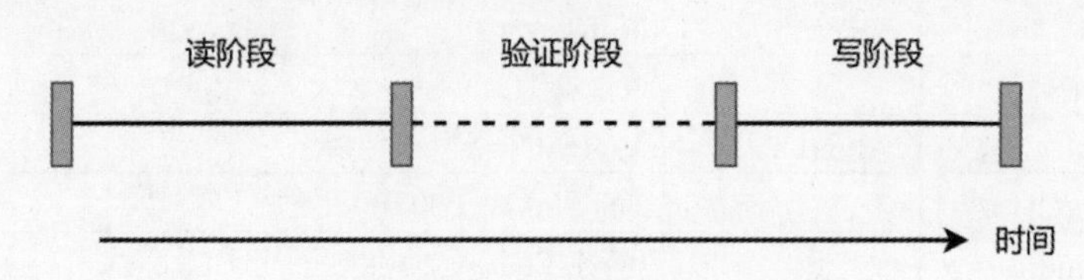

图 9-19 事务生命周期的三个阶段

9.6.2 可序列化的充分条件

和基于时间戳顺序的并发控制类似，乐观并发控制需要在事务开始验证阶段时，为其分配一个单调递增的时间戳。假设有两个事务 T_i 和 T_j，时间戳 $TS(T_i)<TS(T_j)$，如果事务满足以下三个充分条件之一，则符合可序列化的要求。

充分条件一：事务 T_i 在事务 T_j 开始读阶段之前完成写阶段。这相当于两个事务是完全串行执行的，肯定满足可序列化的要求，如图 9-20 所示。

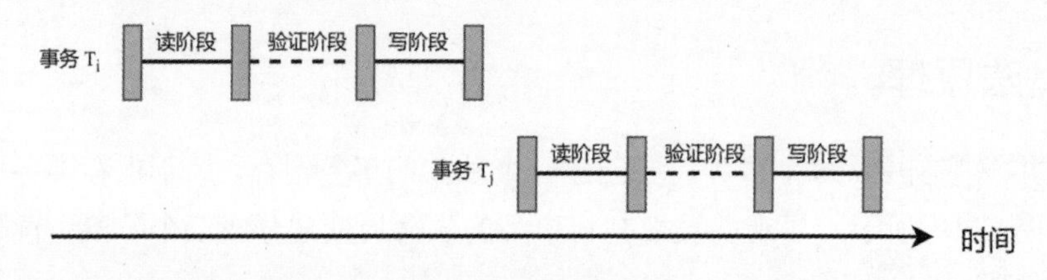

图 9-20 充分条件一

充分条件二：事务 T_i 在事务 T_j 开始写阶段之前完成写阶段，且事务 T_i 的写集合和事务 T_j 的读集合不相交，如图 9-21 所示。

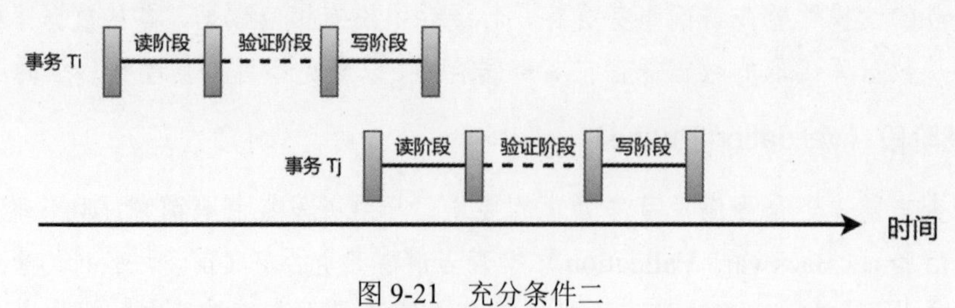

图 9-21 充分条件二

- 事务 T_i 在事务 T_j 开始写阶段之前完成写阶段，说明两个事务的写阶段不重叠，写操作不会相互覆盖，也就不会出现写写冲突。
- 事务 T_i 在事务 T_j 开始写阶段之前完成写阶段，说明事务 T_i 在事务 T_j 开始写阶段之前完成了读阶段，所以事务 T_j 不影响事务 T_i 的读操作，因此没有读（T_i）写（T_j）冲突。
- 事务 T_i 的写集合和事务 T_j 的读集合不相交，说明事务 T_i 不影响事务 T_j 的读，因此没有写（T_i）读（T_j）冲突。
- 综上所述，事务 T_i 和事务 T_j 满足可序列化的要求。

充分条件三：事务 T_i 在事务 T_j 完成读阶段前完成读阶段，且事务 T_i 的写集合与事务 T_j 的读集合和写集合都不相交，如图 9-22 所示。

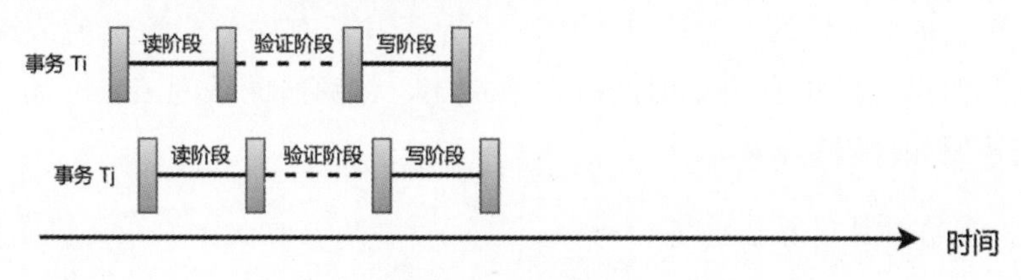

图 9-22　充分条件三

- 事务 T_i 在事务 T_j 完成读阶段前完成读阶段，说明事务 T_i 在事务 T_j 完成写阶段前完成读阶段，所以事务 T_j 不会影响事务 T_i 的读操作，没有读（T_i）写（T_j）冲突。
- 事务 T_i 的写集合与事务 T_j 的读集合不相交，说明事务 T_i 不影响事务 T_j 的读操作，因此没有写（T_i）读（T_j）冲突。
- 事务 T_i 的写集合和事务 T_j 的写集合不相交，说明事务 T_i 和事务 T_j 的写操作不互相影响，因此没有写写冲突。
- 综上所述，事务 T_i 和事务 T_j 满足可序列化的要求。

注意，上述三个条件均为充分但非必要条件。也就是说，满足上述条件的事务，一定符合可序列化的要求，但符合可序列化的要求并不一定需要满足上述条件。乐观并发控制的实现就是检查事务是否满足上述三个充分条件之一，或限制事务的执行，使其满足上述三个充分条件之一。

根据充分条件一，在实现乐观并发控制时，不需要关心那些执行时间没有重叠的事务。一般通过为事务分配单调递增的时间戳来判断事务的执行时间是否重叠，即在事务开始读阶段时为其分配一个开始时间戳，在事务开始验证阶段时为其分配一个结束时间戳。

在充分条件二中，事务的写阶段在时间上没有重叠，即写阶段串行执行的。最简单的实现方式是将验证阶段和写阶段放到一个临界区中，让事务串行提交。这种方式实现较简单，但事务提交（验证阶段和写阶段）可能会成为性能瓶颈。

充分条件三允许多个事务并发提交，但会导致更高的实现复杂度。并发事务提交带来的好处可能会被复杂的工程实现的额外开销所抵消。

后面，我们将先关注基于充分条件二的串行事务提交方案。最后，再介绍并行事务提交方案。

9.6.3 串行验证之向后验证

基于向后验证的乐观并发控制（Backward Oriented Optimistic Concurrency Control，BOCC）在事务 T_j 的验证阶段，检查 T_j 的读集合是否与所有先于事务 T_j 完成提交的事务 T_i 的写集合相交。假设事务 T_j 的开始时间戳为 start_ts，结束时间戳为 finish_ts，则事务 T_j 执行验证阶段的逻辑如代码 9-1 所示。

代码 9-1 向后验证的算法逻辑

```
1   BackwardVerify()
2       valid = true
3       for Ti between start_ts + 1 and finish_ts do:
4           if read set of Tj ∩ write set of Ti ≠ ∅
5               valid = false
6               break
7       if valid then commit
8       else abort
```

在实现上，向后验证的方式需要维护已提交事务的写集合。随着时间的推移，写集合会不断积累，因此需要定期清理不需要用到的事务写集合。

9.6.4 串行验证之向前验证

基于向前验证的乐观并发控制（Forward Oriented Optimistic Concurrency Control，FOCC），在事务 T_i 的验证阶段，检查 T_i 的写集合是否与所有未提交的事务 T_j 的读集合相交。假设未提交的事务列表为 T_{act1}，T_{act2}，…，T_{actn}，事务 T_i 执行验证阶段的逻辑如代码 9-2 所示。

代码 9-2 向前验证的算法逻辑

```
1   ForwardVerify()
```

```
2        valid = true
3        for Tj = Tact1 to Tactn do:
4            if write set of Ti ∩ read set of Tj ≠ ∅
5                valid = false
6                break
7        if valid then commit
8        else abort
```

然而，在向前验证中，未提交事务的读集合有可能会增加（因为未提交的事务可能会读取更多的数据），因此向前验证的方式同样需要维护已提交事务的写集合，并在读取时进行验证。如果出现读取并发事务已提交的数据，则需要中断事务。

9.6.5 并行验证

前面介绍的两种串行验证方法都是基于"充分条件二"实现的，其优点是逻辑简单明了，不容易出错，但缺点也很明显：验证阶段和写阶段都需要串行执行，理论性能较低。为了提高事务执行的性能，乐观并发控制算法需要一个能够尽可能并行执行验证阶段和写入阶段的方案。下面是并行验证算法的详细步骤：

（1）在开始读阶段之前，获取事务的开始时间戳 start_ts。

（2）执行读阶段（并发执行）。

（3）验证阶段+写阶段（大部分并发执行）。

① <临界区，串行执行>获取事务的完成时间戳 finish_ts；获取活跃（进入验证阶段，但未完成提交）的事务列表；将当前事务加入活跃事务列表。

② 验证"充分条件二"：检查[start_ts,finish_ts]之间已提交的事务的写集合与当前事务的读集合是否相交。如果相交，则说明存在冲突，跳转到步骤⑤。如果不相交，继续往下执行。

③ 验证"充分条件三"：验证活跃事务的写集合与当前事务的读集合和写集合是否相交。如果相交，则说明存在冲突，跳转到步骤⑤。如果不相交，则继续往下执行。

④ 执行写阶段。

⑤ <临界区，串行执行>事务提交成功或验证失败，将当前事务从活跃事务列表中删除。

9.7 基于有向序列化图的并发控制算法

基于有向序列化图（Direct Serialization Graph，DSG）的并发控制算法在数据库系统中维护一个并发事务的有向序列化图或其他等价信息。有向序列化图记录了并发事务之间的依赖关系。通过检测并移除有向序列化图中的“危险结构（Dangerous Structure）”，可以实现可序列化的隔离级别。由于完全依赖有向序列化图来实现可序列化隔离级别的开销较大，因此大多数实现中会在非可序列化的并发控制基础上结合有向序列化图，以实现可序列化隔离级别。例如，论文 *Making Snapshot Isolation Serializable*（使快照隔离可序列化）中，基于快照隔离结合有向序列化图的特点，提出了序列化快照隔离级别（Serialization Snapshot Isolation，SSI）。

9.7.1 有向序列化图

有向序列化图是序列化理论中的一个核心概念，主要用于分析事务之间的冲突关系：

- 事务是有向序列化图中的结点。
- 读写（rw）、写读（wr）、写写（ww）三种冲突关系在有向序列化图中表示为有向边。如果当前事务的操作与其他事务发生冲突，就画一条从其他事务到当前事务的有向边。
- 如果有向序列化图中无环形结构，则说明事务的调度结果是可序列化的，具体可参考图 9-23 中的例子。
- 如果有向序列化图中有环形结构，则说明构成环形结构的事务的调度结果是不可序列化的，具体可参考图 9-24 中的例子。为了保证事务调度的可序列化，需要打破这个环形结构，例如中止其中一个事务。

时间	T1	T2	T3	说明
t0	Write(A)	Write(B)		
t1		Read(A)		T1 → T2：写读冲突
t2			Read(A)	T1 → T3：写读冲突
t3			Read(B)	T2 → T3：写读冲突

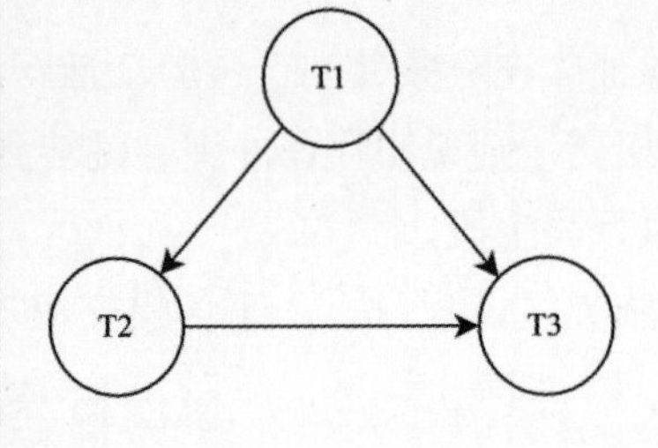

图 9-23　有向序列图示例一：可序列化

时间	T1	T2	T3	说明
t0	Write(A)	Write(B)	Write(C)	
t1	Read(C)			T3 → T1：写读冲突
t2		Read(A)		T1 → T2：写读冲突
t3			Read(B)	T2 → T3：写读冲突

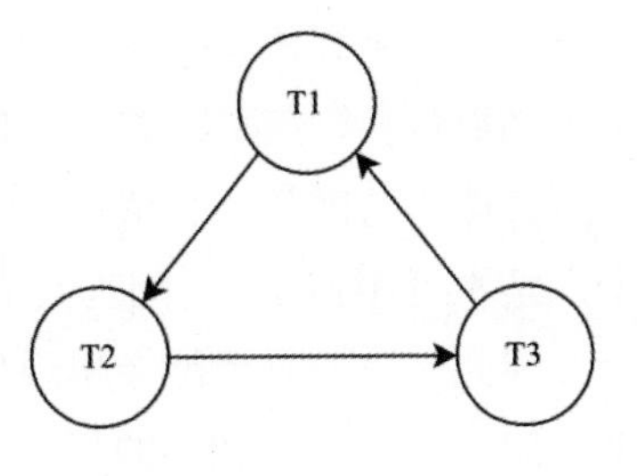

图 9-24　有向序列图示例二：不可序列化

9.7.2　序列化快照隔离

序列化快照隔离（Serializable Snapshot Isolation，SSI）是在快照隔离的基础上实现的可序列化隔离级别。快照隔离存在的问题是可能发生写偏斜。论文 *Making Snapshot Isolation Serializable* 证明了在快照隔离下，发生不可序列化的事务调度时，它的有向序列化图的环形结构中一定有两条连续的读写（rw）冲突的边，如图 9-25 所示。

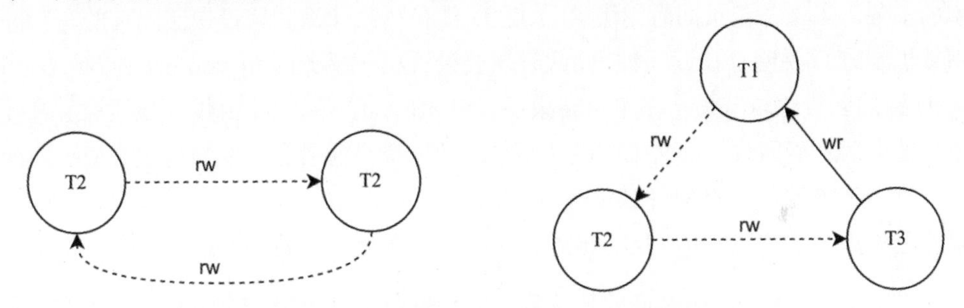

图 9-25　快照隔离下的不可序列化调度的示例

SSI 将这种“两条连续的读写冲突边（无论是否构成环形结构）”视为影响可序列化的“危险结构”。因此，SSI 的原理是在快照隔离的基础上，记录事务的读写冲突信息，并在事务执行过程中进行检测。只要发现“两条连续的读写冲突边”，就会中止其中一个相关事务，从而彻底避免有向序列化图中出现环形结构。

维护一个中心化的有向序列化图可能会导致多线程竞争激烈，影响数据库系统的性能。为了解决这个问题，论文提出为每个事务增加两个布尔（bool）属性。

- in_conflict：表示是否有其他事务与当前事务发生读写冲突。
- out_conflict：表示当前事务是否与其他事务发生读写冲突。

当一个事务的 in_conflict 和 out_conflict 同时为 true 时，说明出现了两条连续的读写冲突边，可能导致不可序列化的事务调度。需要注意的是，“两条连续的读写冲突边”是不可序列化调度的必要条件，但不是充分条件。也就是说，不可序列化调度对应的有向序列化图肯定存在“两条连续的读写冲突边”，但并非所有包含“两条连续的读写冲突边”的有向序列化图都一定是不可序列化的。因为我们并没有检测这两条连续的读写冲突边是否在同一个环形结构上，因此这种检测可能会出现假阳性。

接下来，问题是如何以微小的代价追踪到事务的读写冲突。这里分为两种情况：

第一种情况，事务读取时发现读写冲突。当事务 T 读取数据 x 时，如果发现要读取的版本不是最新的（即已有更新版本写入），则产生读写冲突。此时，需“画”一条 T 到 x 写入事务 U 的读写冲突边，即 T.out_conflict=true;U.in_conflict=true。

第二种情况，事务写入时发现冲突。正常情况下，快照隔离的读操作是无锁的，不会在记录上留下任何痕迹。为了在写入时发现是否已有事务读取了这行记录，需要在读取时在记录上“留下痕迹”。论文提出的方案是引入一个新的锁类型，名为 SI_READ。严格来说，SI_READ 不会阻塞任何请求，因此它不是传统意义上的锁，而只是一个标记，记录了读取此版本的事务。当一条记录同时出现 SI_READ 锁和写锁（论文假设快照隔离的写写冲突检测采用锁机制）时，说明存在读写冲突，此时需要设置相应事务的 in_conflict 和 out_conflict。SI_READ 锁的回收比较麻烦。在事务结束后，SI_READ 不能立即回收，必须等所有并发执行的事务结束后才能回收。论文中的做法是：维护一个当前所有活跃事务中“最小的读时间戳”，只对小于该时间戳的 SI_READ 进行清理。

除此之外，为了实现 SSI，我们还需要存储引擎支持下面的特性：

- 对于任意数据 k，能够高效地获取 k 的所有锁（写锁和 SI_READ）。
- 对于任何锁 l，能够高效地获取持有锁 l 的事务对象。
- 对于任意数据的某个版本 v，能够高效地获取创建版本 v 的事务对象。
- 在根据给定时间戳获取数据 k 的对应版本（快照读）的同时，能够高效地获取其他更新的版本（用于读取时判断数据是否被更新了）。

9.7.3 并发控制算法小结

至此，我们介绍了四种类型的并发控制算法：两阶段锁、时间戳顺序、乐观并发控制和可序列化图验证。

基于锁的并发控制算法是一种悲观策略，预设事务冲突的概率较大，因此每次访问数据前都会进行加锁保护，以降低因冲突而导致事务回滚的概率。这种算法适用于事务冲突概率较大的场景。

基于时间戳顺序的并发控制算法是一种半悲观半乐观策略——符合时间戳顺序的读写操作可以并发执行，但在遇到违反时间戳顺序的操作时，会立刻中断事务。该算法存在一些明显的缺点，限制了它成为主流的并发控制算法的可能。首先，无论读操作还是写操作，都需要更新时间戳，每条记录需要维护两个时间戳，导致开销非常大。其次，基于时间戳的并发控制算法容易导致长事务的饿死问题。因为长事务的时间戳一般偏小，它们在执行过程中大概率会读到已更新的数据，从而导致事务中止。

乐观并发控制算法，顾名思义，这是一种乐观策略。与两阶段锁不同，它假设事务发生冲突的概率较低，因此不会限制事务的并发执行，只有在事务准备提交时才会进行可序列化检查。然而，如果事务冲突的概率较高，可能会出现事务频繁回滚重试，从而导致性能下降。因此，乐观并发控制算法适用于事务冲突概率较低的场景。同时，乐观并发控制对长事务并不友好。如果事务执行时间较长，等到事务进入验证阶段时，有较大概率会遇到其他已提交的冲突事务，导致事务失败。在极端情况下，事务可能会一直冲突并重试，最终无法成功。

最后，基于可序列图的并发控制算法是一种较新颖的方式。它一般不会单独使用，而是作为其他非可序列化并发控制算法（如快照隔离）的补充。

9.8　多版本记录的存储方式

多版本记录的存储需要回答两个基本问题：一是将旧版本的记录保存在哪里；二是为旧版本的记录保存什么内容。

旧版本的记录的保存位置有两种选择：一是与最新版本的记录保存在同一个表空间；二是将旧版本的记录保存在另一个独立的位置。

旧版本记录保存的内容同样有两种选择：一是保存完整的记录；二是只保存被修改的部分（如回滚日志 Undo Log），然后在需要用到旧版本记录时，通过新版本记录和回滚日志重新构造。

这样，多版本记录的存储方式有四种组合。但由于回滚日志和记录的数据格式通常差异较大，不适合保存在同一个表空间，因此排除这一种组合，剩下三种。以下组合的命名出自论文 *An Empirical Evaluation of In-Memory Multi-Version Concurrency Control*（内存中多版本并发控制的实证评估）：

- 追加写存储（Append-Only Storage）：在同一个表空间保存所有版本的完整记录。
- 时间穿梭存储（Time-Travel Storage）：在主表空间保存主版本的记录，其他版本的记录保存在另一个表空间。

- 增量存储（Delta Storage）：在一个表空间保存主版本的记录，另一个地方保存回滚日志。

9.8.1 追加写存储

在追加写存储方式下，每条记录的写入（插入、删除、更新）都是插入一条新的记录，所有版本的记录都保存在同一个表空间。同一条逻辑记录的多个物理版本构成一个版本链，并按版本号排序：

- 按版本号从小到大（Oldest-to-Newest，O2N）排序：每次写入都将新版本的记录添加到版本链的尾部。大部分情况下，事务需要读取的是新版本，这会导致需要遍历整个版本链。索引始终指向版本链的头部，因此写入时不需要实时更新索引，可以推迟到垃圾回收时批量更新索引。
- 按版本号从大到小（Newest-to-Oldest，N2O）排序：每次写入都将新版本的记录添加到版本链的头部。每次写入时都需要更新主键索引，是否需要更新二级索引则取决于具体实现（后文会介绍）。查询最新数据时不需要遍历版本链。

在追加写存储方式下，由于每次写入都会插入一条完整的新记录，因此在写入较多的场景下，数据会快速膨胀，给垃圾回收造成较大压力。但由于所有数据都是完整的记录，读取旧数据时不需要进行数据重建，这对读事务，特别是大规模读事务，比较友好。

9.8.2 时间穿梭存储

时间穿梭存储和追加写存储非常相似，都是通过插入新记录来写入每条记录的更新版本。不同之处在于，时间穿梭存储的主表空间只保存记录的主版本（一般是新版本），而其他版本会被存储到时间穿梭表（Time-Travel Table）中。

当记录的新版本为主版本，每次写入操作会先将当前版本复制到时间穿梭表，再更新主表中的主版本。

与追加写存储相比，时间穿梭存储通过在每次写入时将记录的旧版本移入时间穿梭表，提高了垃圾回收时的效率，并降低了垃圾回收对主表的压力。实际上，时间穿梭存储将垃圾回收的开销均摊到每次写入过程中，同时每次写入操作都需要更新主表和时间穿梭表，因此写入请求翻倍。

采用这种多版本存储方式的数据库产品并不多见，其中比较著名的有商业数据库 SAP

HANA。SAP HANA 在主表中保存的是记录的最旧版本，而新的写入操作则会插入到时间穿梭表中。感兴趣的读者可以参考论文 *Hybrid Garbage Collection for Multi-Version Concurrency Control in SAP HANA*（SAP HANA 中多版本并发控制的混合垃圾回收）。

9.8.3 增量存储

采用增量存储维护多版本数据的数据库，在主表中保存记录的新版本作为主版本，而将该记录的一系列变更内容（Delta Versions）存储在其他地方。当需要读取记录的旧版本时，可以通过新版本和变更内容来重新构造出旧版本。MySQL（InnoDB）和 Oracle 都采用了这种方式来存储多版本记录。MySQL 中保存变更内容的地方被称为"回滚段（Rollback Segment）"，而变更内容则被称为"回滚日志（Undo Log）"。

变更内容中只需保存被修改列的原始信息，而不需要保存完整的记录，因此数据膨胀的压力较小。这种方式特别适用于每次只更新少数列的记录。但是，对于需要读旧版本的工作负载，每次读取时都需要遍历相关的变更内容并重新构造数据，因此开销较大。

9.9 多版本记录的过期回收

采用 MVCC 技术的数据库系统，每次写入都会产生一些新的数据。如果不对过期的数据进行垃圾回收，数据将不断膨胀，最终耗尽存储空间。同时，历史版本的不断增加也会影响查询性能。因此，过期数据的垃圾回收是数据库系统设计与实现中的一个重要环节，垃圾回收的效率直接严重影响数据库的整体性能。实现过期数据的垃圾回收需要回答以下两个基本问题：

（1）如何判断记录的版本是否过期？过期的记录版本通常有两种情况：

① 不会再被正常事务读取的版本。

② 被中止事务留下的未提交的版本。

（2）谁来检测和删除过期数据。通常有两种方案：

① Background Vacuuming：开启后台线程定时扫描记录，检查是否有可回收的版本。这种方式最简单直观，但在大数据量下的性能表现不佳。虽然增加垃圾回收线程的数量可以缓解这个问题，但会增加垃圾回收的开销，影响系统的稳定性。

② Cooperative Cleaning：查询线程在遍历版本链时，顺便判断对应的版本是否可回收，

并将可回收的版本发送给垃圾回收的线程。这相当于把部分垃圾回收的开销均摊到每次查询中，从而使垃圾回收过程更加平滑。这种垃圾回收方式与多版本记录的存储方式相关，通常适用于版本链按从旧到新的方式组织的情况。然而，也存在一些极端情况——如果记录未被查询到，就没法触发垃圾回收。因此，仍然需要后台垃圾回收线程定时扫描记录，但可以降低扫描的频率。

9.10 多版本数据的索引管理

索引是数据库系统的重要组成部分。通常情况下，数据库系统将索引和多版本信息分开管理，也就是说，索引本身不存储与多版本相关的信息，查找到相关的记录后，仍需根据并发控制算法的规则判断应读取哪个版本的记录。如果没有符合要求的版本，则说明记录对当前事务不可见。

索引可以简单看成一个维护键值对的数据结构，其中键是建立索引的列的值，值是指向对应的记录的版本链，通常是记录的主版本作为版本链的入口。值的具体存储方式设计上有三种：

- 方式一：保存主版本记录的数据。数据按索引顺序组织，这种方式通常称为索引组织表（Index Organized Table），也叫聚簇索引（Clustered Index）。
- 方式二：保存主版本记录的物理地址，如文件偏移或内存地址。
- 方式三：保存主版本记录的逻辑地址，通常用一个唯一的 ID 表示。逻辑地址作为中间层，最终需要转换为方式一或方式二，才能找到实际记录。

对于主键索引（Primary Index），值只能选择方式一或方式二。聚簇索引将索引和记录保存在一起，因此更新记录通常会涉及主键索引的更新。如果保存的是主版本记录的物理地址，那么每次更新记录是否需要更新主键索引，取决于多版本数据的存储方式。例如，采用增量存储的方式时，写入时不会插入新版本的记录，记录的位置一般不会改变，因此更新记录时不需要更新主键索引。然而，在追加写存储方式下，如果版本链的顺序是从新到旧，那么每次更新记录都需要更新主键索引，以指向最新的版本。

二级索引（Secondary Index）通常只能选择方式二或方式三。如果二级索引要采用方式二，通常需要主键索引也采用方式二。这样主键索引和二级索引都保存主版本记录的物理地址。由于物理地址比逻辑地址少了一个中间层，理论上二级索引的查询性能更优。但缺点是，如果记录的位置发生变化，则需要更新所有索引。

如果二级索引选择方式三，即保存记录的逻辑地址，那么主键索引通常会采用方式一，即聚簇索引。二级索引保存的逻辑地址对应记录的主键。在查找时，需要先通过二级索引找到主键后，再通过主键找到对应的记录。在二级索引中保存主键还存在一个问题：如果二级索引较多且主键很大（例如使用长字符串作为主键），数据量会快速膨胀，并且大主键的索引查找性能可能较差。常用的优化方式是，数据库内部为每条记录分配一个唯一的 64 位 ID 作为主键，而用户指定的主键索引则作为一个唯一索引。唯一索引和二级索引的值都保存对应记录的 ID。采用逻辑地址的好处是，如果索引列没有发生改变，那么更新记录时不需要修改二级索引。

MySQL 的 InnoDB 存储引擎采用聚簇索引方式存储主键索引，而二级索引保存主键作为逻辑地址。PostgreSQL 则在主键索引和二级索引中都保存记录的物理地址。

关于 MVCC 下的索引，还有一个问题未解决，那就是索引覆盖（Covering Index）。覆盖索引是指如果查询的相关列都包含在一个索引中，则可以只扫描索引即可得到结果，而不需要访问相关的记录。然而，前面提到过，一般情况下索引不保存 MVCC 的信息。为了解决这个问题，一种思路是在索引页面中维护页面的事务可见性。例如，MySQL 的做法是，为每个二级索引页面维护一个修改该页面的最大事务 ID，读取时判断最小活跃事务 ID 是否大于修改页面的最大事务 ID。如果大于，则说明页面未被并发事务修改过，数据全局可见，可以直接使用索引；否则，需回表确认 MVCC 的可见性。